农产品安全生产技术丛书

蛋鸭
安全生产技术指南

徐 琪 焦库华 主编

U0390866

中国农业出版社

内容简介

　　随着人们对食品安全意识的逐渐增强、居民消费理念的更新，畜禽安全生产已成为消费者和养殖者关注的焦点。本书以安全生产为指导理念，对蛋鸭安全生产的养殖场建设及环境控制、养殖品种的选择、良种繁育体系建设、绿色安全饲料生产与质量控制、蛋鸭安全高效饲养管理、蛋鸭安全生产新技术、蛋鸭场生物安全体系的建立及常见病的防制和蛋鸭产品加工与质量控制等安全生产的各个环节进行了全面介绍。本书注重科学性、实用性和系统性，内容丰富，取材广泛，理论联系实际，主要技术均来源于生产第一线的经验积累，该书既可作为培训教材使用，亦可作为蛋鸭生产经营者、管理人员和技术人员的参考用书。

编写人员

主　编	徐　琪　焦库华
副主编	赵文明　王德前
	王克华　童海兵
	常国斌
编　者	徐　琪　焦库华
	赵文明　王德前
	王克华　童海兵
	常国斌　窦套存
	曲　亮　陈　阳
	黄正洋　张　扬
审　稿	陈国宏

前　言

　　我国是世界第一养鸭大国，成年蛋鸭常年存栏约3.5亿只，鸭蛋年产量约600万吨，蛋鸭产业的总产值接近1 000亿元，养鸭业已成为我国农村经济发展的重要产业之一。但是我国在蛋鸭品种和种苗质量、饲养方式、养殖技术、饲料配制、疫病控制等方面均存在一定隐患导致蛋鸭产品的品质、安全不能充分保障。而目前无污染、无公害的食品越来越受到人们的青睐。因此，养鸭业必须提高科技含量，应用安全生产新技术，让无污染、无公害和无残留的绿色食品成为市场的主导产品。

　　为了保证我国蛋鸭产品质量安全，如何应用标准化生产，实施安全生产新技术，降低生产成本，提高养殖经济效益，提高蛋鸭产品在国内外市场上的竞争力，是摆在养鸭业生产者面前的重要课题。为适应这一发展的需要，满足广大生产者安全生产的技术需求，我们组织编写了《蛋鸭安全生产技术指南》一书，供养鸭业生产管理人员、技术服务人员、专业场（户）和基层畜牧兽医工作者在生产中参考。

　　本书系统地对蛋鸭安全生产的养殖场建设及环境控制、养殖品种的选择、良种繁育体系建设、绿色安全饲料生产与质量控制、蛋鸭安全高效饲养管理、蛋鸭安全生产新技术、蛋鸭场生物安全体系的建立及常见病的防制和蛋鸭产品加工与质量控制等方面进行了全面介绍，始终突出"安全生产"这一主题，体现了新品种、新技术、新工艺的特色。内容丰富翔实、覆盖面广、具有较强的实用性和可操作性。

在编撰本书的过程中，我们参阅了国内外鸭安全生产的相关资料，同时得到了现代水禽产业技术体系专项的资助，在此一并致谢。

编　者

2011 年 10 月

目 录

□□□□□□□□□□□□□□□□

第一章

蛋鸭安全生产技术概述

随着蛋鸭业的发展及规模化和集约化程度不断提高,蛋鸭生产的排泄废物以及饲料和产品中的有毒有害残留物对生态环境和人们健康的影响日益显现,不仅危害人们的身体健康,损害消费者利益,还影响农产品的市场竞争力。因此,要高度重视蛋鸭安全生产,采取有力措施提高蛋鸭产品的质量。

第一节 蛋鸭安全生产的概念和条件

一、蛋鸭安全生产的概念

蛋鸭安全生产是指在鸭的整个饲养周期内,不使用对人体健康可能构成危害的化学药品或添加剂,使用无污染、无有害成分蓄积的饲料和水来饲喂鸭,以保证动物性食品对人们健康绝对安全,其生产环境、生产过程、产品质量均符合国家有关标准和规范要求。与健康养殖相比,安全生产更强调动物产品的安全。

蛋鸭安全生产技术是一项新兴的产业技术,包括以下六大体系:鸭安全生产的产地保障体系,鸭安全生产饲养场的建设、设备及设施体系,鸭安全生产的营养与饲料保障体系,鸭安全生产的品种与饲养管理保障体系,鸭安全生产的兽医防控体系及鸭安全生产的检疫检验体系等基本理论与技术。

二、蛋鸭安全生产的条件

1. 选择无污染饲养环境 无污染饲养环境是指鸭场应建在非疫区和无"三废"的地方,即选择地势较高、排水良好、向阳背风、干燥、隔离条件良好、远离城镇和农舍的区域。

2. 选择好的种鸭苗,不可从疫区引雏 选择生长性能好、耐粗饲、抗病力强、产蛋率高、蛋品质好、肉质鲜嫩、味道鲜美可口的优良品种,包括本地品种和杂交品种,并从健康活泼、大小整齐的雏鸭群中选择鸭苗。

3. 使用符合无公害标准的饲料 选择符合无公害标准的饲料原料,避免使用农药超标的玉米、大豆、豆粕等。注意购买著名厂家的品牌饲料,在感观上应具有一定的新鲜度,具有该饲料类型应有的色、香、味和组织形态特征,无发霉、变质、虫蚀、结块及异臭异味等现象。

4. 采用科学的防疫技术 为确保产品无污染、无药物残留,必须做好卫生防疫工作。根据自身和周围疫病的发生情况,制订合理的免疫程序,并根据疫情、季节、环境和来源等具体情况做出合理调整。

5. 实行严格的消毒制度 不同品种、批次、日龄的鸭不要混养,实行"全进全出"制度,至少每栋鸭舍饲养同一日龄的鸭,并且同时出栏。头一批出栏到下一批引进应有 2 周的空舍期,且出栏后和引入前各要进行一次彻底清洁消毒。

6. 合理使用药物 用药要有针对性和停药期,不使用违禁药物,不可随意加大剂量,防止产生耐药性和药物残留。

7. 废弃物控制 废弃物主要指粪便、污水、用过的垫料、病死鸭和其他污染物。废弃物内往往含有大量病原,不可随意排放或丢弃,可设立专门的收集池,集中处理。

第二节　影响蛋鸭安全生产的因素

一、饲料因素

饲料是畜禽赖以生长的最基本的食物。自然状态下，畜禽可根据自身营养需要和适口性进行食物选择，而在规模饲养条件下，则要根据鸭不同生长发育阶段的需要进行饲料配制，因此饲料的品质与安全性直接影响鸭生产性能的表现及机体的健康水平。优质安全的饲料，能够促进鸭生产性能的充分发挥，达到最佳健康状态，而劣质饲料（发霉变质）或有害成分超量（重金属含量）的饲料，会抑制鸭的生长发育，甚至导致鸭中毒、死亡。当人们食用这类动物食品后，会直接影响人体的健康。

二、药物残留因素

我国兽药业的发展对畜牧业的发展起到了保证和促进作用，但药物残留也十分严重。动物体内的药物残留必然会导致动物食品的药物残留，重要的解决办法就是大力发展纯生物性兽药，养殖过程中少用化学性药物。在养殖过程中大力提倡生态养殖方式、方法，注重提高鸭的自身免疫力，从而达到绿色无公害养殖。

三、养殖环境因素

随着鸭养殖规模的扩大，排泄物中含有大量有机物氮、磷、铜、砷等有害物质，一方面造成土壤污染、植物中毒和水质恶化，另一方面增加了氨、硫化氢等臭气的浓度，污染人和动物的生活环境，从而容易诱发人和动物患病，直接或间接危害人们健康。鸭作为水禽，养殖用水会受到污染，必须通过净化才能排放。

四、疫病因素

病害鸭是传播疫病的媒介，特别是一些人兽共患病，当人食用病鸭后会导致疾病传播，给人类安全带来威胁。

第三节 蛋鸭安全生产现状和前景

一、实施蛋鸭安全生产的必要性

1. 实施蛋鸭安全生产，有利于发展高效、生态、特色农业 畜产品卫生质量问题是由于药物残留、添加剂及环境污染等引起的。要生产无公害农产品就必须保护好生态环境，防止和治理环境污染，合理使用纯生物性兽药，推广无公害养鸭生产技术。在鸭安全生产同时，有效地保护和改善生态环境，维护自然生态平衡，优化养鸭生产条件，使鸭安全生产成为一项高效、生态特色农业产业。

2. 实施蛋鸭安全生产，有利于发展无污染的优质营养类食品 当前，畜产品的竞争已不是数量上的竞争，而是质量上的竞争。在消费领域，随着人民生活水平的不断提高和人们价值观念的转变，崇尚自然、注重安全、追求健康影响着人们的消费行为。畜产品的质量安全已日益成为提高市场竞争力和确保消费者安全的关键。因此亟需发展鸭安全生产，提高食品的安全性。

3. 实施蛋鸭安全生产，有利于提高农业经济效益 国内外的实践证明，无公害农产品价格比一般农产品价格高5%～20%，而且市场需求旺盛，显然，开发无公害农产品可以提高农业经济效益。我国辽阔的山区和边远农村水、气、土壤资源污染少，实施鸭安全生产，大力开发具有地方特色的鸭加工产品，增加产品的环境附加值，无疑是增加农民收入、解决脱贫致富的一条有效途径。

4. 实施蛋鸭安全生产，有利于增强在国际市场的竞争力

在国际贸易领域，对食品卫生和质量监控要求越来越高。以环境标志为代表的无公害贸易这一非关税壁垒正在构筑，并且已经对我国的畜产品出口带来重大影响。据外贸部有关方面的信息，我国出口的畜产品品种档次低、质量差、安全优质性能较为缺乏，常常因为有害物质残留超标而出现贸易纠纷、索赔等问题。因此，加快发展鸭安全生产有利于提高我国畜产品质量档次，有利于冲破国际市场中正在构建的非关税贸易壁垒，有利于提高我国畜产品在国际市场中的竞争能力，增加出口创汇。

二、蛋鸭安全生产发展的现状

鸭的安全生产以由追求数量增长为主的传统养殖业向数量、质量和生态效益并重的现代养殖业方向发展。从国外来看，畜禽品种、饲料饲养管理、兽医卫生、环境控制、屠宰加工、企业管理以及市场营销等产前、产中、产后各环节高度一体化发展，已成为发达国家畜牧业产业发展的主要模式，优质、高效、安全、环保则成为各国畜牧产业普遍追求的目标。安全健康养殖关键技术的研究和标准制订已成为当前世界各国实施养殖业绿色技术壁垒的最直接和有效的手段。目前，国外大型育种公司和养殖企业，通过良好生产规范（GMP）、危险分析与关键点控制系统（HACCP）下的生物安全保证体系、ISO9001 系列标准、ISO14000 系列标准等技术理念和标准，建立了健康畜产品生产全过程的质量控制体系和标准，形成了"优良健康品种＋绿色安全饲料＋安全高效疫苗＋兽药残留控制技术＋畜牧场清洁生产技术＋工厂化生产工艺"的全程无害化生产系统和规范化技术体系，基本上实现了畜牧场的健康清洁生产技术模式。如法国提出了"五环产业循环经济模式"，即以能源为核心的现代设施化种植、规模集约化养殖、沼气可再生能源、深层次精细加工和高效有机复合肥等 5 个产业（简称"种、养、沼、加、肥"）循环的经济发展模式；日、韩等国提出了生态农业，利用畜禽场粪污饲养蚯蚓，用蚯蚓粪有机肥生产无公害蔬菜、瓜果、花卉、草坪、茶叶等优质农作物产品。欧盟已经禁止绝大多数抗生素和全部激素在畜禽饲料中的应用，并建立起新的安全高效生产模式。在美国大部分养殖生产企业已经实现了在 HACCP 下的生产，基本上实现了生产的无害化。在瑞典，通过 20 多年的研究和应用，建立了由无污染饲养管理体系、无公害兽医卫生体系和无抗生素添加的饲料生产体系组成的全程无害化生产技术体系，提出了"瑞典模式"的绿色养殖业。并根据这种健康清洁生产技术模式，研究开发出了相配套的生产工艺、设施设备。

我国鸭安全生产也取得了一定的研究成果。鸭的生态养殖是确保生产健康、优质食品的重要方面，同时也是高效利用饲料、饲草和水资源，降低水禽养殖业污染水资源的有效方法。我国先后对蛋鸭笼养、旱地圈养、稻田养鸭、鱼鸭混养等生态养殖技术的研究，提出了规范化高效生态养殖水禽技术方案，并进行了生产推广与示范。采用饲养试验、屠宰试验和生物化学分析，以生长速度、饲料转化率、肉品质、免疫性能等为指标，研究各生理阶段北京鸭和蛋鸭的主要营养素，包括能量、蛋白质、氨基酸、钙、磷等的需要量和利用效率；研究鸭饲料营养价值的体外和体内评定方法；试验测定我国常用鸭饲料的代谢能、氨基酸消化率，填补了国内外水禽营养研究的空白，为中国鸭饲料营养价值表提供了较为完整的数据。提高了我国肉鸭和蛋鸭的饲料利用率，降低了排泄物中氮、磷对环境的污染。同时还建立了北京鸭产品安全的可追溯体系，实现了供雏、饲料、饲养、防疫、运输、收购、屠宰、加工、配送等全程可追溯。消费者可以通过手机短信、语音查询和网络平台了解到所消费家禽产品的基本情况，在出现食品安全问题时可以有效地追溯到生产的各个环节，保证了产品的质量和消费者的利益。

三、蛋鸭安全生产存在的问题

1. 品种落后　蛋鸭的抗逆性一直是困扰生产的问题之一，加上近年来，品种间或品系间配套杂交，也会导致了鸭的抗病性下降，给鸭的安全生产带来了巨大隐患。

2. 生产方式原始　长期以来，我国蛋鸭养殖主要采用低投入、水域放牧、开放三大棚饲养、庭院养殖等生产模式，基础设施和设备简陋，饲养环境差。种禽饲养场、孵化场规划不合理，防疫设施简陋，管理水平低下，这些都导致了疫病交叉感染严重，药物使用频繁，环境污染严重，食品安全得不到保障。

3. 饲料研发滞后　我国缺乏对蛋鸭的营养、饲养及饲料配制技术的系统研究。饲料企业配制水禽饲料缺乏科学依据，导致生产性能降低，饲料利用率下降，还导致了氮、磷排放增加，加大了污染物的排放。

4. 疫病流行　近年来，鸭传染病发生频繁，老病未除，新病不断，鸭瘟、雏鸭病毒性肝炎、番鸭细小病毒、呼肠弧病毒、鸭疫里默氏菌、坦布苏病毒等传染性疾病流行给鸭产业带来巨大的经济损失，同时鸭药物使用频繁，体内药物残留加大，当人食用后会导致各种疾病传播，危害人体健康。

5. 食品安全保障体系尚未建立　我国鸭养殖过程中存在滥用劣质饲料、饲料添加剂和多种药物的现象，导致食品安全问题；在食品加工方面，"以味为先"，忽视安全。

四、鸭安全生产发展的前景

我国经济的快速发展，使人民群众的生活水平不断提高，我国城乡居民的营养水平已接近世界平均水平。人们对畜禽产品消费的需求逐步提高，在吃饱的基础上进而要求吃好，而且还要求食品卫生安全，即注重质量、安全的特征将不可避免地体现在人们的消费行为上。无公害食品将备受青睐，成为市场的宠儿。在国际市场上，中国加入WTO后，安全卫生的无公害鸭产品在国际市场上具有广阔的前景。

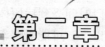

第二章

蛋鸭安全生产的养殖场建设及环境控制

　　鸭场的科学建设是鸭安全生产和优质鸭产品生产的重要保证，是关系到鸭场能否通过无公害农产品产地认定的重要因素。因此鸭场的建设应从选址、鸭舍建筑布局、设备及用具的选择等方面综合考虑，使鸭场的环境质量符合《无公害食品　家禽养殖生产管理规范》（NY/T 5038—2006）的要求。

第一节　蛋鸭安全生产的环境控制

一、鸭安全生产的环境质量要求

　　1. 环境质量对鸭安全生产的影响　鸭生长的外界环境非常复杂，有自然因素，也有人为因素，它们以各种各样的方式，经过不同的途径，单独地或综合地影响鸭的生长、发育、繁殖和生产，导致鸭产生各种各样的反应。因此鸭的健康、生产性能、鸭产品品质无时无刻不受到外界环境条件的影响，特别在目前鸭生产中，人们期望鸭生产能实现全舍饲养和高密度饲养，其生产的环境质量问题显得更加突出。首先，在鸭安全生产中，充分利用房舍，尽量节省物质与能源消耗的条件下，鸭所处的环境必须在适宜的范围内，尤其是鸭所处的温热环境必须适宜，才能使鸭能正常生长发育，维持健康，才能充分发挥经济性状的遗传潜能。其次，在鸭安全生产中，强调的是鸭产品的安全。由于鸭生活中必须接触到外界环境中的空气、饮水、饲料、鸭舍等，当这些因素在某一段时间受到病原体、毒物、有害气体等污染，若污染在一定浓度以下，可能对鸭本身和人类的健康无害，但若污染超过一定浓度，则直接或间接对鸭产生毒害或引起疾病，不能保证鸭的健康和生产性能，而且可能通过食物链影响人体健康，并可能通过其粪便等污染物污染周围环境，导致局部农业生态环境遭到破坏。因此，要想生产出无污染、无残留、对人体健康无损害的鸭产品，必须在无污染的自然环境条件下进行生产，若要添加鸭生长促进剂，则需添加对人体无害的生物制剂或添加作用小且残留低的非人用药品和添加剂，尽可能使鸭产品中有害物质的含量最低，从而保证消费者的身体健康。

2. 饮用水、大气、土壤质量环境要求　以前在提到鸭生产的环境因素时，人们往往看重空气环境，即鸭所处的小气候环境，包括温度、湿度、光照、空气中的有害气体、尘土和微生物等。这些环境对鸭生产固然重要，但它们只能使鸭只处于较理想的外界环境，保证其健康，发挥其应有的生产性能，这仅仅是鸭安全生产的基本条件，要达到鸭产品的无公害，在鸭健康的前提下，还需重视鸭饮用水的水质和饲料质量。由于鸭生产中的饲料来源于土地，尤其生产中所需要的青绿饲料直接来源于土地，因此土壤质量也是鸭安全生产的重要环境条件之一。

（1）鸭安全生产的饮用水质量要求　水是保证生物生存的重要环境因素，也是生物机体的必要组成部分，充足的饮水是鸭健康和发挥生产性能的重要保障。另外，若水质不佳或水体受到污染，则易导致鸭健康不断下降，降低抵抗力，易感染传染病，并通过食物链影响人体健康。因此鸭安全生产中要注重饮水充足，更要注重水质符合卫生要求。水质指标中色度的变化能初步反映水质受到哪一种物质的污染；水的浑浊度则反映其所含悬浮物的多少，浑浊度大则易感染介水传染病；水的硬度对鸭影响不大，但当硬度突然改变则易出现消化不良；当水被一些废弃物污染后，某些毒物如氟化物、氰化物、汞、镉、铅等含量超过一定限度时，则危害鸭的健康和生产力；其他指标如大肠菌群数、pH、臭和味等也能间接反映水质受到污染的情况。因此为保证鸭安全生产对水的需求，要保证水质符合一定的质量标准，水质环境应符合表2-1的要求。

表2-1　鸭安全生产饮用水质量标准

项　目	标准值	项　目	标准值
色（度）	不超过30	硝酸盐（以N计）（毫克/升）	≤30
浑浊度（度）	不超过20	pH	6.4～8.0
臭和味	不得有异臭、异味	溶解性总固体（毫克/升）	≤2 000
总硬度（以CaCO₃计）（毫克/升）	≤1 500	肉眼可见物	不得含有
硫酸盐（以SO₄²⁻计）（毫克/升）	≤250	氯化物（以Cl⁻计）（毫克/升）	≤250
总大肠菌群（个/100毫升）	≤1.0	氰化物（毫克/升）	≤0.05
氟化物（以F⁻计）（毫克/升）	≤2.0	汞（毫克/升）	≤0.001
总砷（毫克/升）	≤0.2	铬（六价）（毫克/升）	≤0.05
铅（毫克/升）	≤0.1	六六六（毫克/升）	≤0.001
镉（毫克/升）	≤0.01	滴滴涕（毫克/升）	≤0.005
铜（毫克/升）	≤1.0		

（2）鸭安全生产的空气质量要求

①鸭安全生产的空气环境　空气是鸭生存的基本条件，鸭与空气之间不断进行物质和能量的交换，正常的空气环境能维持鸭正常的生理机能和健康，是鸭安全生产的先决条件之一。空气本是一种无色、无味、无臭的混合气体，其主要成分为氮（78%）、

氧（21%）和氩（0.9%），另外还有微量的氖、氦、氪等稀有气体。随着工业化进程的加快，各项废气的排放量逐渐增多，使空气中出现有害物质且种类逐渐增多，空气中的有害物质大致有有害气体、微粒和微生物。这些有害物质会给鸭生产带来不良影响，甚至于引起疾病和死亡。随着工农业的发展，氟化物已成为重要的化工原料，因此工业氟的污染使空气中的氟化物大量增加，含氟的空气和微粒从呼吸道进入鸭机体，强烈地刺激呼吸道黏膜，若经消化道吸收进入血液，则影响钙、磷代谢。一些硫酸厂等工厂在生产过程中排放大量的硫氧化物气体，这些气体可直接刺激鸭眼、鼻、咽等黏膜，引起慢性支气管炎、结膜炎和慢性咽炎等；或形成酸雨，污染水源、土壤，危害植物，鸭食用含有这种酸性物质的水和饲料则易发生酸中毒。氮氧化物虽然刺激黏膜作用弱，但易进入深部呼吸道使鸭慢性缺氧，造成肺部损伤，严重时甚至引起死亡。随着汽车的大量使用，空气中铅的含量大大升高，人和畜禽被动吸入大量铅，畜禽产品通过食物链将铅传给人，使人体内铅大量增加，影响人的智力。大气中的微粒（尘、烟和雾）附于鸭体表，易与其他分泌物等混合使皮肤发痒发炎，影响皮脂和腺体分泌。因此保证鸭安全生产必须在正常的空气环境中进行，鸭场的空气环境应符合表 2-2 的要求。

表 2-2　鸭安全生产的空气环境质量指标

项　　目	日平均	小时平均
总悬浮颗粒物（标准状态）（毫克/米³）	≤0.30	—
二氧化硫（标准状态）（毫克/米³）	≤0.15	≤0.05
氮氧化物（标准状态）（毫克/米³）	≤0.12	≤0.24
氟化物（微克/米³）	≤3（月平均）	
铅（标准状态）（微克/米³）	≤1.50（季平均）	—

②鸭场空气环境质量　鸭场和鸭舍内由于受到鸭呼吸和排泄物等有机物分解的影响，其有害气体数量增大，成分更复杂，表

现为氨和硫化氢含量增大，二氧化碳、甲烷和粪臭素的含量也增加。氨浓度增加会刺激鸭黏膜，其长期作用会使鸭采食下降、生产活力下降，引起慢性氨中毒，高浓度氨则使鸭产生明显的病理反应，造成氨中毒。硫化氢是一种恶臭气体，由鸭舍中含硫有机物降解而来，长期处于低浓度时刺激鸭黏膜，当其浓度增大至中毒时影响鸭体质，抗病力下降，高浓度时则可直接抑制呼吸中枢，引起窒息死亡。二氧化碳是大气中的正常气体，在鸭场内由呼吸产生大量二氧化碳而使其浓度增加，造成鸭体缺氧，引起慢性中毒，长期处于高浓度的二氧化碳环境中，鸭易出现体质下降、生产力降低，抵抗力下降，易感染呼吸道传染病。鸭舍中的恶臭、可吸入颗粒物和总悬浮物的增多也易导致呼吸道疾病，鸭舍内的悬浮物颗粒越小，则危害越大，长期作用使鸭机体抵抗力和生产性能下降。安全鸭场的空气环境质量应符合表 2-3 的要求。

表 2-3　安全鸭场空气环境质量指标

项　目	场区	鸭　舍	
		雏鸭期	成年期
氨气（毫克/米³）	5	10	15
硫化氢（毫克/米³）	2	2	10
二氧化碳（毫克/米³）	750	1 500	
可吸入颗粒物（标准状态）（毫克/米³）	1	4	
总悬浮颗粒物（标准状态）（毫克/米³）	2	8	
恶臭（稀释倍数）	50	70	

　③鸭安全生产的土壤质量要求　沙土和壤土土粒间孔隙大，透气性能强，雨后不易泥泞，易于保持干燥，不利于病原微生物、虫卵和蚊蝇的繁殖，受到污染后其自净能力强，对鸭场的防疫卫生、饲养管理和作为鸭场地基都较好，因此安全鸭场宜选择沙壤土。

3. 防疫卫生要求

(1) 遵守《中华人民共和国动物防疫法》 对严重危害养鸭业生产和人体健康的禽流感、鸭瘟等疫病实施强制免疫，并依照《中华人民共和国动物防疫法》和国家有关规定做好鸭疫病的免疫、预防工作，接受动物防疫监督机构的监测、监督，遵守畜禽产地检疫规范，发现疫情立即向当地动物防疫监督机构报告，接受防疫机构的指导，发生疫病饲养场须及时控制、扑灭疫情，封锁疫区内与所发生疫病有关的动物。染疫鸭及其排泄物、病死或者死因不明的鸭尸体按畜禽病害肉尸及其产品无害化处理规程的规定进行无害化处理，不得随意处置。禁止生产区内有易感染的动物、依法应当检疫而未经检疫或者检疫不合格的动物、染疫的动物、病死或者死因不明的动物及其他不符合国家有关动物防疫规定的动物。

(2) 采用"全进全出"的饲养管理模式，生产场地建立隔离区 所谓"全进全出"，即将同一鸭场生产区范围内所有鸭舍和用具进行清洗、消毒和净化两周后，所购进雏鸭同时进入养殖区，饲养期满生产结束时同时出场，空场后对场内房舍、设备、用具等进行彻底清扫、冲洗、消毒，空闲两周以上，再购进新一批雏鸭，从而有效切断疫病的传播途径，防止病原微生物在鸭群中形成连续感染和交叉感染。由于"全进全出"制能最大限度地消灭鸭场内的病原体、能防止各种传染病的循环感染、能使免疫接种获得较一致的免疫力，而且这种管理模式方法简单，易于管理，有充分的时间消毒维修设备并有效地消灭蚊蝇鼠害，因此，必须实施"全进全出"制，且生产场地要建立隔离区。

(3) 实施灭鼠、灭蚊、灭蝇，禁止其他畜禽进入鸭养殖场区 鸭生产中，人们往往注重传染病的危害，而忽视鼠类和蚊蝇给人畜健康造成的危害。其实鼠类和蚊蝇易食腐烂食物和病畜残骸，易将病原菌和病毒带入鸭场，尤其是鼠类，它们盗食污染饲料、破坏饲养设施、咬毁器物、盗咬雏鸭，使养鸭场受到污染，饲养成本增加，而且由鼠类产生的应激使鸭生长缓慢、产蛋率下降，间接增加饲养成本。因此在鸭饲养过程中必须采取灭鼠、灭蚊、灭蝇的有效措施，并禁止其他畜禽进入养殖场区。

二、环境控制与监测

环境污染直接影响鸭品质的安全性，因此必须对鸭生产的环境进行控制与监测，才能保护鸭生产场地及其周边地区的农业生态环境，保证鸭产品质量，从而获得良好的社会、经济和环境效益。

鸭场环境的控制主要是防止鸭生存环境的污染。使鸭场受到污染的因素有工业"三废"、农药残留、鸭的粪尿污水、死鸭尸体和鸭舍产生的粉尘及有害气体等，故对鸭场的环境控制与监测主要是控制水质、土壤和空气。

1. 鸭场内水质的控制与监测　水质的控制与监测在选择鸭场时即进行，主要据供水水源性质而定。据当地实际情况测定水感官性状（颜色、浊度和臭味等）、细菌学指标（大肠菌群数和蛔虫卵）和毒理学指标（氟化物和铅等），不符合鸭安全生产时，分别采取沉淀和加氯等措施。鸭场投产后要对水质情况进行监测，一年检测1~2次。

2. 鸭场和鸭舍空气的控制与监测　对鸭场空气环境的控制在建场时即须确保鸭场不受工矿企业的污染。鸭场建成后对其周围厂矿所排放的有害物质进行监测。鸭舍内空气的控制除常规的温、湿度监测外，还须监测氨气、硫化氢、二氧化碳、悬浮微粒和细菌总数，必要时还需不定期监测鸭场及鸭舍的臭气。

3. 鸭场土壤的控制与监测　鸭生产逐渐向集约化方向发展，鸭较少直接接触土壤，土壤对鸭的直接危害作用少，主要是通过种植的饲草和饲料危害鸭，当饲草感染真菌、细菌和害虫后则影响鸭安全生产。土壤控制和监测在建场时即进行，之后可每年用土壤浸出液检测 1～2 次，测定指标有硫化物、氯化物、铅、氮化物等。

三、鸭场废弃物的处理

1. 鸭场废弃物的种类 鸭为人类提供大量产品的同时，也产生大量的废弃物，如：粪尿、生产污水、死胚、蛋壳、因病死亡的尸体、用过的垫料、鸭场及鸭舍内的有害气体、尘埃等。这些废弃物中，数量最大的是粪尿和污水，它们不经处理或处理不当会污染环境，若经适当处理或转化则可充分利用粪尿污水中的有用物质，变废为宝。

2. 鸭场粪尿的处理

（1）**鸭场粪尿对环境的污染** 粪尿及其分解物产生恶臭和有害气体，危害鸭体和人体健康；干燥的粪尿将悬浮颗粒和细菌排向空中污染空气；粪尿中的病源性寄生虫和细菌等污染水源和土壤；粪尿分解物等经土壤渗入地下，污染地下水和土壤。

（2）**鸭场粪尿的处理** 鸭场粪尿主要的出路在于作为有机肥用于农田。粪尿可直接施用于农田，但体积大、有季节性且其中的病原菌对人畜环境都有危害。因此，可将粪尿腐熟制作堆肥，利用高温杀灭病原菌，用高温烘干作为复合肥料或饲料的原料，利用粪尿中的生物能生产沼气作为能源利用，且沼气发酵后的残渣可作肥料和饲料。

3. 鸭场污水的处理

（1）**简单的物理处理** 利用污水的物理特性，用沉淀法、过滤法和固液分离法将污水中的有机物等固体物分离出来，经两级沉淀后的水可用于浇灌果树或养鱼。

（2）**化学处理** 将鸭场污水用酸碱中和法进行处理后，再加入胶体物质使污水中的有机物等相互凝结而沉淀，或直接向污水中加入氯化消毒剂生成次氯酸而进行消毒。

（3）生物处理 利用污水生产沼气或用微生物分解氧化污水中的有机物达到净化的目的。

无论采用哪一种处理方法，都必须使处理后的粪尿污水低于或等于表2-4的标准。

表2-4 污物污水排放标准

项 目	标准	项 目	标准
氨（毫克/米³）	5.0	硫化氢（毫克/米³）	0.60
汞（毫克/升）	0.05	镉（毫克/升）	0.1
铬（毫克/升）	1.5	色度（度）	80
悬浮物（毫克/升）	100	氟化物（毫克/升）	15
pH	6～9	氰化物（毫克/升）	0.5

4. 鸭场病死鸭尸体和垫料的处理 病死鸭尸体或死胚分解腐败产生臭气，若因传染病死亡的鸭，必须经100℃高温熬煮处理消毒或直接与垫料一起在焚烧炉中焚烧。孵化后的死胚可与粪尿一起堆肥作肥料。无论何种处理方法，运输死鸭或死胚的容器应便于消毒密封，以防在运送过程中污染环境。

四、产地环境认证

1. 无公害鸭场的认证

（1）场址远离水源防护区、风景名胜区、人口密集区等环境敏感区，符合环境保护、兽医防疫要求，场址周围环境生态良好，没有或不直接受到工业"三废"及农业、城镇生活、医院废弃物等的污染。

（2）场址不在与水源有关的地方病高发区，且养殖区周围500米范围内水源上游没有对产地环境构成威胁的污染源，包括工业"三废"、农业废弃物、医院污水及废弃物、城市垃圾和生活污水等污物。

(3) 场区内布局合理，各区域之间应有绿化带和（或）围墙严格分开，生产区和生活区必须严格分开。

(4) 生产区内设有与生产相适应的消毒室、消毒池、更衣室、兽医室等，并配备相应的消毒预防工作所需的仪器设备，鸭舍内部有相应的消毒设施。

(5) 生产区内鸭舍有防渗漏设施，并设有粪尿污水处理设施，且粪尿污水经处理后达到表 2-4 所列标准。

(6) 病死鸭尸体及垫料等进行无害化处理，处理过程符合畜禽病害肉尸及其产品无害化处理规程的规定。

2. 鸭场饮用水和大气环境的认证 鸭场及鸭场生产区饮用水和大气环境达到表 2-1 和表 2-2 所列标准。

3. 鸭场消毒条件的认证

(1) 使用的消毒药安全、高效、低毒和低残留。

(2) 鸭场有健全的消毒制度，有多种消毒方式，能执行消毒制度中规定的定期开展鸭场内外环境消毒、带鸭消毒、饮用水消毒和饲料消毒等。

(3) 进出车辆和人员有专门的通道，且严格执行消毒措施。

4. 防疫措施的认证

(1) 采用"全进全出"的管理模式，生产区设隔离带或隔离区。

(2) 无其他畜禽进入无公害鸭生产区。

(3) 发现疫情能及时向当地动物防疫监督机构报告，并接受防疫机构的指导，能较快控制扑灭疫情，并对病死鸭尸体等进行无害化处理。

(4) 防疫措施严格按照《中华人民共和国动物防疫法》和当地检疫规程执行。

第二节 蛋鸭安全生产的养殖场建设要求

一、鸭场的场址选择

鸭舍是鸭生活、休息和产蛋的场所，场地的好坏和鸭舍的安排合理与否直接关系到鸭正常生产性能能否充分发挥，同时，也影响饲养管理工作以及经济效益。因此，场址的选择要根据鸭场的性质、自然条件和社会条件等因素进行综合权衡而定。通常情况下，场址的选择必须考虑以下几个问题。

1. 鸭场定位 鸭场的位置很重要，一定要选择好。这是因为蛋鸭场的主要任务都是为城镇居民提供新鲜的商品鸭蛋、鸭肉，因此，既要考虑服务方便，又要注意城镇环境卫生，还要考虑场内鸭群的卫生防疫。场址宜选在近郊，一般以距城镇 $10\sim20$ 千米为宜，种鸭场可离城镇远一些。

2. 水源充足，水质良好 鸭场的建设首先要考虑到水源。一般应建在河流、沟渠、水塘和湖泊的边上，水面尽量宽阔，水深 1 米左右。水源以缓慢流动的活水为宜。水源应无污染，鸭场附近无畜禽加工厂、化工厂、农药厂等污染源，离居民点也不能过近，尽可能建在工厂和城镇的上游。大型鸭场最好能自建深井，以保证用水的质量。水质必须抽样检查，符合表 2-1 要求。

3. 地势高燥，排水性好 鸭虽可在水中生活，但舍内应保持干燥，不能潮湿，更不能被水淹。因此，鸭舍场地应稍高些，略向水面段倾斜，至少要有 $5°\sim10°$ 的小坡度，以利排水。土质以排水良好，导热性较小，微生物不易繁殖，雨后容易干燥的沙壤土为宜。在山区建场，不宜建在昼夜温差太大的山顶，或通风不良和潮湿的山谷深洼地带，应选择在半山腰处建场。山腰坡度不宜太陡，也不能崎岖不平；低洼潮湿处易助长病原微生物的滋生繁殖，鸭群容易发病。

4. 房舍朝南或东南　场址位于河、渠水源的北坡，坡度朝南或东南，水上运动场和室外运动场在南边，舍门也朝南或东南开。这种朝向，冬季采光面积大，有利于保暖，夏季通风好，又不受太阳直晒，具有冬暖夏凉的特点，有利于提高生产性能。

5. 交通方便，电力供应充足　场址要与物资集散地近些，与公路、铁路或水路相通，有利于产品和饲料的运输，降低成本。为防止噪声和利于防疫，鸭场离主要交通要道至少要有2 000米以上，同时要修建专用道路与主要公路相连。

电是现代养鸭不可缺少的动力。工厂化养鸭场除要求有电网线接入外，还必须自备发电设备。

6. 要有广泛的种植业基础　种植业是养鸭的基础，工厂化鸭场最好能建在种植业发达地区，这不仅饲料原料来源丰富、方便，同时有利于鸭粪资源化利用。

二、鸭场的布局要求

目前在鸭生产中鸭场有两种：一种是"小而全"鸭场，另一种是专业化鸭场，不同类型鸭场的布局差别很大。集约化、规模化程度越高，鸭场的布局要求就越高。我国已建的鸭场大多具有孵化、育雏、直至产蛋或育肥以及自行解决饲料的"小而全"鸭场。

1. 不同类型鸭场的布局

(1)"小而全"鸭场的布局　"小而全"鸭场在总体布置时要按照不同的职能划分若干区，如行政区、生活区和生产区三大区域。

①行政区　包括办公室、资料室、会议室、发电房、锅炉房、水塔和车库等。

②生活区　主要有职工宿舍、食堂和其他生活服务设施和场所。

　　③生产区　包括鸭舍（育雏室、育成舍、产蛋鸭舍和种鸭舍）、蛋库和孵化室、兽医室、更衣室（包括淋浴室、消毒室）、处理病死鸭的焚尸炉以及粪污处理池。此外，还应有饲料仓库（成品贮存库设置在生产区内，加工饲料间则应另设置一个专业区）和产品库。

　　各分区之间既要联系方便，又要符合防疫隔离的要求。各区域之间应用绿化带和（或）围墙严格分开，生活区、行政区要远离生产区，生产区要绝对隔离。生产区四周要有防疫沟。

　　生产区内部设置要根据鸭群的重要性和自然抗病能力，把育雏舍安置在上风，然后顺风向安排后备鸭舍和成年鸭舍。成年鸭中以种鸭为主，商品鸭舍在种鸭舍的后（北）面，种鸭舍要距离其他鸭舍 300 米以上。兽医室安排在鸭场的下风位置。焚尸炉和粪污处理池设在最下风处。"小而全"的工厂化鸭场组成如图2-1。

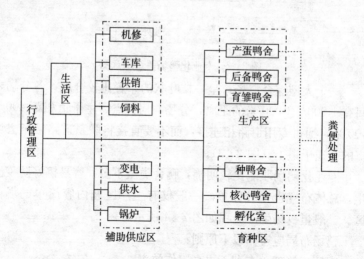

图 2-1　"小而全"鸭场布局

　　（2）专业化鸭场的布局　与"小而全"鸭场相比，专业化鸭场分区关系复杂，国外已很少采用"小而全"的鸭场，而采用专业化鸭场，如种鸭场、蛋鸭场、肉鸭场等。这些专业化鸭场工序简单，减少了设备，提高了效率，也便于管理。但也有周转运输量大，各鸭场之间要互相协作等问题。近年来，随着养鸭事业的发展，许多国家搞大型综合鸭场，这些综合鸭场由若干专业化鸭场组合而成，包括种鸭场、肉鸭场、蛋鸭场、孵化场、饲料加工厂、屠宰厂、粪便处理厂等。各专业化场或工厂之间保证有一定距离，在总体布局上是既分散而又有联系。专业化鸭场关系如图2-2。

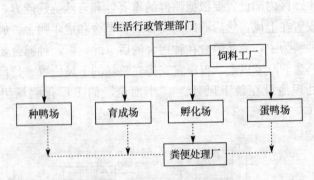

图 2-2 专业化鸭场关系示意图

一个大型综合鸭场，呈一枝叶状的布置比较合理，各分场之间有 1 000～3 000 米的距离，分场与居民点、主干道相距 400～500 米，通过专用道路相连接，而不要直接将联系道路接至去城市的交通干道上（图 2-3）。

专业化鸭场职能比较明确，鸭舍类型不多，容易搞好防疫卫生，总体布置也比较简单。一般仅有生产区和内容简单的场前区。一般蛋鸭场生产流程如图 2-4 所示。

鸭场布局应遵循以下原则：

①便于管理，有利于提高工作效率。

②便于搞好防疫卫生工作。

③充分考虑饲养作业流程的合理性。

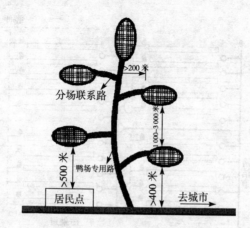

图 2-3　专业化鸭场的布置示意图

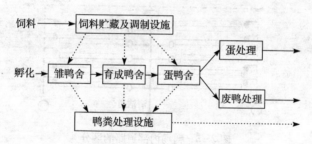

图 2-4　蛋鸭场生产流程示意图

④因地制宜，节约基建投资。

2. 鸭场道路　鸭场的运输是很频繁的。以一个 10 万只规模的蛋鸭场为例，每天需要 1.8 吨的饲料，运出 6～8 吨的鸭粪，600～700 千克鸭蛋。由于鸭群高度集中，防疫的任务特别重。为防止外界病菌进入鸭场，其内外道路和车辆要严格区分，外来的车辆一般不准进入场内，如有必要进场时，必须经过清洗消毒等措施。

鸭场内部的清洁道及污染道应该严格分开，即饲料、鸭只、蛋品等清洁物品的调运要与粪便、病鸭、笼具消毒后的污物的运出采用不同的道路，以防止鸭场内部的交叉感染（图 2-5）。

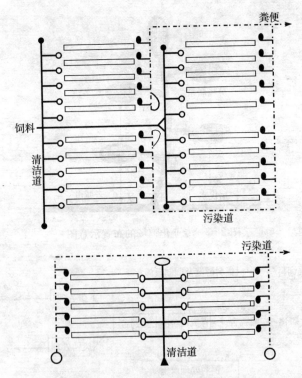

图 2-5 鸭场内部道路的区分

3. 鸭舍朝向 国内鸭舍一般习惯于南北向布置。但各地的主风向不同，对于利用自然通风为主的有窗鸭舍或开敞式鸭舍来说，夏季通风是个重要问题。从单栋鸭舍来看，将鸭舍的长轴方向垂直于夏季的主风向，在盛夏之日可以获得良好的通风，对驱除鸭舍的热量，改善鸭群的体感温度是有利的。但鸭舍往往不是单排的。根据建筑通风的实验资料，当风对着前栋建筑正吹时（入射角为 0°），则风流曲线受建筑的阻挡而向上升，越过障碍再恢复到自然气流状态，其距离一般要大于屋高的 4～5 倍。据此，当屋高 3 米时，其间距不宜小于 15 米，如屋高 5 米（高炕鸭舍），则间距至少 20 米以上。这个间距比较大，对土地使用不经济，布置上常难以满足。

而当建筑物与风向成不同角度时，则背风面旋涡范围大小和形状都有显著变化。鸭舍朝向与夏季主风向有 $30°\sim60°$ 的入射角，对于群体鸭舍的自然通风比较有利，并且可缩小间距，节约土地。由此可见，鸭舍的朝向还应根据不同的地区，结合当地风向来考虑。

三、鸭舍的基本类型及结构

鸭的饲养从野地散放、舍内平养发展到高密度的平养，形成了高效生产方式。同时，对鸭舍建筑也提出了相应的要求。特别是鸭舍的设施、设备对鸭舍的建筑影响很大，在设计过程中必须进行多种方案比较。

1. 鸭舍的形式

（1）无走道平养鸭舍　利用率最高，跨度没有限制。机械喂料槽、自动饮水器、保暖伞等设备可用悬挂方式。采用垫草的落地平养，在鸭只转运后，将设备挂起，做一次彻底清扫与消毒，常利用活动隔网来控制鸭群活动的范围。鸭舍平面要有利于组织机械喂料，如组织好链板循环路线等。饲料箱设在专门的房间里，便于加料、管理。

（2）单走道单列式平养鸭舍　最为常见，跨度较小。由于管理方便，多作为种鸭舍，可在走道里集蛋，但走道占用一定的鸭舍有效面积，不够经济。鸭舍一端布置饲料间，另一端布置粪坑，南面可设运动场。如采用螺旋式喂料机，为使供料线不要过长，宜将饲料间设在鸭舍的中部。产蛋箱宜横向布置，既便于走道集蛋，又能保证舍内通风。当然横向蛋箱不宜过多，否则走道集蛋会有困难（图 2-6）。

（3）中走道双列式平养鸭舍　增加了鸭舍跨度，减少了外墙面积，提高了走道利用率，比单列式鸭舍经济。但走道北面的鸭

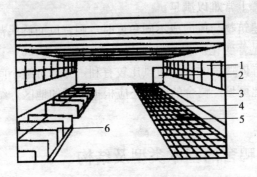

图2-6 单列式鸭舍示意

1. 窗 2. 门 3. 走道 4. 排水沟上的铁丝网
5. 饮水器 6. 产蛋箱

不容易得到阳光，而且开窗困难，要用机械开窗。用料车送料，可以充分利用中间走道（图2-7）。

（4）双走道双列式平养鸭舍 开窗方便，在特冷、特热的地区，对鸭只防寒、防暑有利。但在建筑面积利用上不及中走道双列式，机械设备布置比较集中，如用料车送料，行走路线要加长。

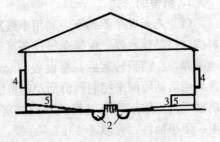

图2-7 双列式鸭舍示意

1. 走道 2. 排水沟 3. 地面
4. 窗 5. 产蛋箱

此外，较大的平养鸭舍还可以排成双走道四列式等。这种鸭舍跨度也比较大，自然通风有困难，需要设置机械通风设备。

2. 鸭舍建筑 鸭舍的基本要求是冬暖夏凉，空气流通，光线充足，便于饲养管理，容易消毒和经济耐用。一般说来，一个完整的平养鸭舍应包括鸭舍、陆上运动场和水上运动场三部分（图2-8）。这三部分面积的比例一般为 $1:1.5\sim2:1$。

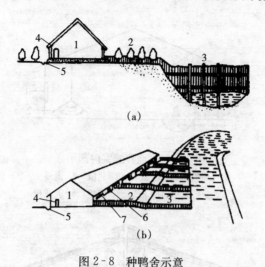

图 2-8　种鸭舍示意

(a) 侧面　(b) 外景

1. 鸭舍　2. 陆上运动场　3. 水上运动场

4. 走道的门　5. 排水沟　6. 通陆上运动场门　7. 窗

（1）鸭舍　鸭舍宽度通常为 8～10 米，长度视需要而定，一般不超过 100 米，内部分隔多采用矮墙或低网（栅）。一般分为育雏舍、育成（或青年）鸭舍、种鸭或产蛋鸭舍三类。三类鸭舍的要求各有差异。

①育雏舍　要求温暖、干燥、保温性能良好，空气流通而无贼风，电力供应稳定。房舍檐高有 2～2.5 米即可。内设天花板，以增加保温性能。窗与地面面积之比一般为 1∶8～10，南窗离地面 60～70 厘米，设置气窗，便于空气调节，北窗面积为南窗的 1/3～1/2，离地面 100 厘米左右，所有窗子与下水道通外的口子要装上铁丝网，以防兽害。育雏地面最好用水泥或砖铺成，以便于消毒，并向一边略倾斜，以利排水。室内放置饮水器的地方，要有排水沟，并盖上网板，雏鸭饮水时溅出的水可漏到排水沟中排出，确保室内干燥。为便于保温和管理，育雏室应隔成几个小间（图 2-9、图 2-10）。

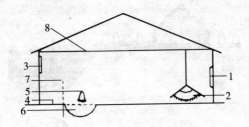

图 2-9 平面育雏室内部示意

1. 南窗 2. 保温伞 3. 北窗 4. 走道
5. 饮水器 6. 排水沟 7. 栅栏 8. 天花板

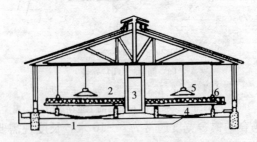

图 2-10 双列式网上育雏舍

1. 排水沟 2. 铁丝网 3. 门
4. 集粪池 5. 保温灯 6. 饮水器

②育成鸭舍 也称青年鸭舍。育成阶段鸭的生活力较强，对温度的要求不如雏鸭严格。因此，育成鸭舍的建筑结构简单，基本要求是能遮挡风雨、夏季通风、冬季保暖、室内干燥。规模较大的鸭场，建筑育成鸭舍时，可参考育雏鸭舍。

③种鸭舍或产蛋鸭舍 鸭舍有单列式和双列式两种。双列式鸭舍中间设走道，两边都有陆上运动场和水上运动场，在冬天结冰的地区不宜采用双列式。单列式鸭舍冬暖夏凉，较少受季节和地区的限制，故大多采用这种方式。单列式鸭舍走道应设在北侧。种鸭舍要求防寒，隔热性能更好，有天花板或隔热装置更好。屋檐高 2.6～2.8 米。窗与地面面积比要求 1∶8 或 8 以上，

特别在南方地区南窗应尽可能大些，离地60～70厘米以上的大部分做成窗，北窗可小些，离地约100～120厘米。舍内地面用水泥或砖铺成，并有适当坡度，饮水器置于较低处，并在其下面设置排水沟。较高处设置产蛋箱或在地面上铺垫较厚的塑料以供产蛋之用。

（2）陆上运动场　陆上动动场是鸭休息和运动的场所，面积约为鸭舍的1.5～2倍。运动场地面用砖、水泥等材料铺成。运动场面积的1/2应搭有凉棚或栽种葡萄等植物形成遮阴棚，供舍饲饲喂之用。陆上运动场与水上运动场的连接部，用砖头或水泥制成一个小坡度的斜坡，水泥地面要防滑。斜坡应延伸至水上运动场的水下10厘米。

（3）水上运动场
水上运动场供鸭洗浴和配种用。水上运动场可利用天然沟塘、河流、湖泊，也可用人工浴池。如利用天然河流作为水上运动场，靠陆上运动场这一边，要用水泥或石头砌成。人工浴池一

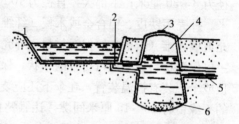

图2-11　人工浴池排水系统示意
1. 池壁　2. 排水口　3. 井盖
4. 沉淀井　5. 下水道　6. 沉淀物

般宽2.0～2.5米，深0.3～0.5米，用水泥制成。人工浴池的排水口要有一个沉淀井，排水时可将泥沙、粪便等沉淀下来，避免堵塞排水道（图2-11）。

鸭舍、陆上运动场和水上运动场三部分需用围栏将它们围成一体。根据鸭舍的分间和鸭的分群需要进行分隔。水上运动场的水围应保持高出水面50～100厘米，育种鸭舍的水围应深入到底部，以免混群。

（4）饲养密度与鸭舍面积估算　鸭舍面积的估算与饲养密度有关，而饲养密度又与鸭的品种、日龄、用途和季节相关。因

此，在建筑鸭舍时要留有余地，周密计划。

饲养密度的一般掌握原则是：冬天大些，夏天小些；大面积鸭舍大些，小面积鸭舍小些；舍外运动场大的鸭舍大些，运动场小的鸭舍小些。

四、饲养设备与用具选购

1. 保温设备和用具 育雏时所必需的保温设备和用具，大多数与鸡的育雏保温设备和用具相同。各地可以根据本地区的特点选择使用。

（1）保温伞 又称保姆伞，形状像一只大木斗，上部小，直径为 8～30 厘米；下部大，直径为 100～120 厘米；高 67～70 厘米。外壳用铁皮、铝合金或木板（纤维板）制成双层，夹层中填充玻璃纤维（岩棉）等保温材料，外壳也可用布料制成，内侧涂一层保温材料，制成可折叠的伞状。保温伞内用电热管加热，伞顶或伞下装有控温装置，在伞下还应装有照明灯及辐射板，在伞的下缘留有 10～15 厘米间隙，让雏鸭自由出入。这种保温伞每台可养初生雏鸭 200～300 只。冬季气温较低时，使用保温伞的同时应注意提高室温（图 2-12、图 2-13）。

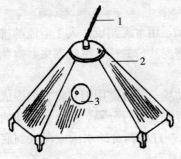

图 2-12 折叠式育雏伞

1. 电源线 2. 保温伞 3. 调节器

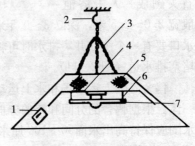

图 2-13 铝合金育雏伞

1. 控温装置 2. 吊钩 3. 悬挂链
4. 辐射板 5. 外壳 6. 加热器 7. 照明灯

（2）煤炉　采用类似火炉的进风装置，进气口设在底层，将煤炉的原进风口堵死，另装一个进气管，其顶部加一小块玻璃，通过玻璃的开启来控制火力调节温度。炉的上侧装有一个排气烟管，通向室外。此法多用来提高室温，采用此法时务必注意通气，防止一氧化碳中毒（图2-14）。

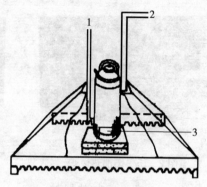

图2-14　煤炉育雏伞
1. 进气孔　2. 排气孔　3. 炉门

（3）红外线灯　在室内直接使用红外线灯泡加热。常用的红外线灯泡为250瓦，使用时可等距离排列，也可3～4个红外线灯泡组成一组。第一周龄，灯泡离地面35～45厘米，随雏龄增大，逐渐提高灯泡高度。用红外线灯泡加温，温度稳定，室内垫料干燥，管理方便，省省人力。但红外线灯耗电量大，灯泡易损坏，成本较高，供电不正常的地方不宜使用。

（4）烟道　有地下烟道（即地龙）和地上烟道（即火龙）两种。由炉灶、烟道和烟囱3部分组成。地上烟道有利于发散热量，地下烟道可保持地面平坦，便于管理。烟道要建在育雏室内，一头砌有炉灶，用煤或柴草作燃料，另一头砌有烟囱，烟囱要高出屋顶1米以上，通过烟道把炉灶和烟囱连接起来，把炉温导入烟道内。建造烟道的材料最好用土坯，有利于保温吸热。我国北方农村所用火炕也属于地下烟道式。

（5）热风炉　热风炉是以空气为介质，以煤炭或油为燃料的一种新型供热设备，其结构紧凑合理，热效率高，运行成本低，操作方便。全自动型具有自动控制环境温度、进煤数量、空气进入、热风输出，自动保火、报警，高效除尘等性能特点（图2-15、图2-16）。

图2-15　燃油热风炉

图2-16　燃煤热风炉

（6）暖风机　与热风炉配套使用，可做到高效、节能、环保（图2-17）。

2. 供料给水设备和用具

（1）饲料盘、饲槽、料桶或塑料布　饲料盘和塑料布多用于雏鸭开食，饲料盘一般采用浅料盘，塑料布反光性要强，以便雏鸭发现食物。饲槽或料桶可用于各种阶段，饲槽应底宽上窄，防止饲料浪费（图2-18、图2-19、图2-20）。

（2）饮水器、水槽　供鸭饮水之用，有长流水槽、普拉松饮水器（图2-21）、乳头饮水器（图2-22）等多种类型。

图2-17　暖风机

图2-18　不同规格的料桶

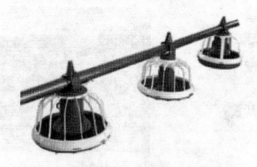

图 2-19 螺旋式料桶

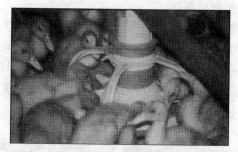

图 2-20 旋式料桶雏鸭采食图

图 2-21 普拉松饮水器

图 2-22　乳头饮水器

3. 环境控制设备

（1）通风设备　通常为风机（图 2-23）等，主要用于将舍内污浊的空气排出、将舍外清新的空气送入鸭舍内或用于舍内空气流动。具有全压低、风量大、噪声低、节能、运转平稳、百叶窗自动启闭、维修方便等特点。对鸭舍内纵向和横向通风均适用，是当今室内养鸭业理想的通风设备。

图 2-23　养殖专用风机

鸭舍的通风有不同的分类方法，按舍内空气的流动方向一般分为横向通风、纵向通风和联合通风三种。横向通风时气流从鸭舍的一侧进入，风机平均分布。纵向通风时风机在鸭舍的一端（山墙处），气流从鸭舍的相反的一端进入。联合通风时进风口均匀分布在鸭舍两侧墙壁上，在鸭舍的一端安装风机，并结合屋顶的风机（图 2-24、图 2-25、图 2-26）。

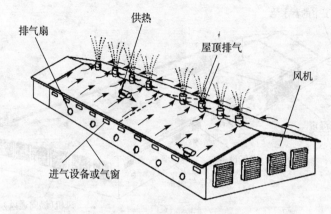

图 2-24 横向通风示意图

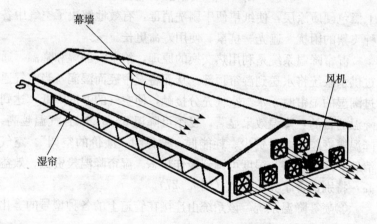

图 2-25 纵向通风示意图

（2）降温系统

①湿帘降温系统 该系统主要由湿帘与风机配套构成。

湿帘通常有普通型介质和加强型介质两种。普通型介质由波纹状的纤维纸粘结而成，通过在造纸原材料中添加特殊的化学成分、特殊的后期工艺处理，因而具有耐腐蚀、强度高、使用寿命长的特点。加强型介质是通过特殊的工艺在普通型介质的表面加

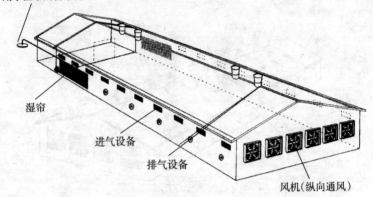
用于湿帘的蓄水池

湿帘

进气设备

排气设备

风机(纵向通风)

图 2-26 联合通风示意图

上黑色硬质涂层，使纸垫便于刷洗消毒，有效地解决了空气中各种飞絮的困扰，遮光、抗鼠、使用寿命更长。

湿帘降温系统是利用热交换的原理，给空气加湿和降温。通过供水系统将水送到湿帘顶部，从而将湿帘表面湿润，当空气通过潮湿的湿帘时，水与空气充分接触，使空气的温度降低，达到降温的目的，降温效果显著。夏季可降温 5～8℃，且气温越高，降温幅度越大。投资少、耗能低，被称为"廉价的空调"。空气清新、降温均衡、湿度可调到最佳状态。湿帘降温投资低、效益高，特别适合于养殖生产（图 2-27）。

②喷雾降温系统 该系统由连接在管道上的各种型号的雾化喷头、压力泵组成。

喷雾降温系统是一套非常高效的蒸发系统，它通过高压喷头将细小的雾滴喷入鸭舍内。随着湿度的增加，热能（太阳光线＋鸭体热）转化为蒸发能，数分钟内温度即降至所需值。由于所喷水分都被舍内空气吸收，地面始终保持干燥。这种系统可同时用作消毒，增进鸭的健康。由于本系统能高效降温，因此可减少通风量以节约能源。当要求舍内的小环境气候既适宜又卫生时，可

图 2-27 湿帘降温系统

全年使用。本系统有夏季降温、喷雾除尘、连续加湿、环境消毒、清新空气、全年控制的特点（图 2-28）。

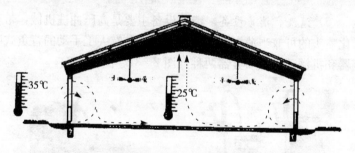

图 2-28 喷雾降温系统示意图

③冷风机 具有降温效果好、湿润净化空气、低压、大流量、耗电省、噪声低、制冷快、运转平稳、安全可靠、运行成本低、操作简单、维护方便的优点。

（3）加温系统 参见本章节保温设备和用具部分。

（4）光照控制设备 光照程序控制器采用微电脑芯片设计，照明亮度无级变化，具有自动测光控制功能。自动光照—通风两用控制器既能自动控制光照系统，又能接上湿帘、风机、暖风炉等设备进行全自动时间控制（图 2-29、图 2-30）。

图 2-29　鸭舍光照程序控制器　　图 2-30　光照—通风两用控制器

（5）清洗、消毒设备　清洗设备主要是高压冲洗机械，带有雾化喷头的可兼当消毒设备用。消毒设备有人工手动的背负式喷雾器和机械动力式喷雾器两种（图 2-31、图 2-32）。

图 2-31　背负式喷雾器　　　图 2-32　机械动力式喷雾器

（6）环境监测控制集成系统　控制系统是任何环境监测系统的心脏部分，用于加热、降温、进风、光照等环境因素的有效监测和自动控制（图 2-33）。

4. 其他用具

（1）垫料　垫料原材料为稻壳、锯木屑、干草、碎的秸秆等。垫料要干燥清洁、无霉菌、吸水力强。垫料板结或厚度不够，易造成鸭胸囊肿而降低屠体等级。因此，应定期更换。

（2）护板　用木板、厚纸板或席子制成。保温伞周围护板用于防止雏鸭远离热源而受凉。护板高45 厘米，与保温伞边缘的距离，依育雏季节、雏龄而异。

（3）笼具、平网、清粪机　一般用金属制成，多用于饲养立体育雏（图2-34、图 2-35、图2-36）。

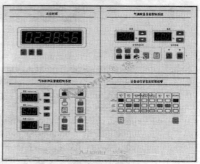

图 2-33　环境控制器

图 2-34　育雏笼

图 2-35 平 网

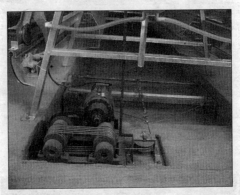

图 2-36 清粪机

(4) 蛋箱、蛋框 可用塑料、硬纸板等材料制成，主要用于蛋的装运。

(5) 围栏 用竹篾或铁丝网制成，总长 15～20 米，高 60～70 厘米，抓鸭时用其将鸭围成一圈，既方便，又不使鸭造成应激。

(6) 除以上设备和用具外，还有成鸭周转笼、铁锹、扫帚、秤等常用工具也应事先准备妥当。

第三章

蛋鸭养殖品种的选择

要实施蛋鸭安全生产，无论是种鸭场还是商品鸭场，都应选择优质、高产、抗逆的鸭品种或配套系，以获取最大经济效益。不同的品种，生产性能不一样，投入产出不一样，产品规格亦不同。饲养什么样的品种，一定要从实际出发，根据市场需求、品种的生产性能和自身的经济条件加以选择。

第一节　蛋鸭的引种要求

一、执行的法律法规

鸭的引种可分为国内引种和国外引种两类。国内引种要按我国政府颁布的《中华人民共和国动物防疫法》、《种畜禽管理条例》、农业部颁布的《种畜禽生产经营许可证管理办法》执行，国内引种相对于国外引种手续比较简单。这里主要叙述国外引种要求，从国外引种要求必须根据国家质量监督检验检疫总局于 2002 年 7 月 1 日发布，并于 2002 年 9 月 1 日起施行的《进境动植物检疫审批管理办法》执行。《进境动植物检疫审批管理办法》是为了进一步加强对进境动植物检疫审批的管理工作，防止动物传染病、寄生虫病和植物危险性病虫杂草以及其他有害生物的传入，根据《中华人民共和国进出境动植物检疫法》和《农业转基因生物安全管理条例》的有关规定，制定的最新办法。

二、从国外引种的引种原则

从国外引种时要求做到：按照生产目标，根据世界有关国家的鸭育种公司所提供的资料及向同行的了解，选择合适的育种公司，选定鸭品种或配套系，选择引入品种的代次（是曾祖代、祖代，还是父母代），是纯种还是商品配套系，是否是该公司生产性能较高的核心群后代。要考虑被引进品种的生产性能，要有被引进品种的血缘关系及亲本生产性能记录。严格按我国政府规定的引种要求，不到国外疫区引进鸭种，对种鸭育种场必须要求对方出示权威部门提供的种鸭生产、经营许可证。在确定引入品种及代次后，要考虑鸭育种公司所在国和我国引种地间的环境差异、妥善安排调动季节。要严格按品种或配套系要求，慎重选择个体，保证所选个体符合品种要求，且品质良好。严格执行我国的动植物检疫制度，对引入品种要有专门的隔离观察区，以保证所引入品种的疫病安全。

1. 确定引种方向　在引进种鸭前选择合适品种或配套系，必须对筹建地周围的养鸭情况、鸭产品的销售渠道及去向、国内外鸭产品的消费市场，特别是对周围大中城市居民对鸭产品的消费喜好有准确的了解，在此基础上确定引种方向。

2. 正确选择引入品种　除考虑市场消费因素外，还应考虑引进品种所具有的生产技术指标、经济价值和育种价值、该品种对引入地的适应性、对疾病的抵抗力等因素。适应性和抗病力包括抗寒、耐热、耐粗放管理、抗病力、产品安全等，这些将直接影响该品种的生产性能是否能在引入地正常地发挥。

3. 慎重选择个体　为了保证引种的成功，在引种时应对个体进行慎重选择。引入的个体间不宜有亲缘关系，公鸭与母鸭最好来自不同家系，尤其是引入曾祖代时，各配套系内的公母鸭间不应有血缘关系。年龄也是需要考虑的因素。由于幼年有机体在其发育的过程中比较容易对新环境适应，因此，选择幼年健壮个体或种蛋，有利于引种的成功。

4. 严格执行国家防疫法规、不从疫区引进鸭种　国外引种，必须要了解被引品种产地区域内相关畜禽的疫病发生情况。因为有些传染病是禽类中不同禽种均能相互感染的，如禽流感等；有的传染病家禽虽不会发生，如疯牛病、口蹄疫等，但禽可作为中间宿主，引回后会传染给其他家畜。所以，不能在任何畜禽发病的疫区引进任何畜禽品种。

5. 严格检验检疫制度　所有鸭种必须有检疫证书，严格实行隔离观察制度，防止疾病传入，是引种工作中必须高度重视的一环。根据1998年1月1日起施行的《中华人民共和国动物防疫法》要求，国外或国内异地引种用动物及其精液、胚胎、种蛋，应当先到当地动物防疫监督机构办理检疫审批手续并须检疫合格。确保所引鸭种健康无病，且已按要求实施过异地引种时的消毒防疫工作。

6. 要保证引进品种是原种和商品配套系　从国外引进的品种必须为经国家畜牧行政主管部门批准引进的国外优良畜禽原种（纯系）和曾祖代配套系。

7. 要考虑品种原产地与引入地间的环境差异　一个再好的品种，要保持其生产性能的正常发挥，最关键的是引入地的饲养环境条件是否能适合被引入者的生存。引种前必须要对品种原产地的饲养方式、饲养条件等有所了解。如果畜禽品种的引入地与原产地环境及饲养方式差异很大，该品种引入后就有可能发生疾病，或生产性能达不到原产地的实际生产水平。因而在引入种鸭时，必须考虑引入地与原产地的环境气候条件是否相似，如两地环境差异大则不宜考虑。

8. 要考虑被引进品种的生产性能　品种引入的主要目的是使该品种发挥出与原产地同样的生产水平，以达到获得较高经济效益的目的。因而必须切实了解引入品种的生产性能指标，尤其是品种引进后作为繁殖畜禽用时，必须要有被引进品种的血缘关系及亲本生产性能记录。

三、国内引种时的要求

国内引种时要求种鸭场必须要有生产、经营许可证。根据《种畜禽管理条例》第十五条规定，生产经营种畜禽的单位和个人，必须向县级以上人民政府畜牧行政主管部门申领《种畜禽生产经营许可证》；工商行政管理机关凭此证依法办理登记注册。生产经营畜禽冷冻精液、胚胎或者其他遗传材料的，由国务院畜牧行政主管部门或者省、自治区、直辖市人民政府畜牧行政主管部门核发《种畜禽生产经营许可证》。《种畜禽管理条例》第十六条规定，生产经营种禽的单位和个人，符合下列条件的，方可发给《种畜禽生产经营许可证》：

（1）符合良种繁育体系规划的布局要求。

（2）所用种畜禽合格、优良，来源符合技术要求，并达到一定数量。

（3）有相应的畜牧兽医技术人员。

（4）有相应的防疫设施。

（5）有相应的育种资料和记录。

因而引种时必须到具有县级以上畜牧行政主管部门颁发的种畜禽生产许可证的种鸭场引种。

第二节　养殖品种的选择

一、品种选择的原则

1. 根据市场需求进行选择　不同地区对鸭产品的需求不一样，只有选择适销对路的产品，才能取得较好的经济效益。如当地有制作传统的卤鸭、板鸭、熏鸭的习惯，则宜选择中型杂交肉鸭及本地麻鸭；而在一些有鸭蛋消费习惯且鸭蛋加工方式多样的地区，则宜选择饲养蛋鸭，如绍鸭、山麻鸭、青壳Ⅱ号等。

2. 根据生产性能进行选择　优良的生产性能是取得良好经济效益的基础。因此，在同一类型的品种中，要选择生产性能好的品种。蛋鸭要看其产蛋量、蛋重、料蛋比，还要看鸭的适应性和生活力，看哪个鸭种抗病强、发病少。

3. 根据当地的自然环境和经济条件进行选择　在边远丘陵山区，则宜选择饲养中型杂交肉鸭和蛋鸭，而在大中城市近郊则不宜选择饲养蛋鸭。

当确定饲养哪一个品种鸭时要把上述几个因素综合起来考察，不能片面地只注意某一方面，要全面衡量算细账。

二、鸭的品种分类

根据经济用途分类，鸭的品种可分为肉用、蛋用和肉蛋兼用三个类型，现代家庭养鸭一般都饲养肉用型鸭或蛋用型鸭。由于具有我国传统特色的兼用型鸭的生产性能介于两者之间，它们对环境的适应性极强，同时其肉蛋品质好，且适应于放牧，所以传统放牧型养鸭一般均选择此类鸭。但无公害鸭绿色安全生产宜选择生产性能高的专用型鸭种。在饲养这类专用型鸭种时，必须要提供良好的饲养条件，这样才能使专用型肉鸭和蛋鸭品种在良好的饲养环境下，发挥出最佳的生产水平。

三、常见鸭品种介绍

1. 蛋用型鸭品种

（1）绍兴鸭　简称绍鸭，属蛋用型鸭种。原产于浙江省绍兴县，历史上中心产区是绍兴、上虞、诸暨、萧山、余姚等地，目前分布于全国近 30 个省市，是我国蛋鸭的当家品种，占总饲养量的 60%左右。目前在浙江省绍兴市有国家级绍兴鸭原种场。

绍兴鸭体型小、体躯狭长，嘴长颈细，背平直腹大，臀部丰满下垂，站立或行走时躯体向前昂展，倾斜呈 45°角，似"琵琶"状。分为"带圈白翼梢系"、"红毛绿翼梢系"、"白羽系"和"青壳蛋系"四个品系。"带圈白翼梢"鸭颈中部有 2～4 厘米宽的白色羽圈，主翼羽白色，腹下中后部羽毛白色，即"三白"。虹彩灰蓝色，喙橘黄色，胫、蹼橘红色，爪白色，皮肤淡黄色。公鸭羽毛以深褐色为基调，头和颈上部墨绿色，性成熟后有光泽；母鸭羽毛以浅褐色麻羽为基色，分布有大小不等的黑色斑点。

"红毛绿翼梢"鸭，虹彩褐色，喙灰黄色，喙豆黑色，胫、蹼黄褐色，爪黑色，皮肤淡黄色。公鸭羽毛以深褐色为基色，头和颈上部墨绿色，性成熟后有光泽；母鸭以深褐色麻羽为基色，腹部褐麻色，翼羽墨绿色，有光泽。

目前正在选育的"白羽系"绍兴鸭全身羽毛基本是白色，但尚未达到纯白。"青壳蛋系"绍兴鸭公母鸭喙和蹼橘黄色带灰色斑纹，其余与带圈白翼梢系相同。

成年鸭体重 1.35～1.50 千克（公母鸭无明显差异）。见蛋日龄在 110 天，开产日龄为 135～145 天，500 日龄产蛋量为 270～329 个，产蛋总重为 18～22 千克，平均蛋重 65～72 克，产蛋期蛋料比为 1∶2.8～3，产蛋期成活率为 95%。公母配比夏秋 1∶20，早春和冬季 1∶16。

绍兴鸭体型小、产蛋多、饲料省、成熟早、适应性强，饲养历史悠久，遗传基因稳定，是我国优良的蛋用型鸭种。

（2）山麻鸭 属小型蛋鸭品种。原产于福建省龙岩市新罗区，目前，广泛分布于福建、广东、江西、浙江、上海、湖南、湖北、广西、海南等地。据不完全统计，我国的山麻鸭年饲养量达到 3 亿只，年产鸭蛋 500 万～600 万吨，是我国蛋用型鸭的当家品种之一。目前在福建省龙岩市山麻鸭原种场和国家水禽品种资源基因库（石狮）都建有保种场。

公鸭小而紧凑，头颈秀长，胸较浅，腹部钝圆；眼圆大，虹膜黑色，巩膜褐色；大多数颈部有白颈环，前胸羽毛红褐色，腹羽洁白；背部羽毛灰棕色；镜羽黑色，尾羽和性卷羽为黑色；性卷羽 2～4 根；每根羽轴周围有一条纵向黑色条纹；喙、喙豆、胫、蹼为橘黄色，爪浅黄色。母鸭头颈秀长，胸较浅、背稍窄、腹平、躯干呈长方形。虹膜黑色，巩膜褐色；头部及靠近头部的颈部羽毛黑色带孔雀绿光泽；喙黄绿色，喙豆黑色；胫、蹼橘黄色，爪浅黄色。

公鸭成年体重 1 440 克；母鸭 1 265 克。平均开产日龄为108 天，蛋重 66～68 克，年平均产蛋 299 个，种蛋受精率为85%～88%，受精蛋孵化率为 86%～89%。

山麻鸭体型小、性成熟早、产蛋量多、是我国优良的蛋用型鸭种。

（3）金定鸭 原产于福建省漳州市龙海县紫泥乡金定村，具有很强的抗逆、抗盐性，广泛分布在厦门、漳州、泉州的闽南三角洲及沿海各地，以产蛋量高、蛋个大、青壳而著称，是我国麻鸭品种中青壳率较高的品种，也是适应海滩放牧的优良中型蛋用鸭种。国家水禽品种资源基因库（石狮）保持核心群 3 000 只以上。

金定鸭母鸭身体细长匀称，颈秀长，羽毛纯麻黑色，喙古铜色、胫、蹼橘红色；公鸭胸宽背阔，体躯较长，具有典型麻鸭品种羽色，喙黄绿色，头部和颈上部羽毛具翠绿色光泽，前胸及背部均为褐色，有镜羽，腹部洁白，胫、蹼橘红色。

成年公鸭体重约 1 600 克、成年母鸭体重约 1 700 克。开产日龄平均 140 天，年产蛋 288 个，平均蛋重 79 克，蛋壳以青色为主，色深且厚，壳膜韧易于运输，蛋品质好。

（4）荆江鸭 俗称荆江麻鸭，属于蛋用型麻鸭。于 1985 年被收录入《湖北省家畜家禽品种志》。是一个原产于湖北省江陵、监利、沔阳（现仙桃市）等县（市）的蛋鸭品种。现在毗邻的洪湖、石首、公安、潜江等县（市）亦有分布。

荆江鸭具有颈细长灵活，体躯稍长，肩部较窄，背平直向后倾斜并逐渐变宽，腹部深，上喙呈石青色，下喙及胫蹼为橙黄色，喙豆黄色，肤色微黄，鸭头稍小，额微隆起似"鳝鱼"头，眼大有神，个体小而结实，属蛋用型鸭体型。

荆江鸭年产蛋数可以达到 211～300 个，平均蛋重约 63 克。而且 100 日龄就可开产。肉用性能表现一般，据测定 180 日龄的荆江鸭屠体重为 1.2 千克左右，屠宰率为 84%～87%，该品种的瘦肉率极高，可以达到 38%～41%。荆江鸭公鸭性欲旺盛，配种能力强，一般每只公鸭可配 20～25 只母鸭，种蛋受精率和受精蛋孵化率分别为 93.1% 和 95.04%。

荆江鸭是一个体型小、成熟早、产蛋多、适于放牧、善于觅食的高产蛋鸭品种，既可用于鸭蛋生产，也可以作为选育优质杂交肉鸭的杂交母本。

（5）三穗鸭　属于蛋用型品种。原产于贵州省三穗县，也是三穗鸭的主要中心产区，还分布于镇远、岑巩、天柱、台江、剑河、锦屏、黄平、施秉、麻江、玉屏、铜仁、印江、思南、湄潭、缓阳、瓮安、独山等 30 余县（市）。

三穗鸭具有羽毛紧凑，头小嘴短，虹彩褐色，颈细长，体长背宽，胸宽而突出，胸骨长，腹大松软，绒羽发达，尾翘，体躯似船形等外貌特征。

三穗鸭一般在 130 日龄左右时开产，年可产蛋 246～249 个，平均蛋重 65 克。肉用性能表现为 300 日龄体重可达到 1.4 千克以上，屠宰率和瘦肉率分别为 88%～91% 和 22%～27%。公母配种比例为 1∶20～25，受精蛋孵化率为 80%～85%。

三穗鸭总体表现为早熟、产蛋多、善走、觅食能力强的特点。

（6）莆田黑鸭　是我国蛋用型麻鸭地方品种中唯一的黑色变种，由绿头野鸭经长期自然驯化和人工选育形成。主产区位于福建省莆田市，分布于福建沿海各县市。目前在石狮市莆田黑鸭保种场和国家水禽品种资源基因库（石狮）保存有该品种。

莆田黑鸭体型轻巧、紧凑，头适中、眼亮有神、颈细长（公鸭较粗短），骨骼坚实，行走迅速。全身羽毛黑色（浅黑色居多），着生紧密，加上尾脂腺发达，水不易浸湿内部绒毛。喙（公鸭墨绿色）、跖、蹼、趾均为黑色。母鸭骨盆宽大，后躯发达，呈圆形；公鸭前躯比后躯发达，颈部羽毛黑而具有金属光泽，发亮，尾部有几根向上卷曲的性羽，雄性特征明显。

成年公鸭体重约 1 450 克，母鸭约 1 500 克。开产日龄约120 天，年产蛋 280 个左右，蛋重约 70 克，产白壳蛋和青壳蛋，各约占 50%，约 0.1% 的蛋壳为黑色，源于蛋壳经过输卵管时被涂上了黑色分泌物。

（7）连城白鸭　俗称白鹭鸭，属小型特色蛋鸭，以"白羽、乌嘴、黑脚"明显区别于其他鸭类。产于福建省连城、长汀、上杭、永安和清流等县，主产区为连城县。目前福建省连城县湖峰和国家水禽品种资源基因库（石狮）建有连城白鸭保种场。

成年公鸭体态雄健，头较大，颈细长，胸深，背阔，眼大明亮，觅食力强，全身白羽，尾端有 2～3 根性卷羽，嘴扁平呈古铜色，喙豆墨绿色，胫、蹼、趾呈褐色。成年母鸭颈细长，眼突而亮，腹钝圆略下垂，身体窄长，头清目秀，行走时挺胸前进不摇摆，觅食力强，集群性好。全身白羽，喙扁平呈黑灰色，胫、蹼、趾为褐黑色。

成年公鸭体重 1 200 克左右，成年母鸭体重 1 250 克左右。开产日龄 130 天左右。年产蛋量 250 枚左右，平均蛋重 60 克。蛋壳多数为白色，少数为青色。

据史料记载，老母鸭具有滋阴降火、祛痰止咳等保健功效。清道光年间即成"贡品"，数百年来一直被视为珍馐。经测定，连城白鸭富含 18 种氨基酸和 10 多种微量元素，谷氨酸含量高达 28.71 克/千克，铁、锌含量是普通鸭类的 2.5 倍，而胆固醇含量极低。1999 年，连城白鸭被中国家禽业协会认定为"鸭类中的国粹，优秀、稀有的地方种质资源"、"全国唯一药用鸭"。

(8) 攸县麻鸭　湖南省著名的地方蛋用型鸭。原产于湖南省攸县境内沙河流域一带。中心产区为该县的网岭、丫江桥、鸭塘铺、大同桥、新市、石羊塘、上云桥等乡镇。邻近醴陵、茶陵、安仁、衡东等县市均有分布。目前在攸县网岭镇建有攸县麻鸭资源场，株洲市好棒美食品有限公司种苗基地建有攸县麻鸭育种场。

公鸭头颈上部羽毛呈翠绿色，富光泽，颈中下部具 1 厘米左右宽的白环，颈下部和前胸羽毛赤褐色，翼羽灰褐色。腹羽黄白色，尾羽和性羽黑绿色，性羽 3～4 根，向前上方卷曲。母鸭全身羽毛黄褐色具椭圆形黑色斑块，镜羽墨绿色。

成年公鸭体重 1 187 克；母鸭 1 223 克。春鸭 100 天见蛋，夏鸭 110 天见蛋，秋鸭 120 天见蛋；在大群放牧饲养的条件下，年产蛋量 230～250 个，高的可达 300 个；在较好的饲养条件下，年产蛋 250～300 个。平均蛋重 62.1 克；种蛋受精率为 93%，受精蛋孵化率为 85%。

(9) 青壳Ⅱ号　青壳Ⅱ号（绍兴鸭青壳系）是由浙江省农业科学院畜牧兽医研究所等单位在绍兴鸭高产系的基础上应用现代育种最新技术选育而成。目前在除新疆和西藏外国内各省、自治区、直辖市均有分布。

雏鸭全身羽毛呈黄色，头顶部有一小黑斑，喙、胫、爪呈橘黄色。成年公鸭头似蛇形，颈细长，羽毛呈深褐色，颈部中部偏上处有一条约 2～4 厘米宽的白色圈带，头、颈尾部羽毛呈墨色，带有光泽，喙呈橘黄色，胫、爪呈橘红色；成年母鸭头似蛇形，颈细长，羽毛呈褐色麻羽，颈中部偏上处有一条 2～4 厘米宽的白色圈带，翼顶端毛色为墨色，喙为灰黄色，胫、爪呈橘红色。

成年公鸭体重为 1 500 克；成年母鸭体重 1 600 克。500 日龄产蛋 329 个，产蛋总重为 22.1 千克，蛋料比 1：2.62，产蛋高峰期长达 300 天；青壳率达 92% 以上；青壳蛋蛋壳厚度和强度优于白壳蛋，可减少加工及运输过程中的损失，并且具有较高的营养价值。

青壳Ⅱ号产蛋期成活率高达 99%，培育期成活率达 97.5%；适应性广，不仅适合于温暖潮湿的南方地区饲养，而且也适应西部和北方气候寒冷干燥的环境，不仅可地面圈养和放牧，还可在寒冷干燥地区离地饲养和笼养；公鸭可作优质肉鸭，具有野鸭风味。

（10）缙云麻鸭 属蛋用型鸭品种，包括Ⅰ系、Ⅱ系、青壳系 3 个品系。历史上中心产区是浙江省丽水市缙云县，目前分布遍及缙云县、浙江省内的奉化、金华、丽水、温州、浙江省外的广东、广西、湖北、江苏、上海等地。2011 年通过国家畜禽遗传资源品种审定委员会鉴定。体躯小而狭长，蛇头饱眼，嘴长而颈细，前身小，后躯大，臀部丰满下垂，行走时体躯呈 45°角，体型结构匀称，紧凑结实，具有典型的蛋用型鸭体型。

三个品系的外貌特征亦有所区别，其中Ⅰ系、青壳系鸭的外貌毛色基本相近，母鸭以褐色雀斑羽为主，腹部羽毛颜色较浅，喙呈灰黄色；胫、蹼呈棕黄（红）色；公鸭羽毛深褐色，头、颈及尾部羽毛呈墨绿色，有光泽，但青壳系公鸭的喙呈青色特征比较突出。Ⅱ系鸭外貌毛色较浅，母鸭以灰白色雀斑羽为主，腹部羽毛为白色，头颈部羽毛有一条带状棕色背线，喙灰黄色；胫、蹼呈橘黄（红）色；公鸭羽毛浅褐色，其中主翼羽、腹部、颈部下方羽毛为灰白色，颈部上方、尾部羽毛呈绿色。

缙云麻鸭具有体型小、产蛋多、饲料省、开产早，适应性强和蛋型适中等特点。Ⅰ系见蛋日龄 95～105 天，150 天达 90% 产蛋率，500 日龄产蛋数 310 个以上，产蛋总重为 20 千克以上，平均蛋重 65 克左右，蛋料比为 1：2.8～2.9；Ⅱ系见蛋日龄为

85～95 天，140 天达 90％产蛋率，500 日龄产蛋 315 个以上，产蛋总重为 21 千克以上，平均蛋重 65 克左右，蛋料比为 1：2.8～2.9。

(11) 苏邮Ⅰ号　由江苏高邮鸭集团与江苏省家禽科学研究院等单位，利用山麻鸭和高邮鸭为亲本，历经十余年培育出的苏邮 1 号蛋鸭配套系，除了在江苏省各地外，也适合在东南、中南、西南各地区推广。2011 年通过国家畜禽遗传资源品种审定委员会审定。

苏邮Ⅰ号产蛋率为 50％，体重 1 512 克，72 周龄母鸭体重 1 801克。入舍母鸭 72 周龄产蛋 323 个，开产日龄为 117 天；平均蛋重 74.6 克，青壳率为 95.3％，

(12) 咔叽·康贝尔鸭　由印度跑鸭与芦安公鸭杂交，其后代母鸭再与公野鸭杂交，经多代培育而成，育成于英国。康贝尔鸭有 3 个变种：黑色康贝尔鸭、白色康贝尔鸭和咔叽·康贝尔鸭（即黄褐色康贝尔鸭）。我国引进的是咔叽·康贝尔鸭。

咔叽·康贝尔鸭体躯较高大，深广而结实。头部秀美，面部丰润，喙中等大，眼大而明亮，颈细长而直，背宽广、平直、长度中等。胸部饱满，腹部发育良好而不下垂。两翼紧贴、两腿中等长、距离较宽。公鸭的头、颈、尾和翼肩部羽毛都是青铜色，其余羽毛为暗褐色。喙蓝色（优越者其颜色越深），胫和蹼为深橘红色。母鸭的羽毛为暗褐色，头颈呈稍深的黄褐色，喙绿色或浅黑色，翼黄褐色，脚和蹼近似体躯的颜色。

成年公鸭体重 2 400 克，母鸭 2 300 克；平均年产蛋 260～300 个，蛋重 70 克，蛋壳白色。母鸭开产日龄为 120～140 天，公母鸭配种比例为 1：15～20，种蛋受精率为 85％左右。公鸭利用年限为 1 年，母鸭第一年较好，第二年产蛋性能明显下降。

2. 肉蛋兼用型鸭品种

(1) 高邮鸭　属较大型的蛋肉兼用型麻鸭品种，以善产双黄蛋而著名于世。主产于江苏省高邮、宝应、兴化等县（市），分

布于江苏北部京杭运河沿岸的里下河地区。该品种觅食能力强，善潜水，适于放牧。目前在江苏省高邮市建有国家级高邮鸭原种场。

高邮鸭背阔肩宽胸深，体躯长方形。公鸭头和颈上部羽毛深绿色，有光泽，背、腰、胸均为褐色芦花羽；腹部白色，臀部黑色。喙青绿色，喙豆黑色；虹彩深褐色；胫、蹼橘红色，爪黑色。母鸭全身羽毛褐色，有黑色细小斑点，如麻雀羽；主翼羽蓝黑色。喙青色，喙豆黑色；虹彩深褐色；胫、蹼灰褐色，爪黑色。

成年体重公鸭 2 700 克，母鸭 2 650 克。60 日龄公鸭半净膛率为 83.90%，母鸭为 82.90%，60 日龄公鸭全净膛率为 72.09%，母鸭为 73.73%。开产日龄为 108～140 天，年产蛋 140～160 个，蛋重 75.9 克。蛋壳有白、青两种，白色居多。蛋形指数 1.43。公母配种比例为 1：25～30，种蛋受精率为92%～94%，受精蛋孵化率在 85% 以上。

（2）大余鸭 又称大余麻鸭，大粒麻。是原产于江西省大余县的蛋肉兼用型鸭品种，主要养殖区在江西省大余县及周边的南康县和广东的南雄县。

大余鸭体型中等偏大，流线型，无白颈圈，头型稍粗；喙黄色和青色，胫和蹼为青黄色。性成熟的公鸭颈部稍粗，头、颈、背部羽毛呈红褐色，少数头部有墨绿色羽毛，翼有墨绿色镜羽；母鸭则表现为颈部细长，全身羽毛褐色，有较大的黑色雀斑，群众称"大粒麻"，翼有墨绿色镜羽，少数颈中圈及鞍羽杂有白色。

大余鸭成年体重公母鸭分别可以达到 2.3 千克和 2.4 千克。产肉性能较为优异，270 日龄时屠体重、屠宰率和瘦肉率分别可以达到 1.9 千克、73%～76% 和 21% 左右。而且肉质营养丰富，测定表明不饱和脂肪酸在肌间脂肪含量中高达 35%。500 日龄可产蛋 190 个左右，平均蛋重约 82 克，但是大余鸭的开产日龄较早，一般 140 日龄左右即可开产。

大余鸭具有性成熟早、蛋重、大和肉质好等特点，以该品种鸭做成的板鸭非常受消费者欢迎。

（3）巢湖鸭　巢湖鸭又名巢湖麻鸭，中型蛋肉兼用型麻鸭，原产于安徽省巢湖沿岸庐江县等地，现在已经推广至整个巢湖流域和长江中下游地区。目前在庐江县中保种场保存有该品种。

巢湖鸭体型中等，呈长方形，颈细长，眼睛有神，虹彩赭色。公鸭颈羽上半段为深孔雀绿色且具光泽，下半段灰褐色；母鸭颈羽呈麻黄色，主翼羽灰黑色。

巢湖鸭前期生长速度较快，公母鸭 100 日龄的体重分别达到 1.9 千克和 1.7 千克左右，屠宰率和瘦肉率分别为 89% 和 18%。成年体重可达到 2.5～2.9 千克，巢湖鸭的蛋用性能良好，500 日龄产蛋 200 多个，蛋重 71.5～83.3 克。

巢湖鸭具有前期生长速度快，蛋重、大，繁殖性能好等优势，在原产地和推广地区深受喜爱。

（4）临武鸭　属于肉蛋兼用型地方品种，原产地为湖南省临武县地区。该县的武源、武水、双溪、城关、南强、岚桥等乡镇为中心产区。目前在水门塘种鸭场、益源种鸭场保存有该品种。

临武鸭躯干较长，后躯比前躯发达，呈圆筒状。喙为黄色，喙豆为墨绿色，虹彩深灰，无肉瘤，皮肤为黄色。成年公鸭头颈上部和下部以棕褐色居多，也有呈绿色者，大部分颈中部有 2～3 厘米不等的白色毛环。腹羽为棕褐色，少数为灰白色和土黄色。翼羽和尾羽多为黄褐色和绿色相间，性羽 2～3 根，向上卷曲。

临武鸭生长速度较快，在 13 周龄体重就可达 1.7 千克以上，屠宰率为 89%，瘦肉率为 19% 以上。临武鸭的开产日龄较早，在 127 日龄左右就可开产见蛋，年产蛋量为 210～250 个，平均蛋重 70 克。公母鸭配种比例为 1：15～20 时，受精率和受精蛋孵化率分别为 93.23%、87.40%。而且育成期雏鸭的成活率高达 98.89%，无就巢性。

　　临武鸭是稻鸭生态种养的优良品种，适宜深加工，具有良好的发展潜力。

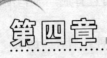

第四章

蛋鸭的良种繁育体系建设

　　良种是现代养鸭高产优质安全的根本，建立健全配套完善的鸭良种繁育体系，对增加良种的供应能力、提高良种覆盖面和促进养鸭业健康发展具有十分重要的意义。为适应鸭规模化、产业化发展的要求，必须以生产性能优良的专门化品系配套杂交生产方式取代过去的单一品种或简单的杂交生产方式。

第一节　鸭的遗传性状

一、鸭的质量性状遗传

　　所谓质量性状，是指相对性状间没有明显的量的变化而表现为质的区别，呈现或有或无、或正或负的关系，性状间界限明显。质量性状一般由一个或少数几个基因控制，一个基因的差异可导致性状明显的变异。其遗传方式受孟德尔遗传规律所支配，这一类性状不易受环境条件的影响。

　　鸭的质量性状包括羽色，羽速，肤色，喙、胫、蹼、趾的颜色，虹彩的颜色，蛋壳的颜色，体型，生理生化指标等。

　　1. 羽色　鸭的羽色种类较多，通过生物化学和组织学分析，羽色可分为无色（白色）和有色两种。对于有色来说，按色泽深浅不同，又可分为浅黄、灰白至深黑等多种颜色。白色羽毛的鸭种主要有北京鸭、连城白鸭、樱桃谷鸭等；我国饲养的地方鸭种多数为麻鸭，即羽色似麻雀羽，如绍兴鸭、金定鸭、山麻鸭、攸县鸭、荆江鸭、恩施鸭、三穗鸭、云南鸭、大余鸭、高邮鸭等；黑色羽毛的鸭种主要有莆田黑鸭、文登黑鸭、龙胜翠鸭等；红色羽毛的鸭种有吉安红毛鸭；灰色羽毛的鸭种有咔叽·康贝尔鸭等。

麻鸭是我国饲养量最多的鸭，公鸭头颈墨绿色或深褐色，有些带白颈圈，镜羽墨绿色或紫蓝色带金属光泽，母鸭全身羽毛褐色带黑色条斑，有红褐麻、灰褐麻、黄褐麻、深褐麻、浅褐麻等多种类型。莆田黑鸭、文登黑鸭等，其全身羽毛墨黑色、有亮光。灰色羽毛的咔叽·康贝尔鸭体躯为灰褐色，没有黑色斑点。番鸭的羽毛有白色、黑色、黑白花 3 种。杂交试验表明，鸭的白羽不是显性性状，其与有色羽杂交，呈现中间型，在一定程度上能够冲淡有色羽。对于黑羽或黑羽的变种来说，如黑鸭品种、麻鸭品种，它们均含有黑色素扩散基因 E。

在选择种鸭时，羽色是一个非常重要的外貌选择指标。羽色较一致，则表明种质相对较纯，这对种鸭的种用价值来说非常重要，这也是区别于其他鸭种的重要标志。如饲养种鸭者，必须经过育雏期、育成期的严格选择，剔除羽色不符合品种特征的个体，选留后的种鸭群所产的蛋才能作为种蛋进行孵化。例如：北京鸭，在育雏期剔除有杂色毛的个体，选留全身为淡黄色绒毛的雏鸭，在 16 周龄前后再一次剔除杂毛个体，只留下全身羽毛洁白的鸭作为种用；对于带圈白翼梢品系绍鸭，则应选留具有明显"三白"特征的个体，"三白"特征不明显的个体要及时淘汰。

2. 肤色 鸭的肤色性状主要包括皮肤、喙、胫、蹼、趾、虹彩的颜色。

（1）皮肤的颜色 鸭的皮肤主要有黄色和白色，也有少数品种为灰色、黑色。如绍兴鸭的皮肤呈黄色，大余鸭的皮肤呈白色等。据试验研究，皮肤的黄色为隐性性状，由基因 W 控制；白色为显性性状，由基因 W 控制。W 基因的作用仅在于限制叶黄素在皮肤中的沉积，但白色的个体血液中仍富含叶黄素。皮肤为粉红色的品种不是皮肤中存在色素的原因引起的，而是由于不存在色素，真皮层血管中的血液颜色造成的外在表象。

（2）喙、胫、蹼的颜色　鸭喙、胫、蹼的外层为皮肤衍生物，对于番鸭来说，皮肤的衍生物还有面部皮瘤。它们的色泽有白、黄、黑、蓝、青、灰、红色等。这些色泽主要取决于真皮层和表皮层是否含有黑色素和黄色素。如果表皮层和真皮层都缺乏色素，则喙、胫、蹼为白色或红白色；如果表皮层含有黄色素，真皮层缺乏色素，则喙、胫、蹼为黄色；如果表皮层含有黄色素，真皮层含有黑色素，则表现为绿色；如果表皮层不含色素，真皮层含黑色素，则表现为蓝色。

据研究，淡色胫（白色或黄色）对黑色胫呈显性，且淡色胫具有抑制黑色素形成的显性伴性基因 Id，基因型中 Id 存在，则胫呈现黄色、白色或肉色；如果其等位基因 id 存在，则黑色素形成，使胫呈现黑色、蓝色、青色和灰色等。此外，所有与抑制羽毛色素有关的基因如横斑基因 B，白色皮肤基因 W 等都有限制黑色素在胫和喙上扩散的效应。喙、胫、蹼的颜色也是选种时的一个表观指标，要求其颜色符合该品种、品系的特征，这样繁育的后代才能具有相对一致的外貌。

（3）虹彩的颜色　虹彩的颜色因品种而异，它也可以作为鉴定品种纯度的一项外观指标。鸭虹彩的颜色有黄色、褐色、蓝色、灰色等。如北京鸭虹彩为蓝色；高邮鸭虹彩为褐色；攸县麻鸭为黄绿色；绍鸭 RE 系为褐色，WH 系为灰蓝色；白番鸭虹彩浅灰色，黑羽番鸭为浅黄色等。

（4）体型　体型是鸭的主要外貌特征之一，不同品种的鸭体型不同。对于不同品种、不同生产用途的仔鸭选种时要对体型作严格的挑选。首先要求其体型符合品种特征，其次要考虑生产用途。如对蛋用鸭的选择，要求母鸭头轻小，喙狭长，颈较细长，腹深臀丰，肥瘦适中，两脚间距宽，脚细高，动作轻捷灵活；对公鸭的要求则是体型大，头颈较本品种的母鸭粗大，胸深挺实，体躯抬起，脚粗稍长而有力。对鸭的体型选择一般在 16 周龄左右进行，因为这时鸭的羽毛已经长齐，体型基本确定。

（5）生理生化指标 随着生化检测技术的进步，生理生化指标与遗传相关研究的进展，生化遗传标记育种技术应运而生，它就是根据育种目标，采血测定与之有强相关的血液生化指标，根据相关程度、选育强度和各自条件，选用 1~7 项生化指标决定个体的选留。选择理想的个体繁殖后代，建立高产群体，达到育种目标。近年来，国内外利用血液生化指标对鸭产蛋性能的研究十分活跃，主要利用血液生化指标估计后期产蛋性状，目的在于辅助早期选种，缩短世代间隔，加速育种进程，克服限制性状和某些活体难以测定的性状选择。

二、鸭的数量性状遗传

数量性状是指一类由多基因控制、呈连续性变异、易受环境影响、可用数字表示其大小的性状。鸭的数量性状可分为蛋用性状、繁殖力和生活力以及饲料报酬等 4 大类，这 4 类性状均与生产和经济效益有关，所以也是重要的经济性状。

1. 蛋用性状 蛋用鸭和种用鸭的母本品系都需要有优良的蛋用性能。衡量蛋用性能的主要指标有产蛋量、蛋重和蛋的品质。

（1）产蛋量 产蛋量受家禽本身遗传因素、生理因素、外界环境条件及饲养管理的影响。在遗传上受许多基因控制。72 周龄产蛋量的遗传力仅为 0.10~0.15。影响家禽产蛋量的 5 个生理因素为：性成熟期、产蛋强度、产蛋持久性、抱性和休产性。在选育高产鸭时，对产蛋影响最大的是产蛋持久性，其次是产蛋强度和抱性，最后为性成熟期。

（2）蛋重 蛋重是测量母鸭产蛋性能的质量指标。国外测定蛋重在 32~36 周龄连续测定 3 天来代表蛋重。我国以 295~300

日龄 5 天内的平均单重来表示。蛋重遗传力为 0.3～0.5。在一个品种或品系内，蛋重与体重呈正相关，但蛋重还要受其他条件的影响。

（3）蛋品质　该性状包括蛋壳的强度、蛋白浓度、蛋形、壳色和血斑、肉斑等性状的综合。蛋壳强度由蛋壳密度、厚度和蛋膜的质量决定，通过选育可以改善蛋壳厚度。蛋白浓度常用哈氏单位表示，蛋白越浓，蛋的质量越好，孵化率越高。蛋形一般用蛋形指数表示，通常在 1.35～1.38，蛋壳颜色一般有白、青两种，受遗传制约。青壳种的公鸭与白壳种的母鸭交配时青壳为显性，后代均产青壳蛋。血斑率、肉斑率也受遗传制约，通过选育可降低血斑率和肉斑率。

2. 鸭的繁殖力和生活力　鸭的繁殖力和生活力是一项重要的育种指标和经济指标。

（1）繁殖力　鸭的繁殖力是其繁殖后代的能力，取决于产蛋数、种蛋合格率、种蛋受精率和受精蛋孵化率。

种蛋合格率是指鸭在规定产蛋期内所产的符合本品种、品系要求的种蛋数与产蛋总数的百分比（72 周龄内）。

受精率是一个复杂的数量性状，它不仅受遗传作用的影响，而且受公母鸭双方生殖系统生理机能的影响，同时还受外界环境条件、饲养管理因素和种鸭自身的性行为与癖性等因素影响。受精率的遗传力很低，大约只有 0.05。在实际生产中，要提高受精率，只有通过家系选择，尽量消除环境条件的影响，才能取得良好的进展。孵化率除与蛋是否受精有关外，还受孵化条件、遗传因素的影响，入孵蛋的孵化率一般种蛋约为 85% 以上。孵化率的遗传力为 0.10～0.15。

（2）生活力　生活力是一个重要的数量性状，其经济价值很高。生活力在很大程度上受饲养管理条件的影响，但不同品种、品系、家系在生长发育期间、产蛋期间的死亡率和抵抗疾病的能力均不同。生活力的遗传力在 0.05～0.10。在实际生产中，一般通过品系杂交产生杂交优势来提高生活力。

3. 鸭的饲料报酬 饲料报酬是衡量品种和饲养管理技术的一项重要经济指标，一般以饲料转化率来表示。饲料转化率是指鸭生长 1 千克体重或 1 千克蛋所消耗的饲料量，其遗传力为 0.2～0.4。在蛋鸭选育中，常常根据饲料转化率来进行选择，既可提高蛋鸭的产蛋量，又可提高受精率。

第二节　种鸭的选择

选择种鸭是进行纯种繁育和杂交改良工作必须首先要考虑的问题。由于鸭多为群养，又是在夜间产蛋，很难准确记录个体的生产成绩和根据记录成绩进行选择，因此，在生产实践中多采用大群选择的方法，即根据鸭的外貌性状、特征和生产性能来进行选择。

一、根据体型外貌选择

1. 公鸭的选择 公鸭饲养至 8～10 周龄时，可根据外貌特征进行第一次初选。饲养至 6～7 月龄时，进行第二次选择。此时应进行个体采精，以精液量及精液品质作为判定优劣的标准，精液应呈乳白色，若呈透明的稀薄状不宜留种。

种公鸭的具体选择标准：蛋用型种公鸭要求头大颈粗，眼大、明亮有神，喙宽而齐，身长体宽，羽毛紧密而富有光泽，性羽分明，两翼紧贴体躯，胫粗而高，健康结实，体重符合标准，第二性征明显。

2. 母鸭的选择 母鸭饲养至 8～10 周龄，可根据外貌特征进行第一次初选。饲养至 4～5 月龄时，进行第二次选择，该项工作一直进行到 6～7 月龄开始配种为止。

种母鸭的具体选择标准：蛋用型种母鸭要求头中等大小，颈细长，眼亮有神，喙长而直，身长背阔，胸深腹圆，后躯宽大，耻骨开张，羽毛致密，两翼紧贴体躯，脚稍粗短，蹼大而厚，健康结实，体肥适中。

二、依据生产力进行选择

1. 产蛋力 产蛋力同鸭的成熟期和换羽期的早晚、蛋的重量等因素有关。通常开产日龄早，换羽迟，蛋型大，产蛋延续时间长，产蛋力就高，相反，产蛋力就低。

2. 繁殖力 鸭的繁殖力通常指产蛋量，受精率，孵化率和雏鸭的成活率等。繁殖力的高低与经济效益关系紧密，繁殖力高则经济效益高，反之则低。

第三节　种蛋的科学管理

种蛋的品质好坏直接影响孵化效果和雏鸭质量，因此，必须采取各种技术措施来保持种蛋的质量。做好鸭种蛋的选择、保存与消毒工作，能提高人工孵蛋的质量，防止疫病传播，提高孵化率和健雏率。

一、种蛋的收集

蛋产出母体后，在自然环境中很容易被细菌、病毒污染，刚产出的种蛋壳上细菌数为 100～300 个，15 分钟后为 500～600 个，1 小时后达到 4 000～5 000 个，并有些细菌通过蛋壳上的气孔进入蛋内。细菌的繁殖速度，随蛋的清洁程度、气温高低和湿度大小而异。种蛋虽然有壳上膜、蛋壳和内外膜等几道自然屏障，但细菌仍可能进入蛋内，这对孵化率和雏鸭质量都构成严重威胁。因此，每天产出的蛋都应及时收集，收集到的种蛋应及时剔除破损、畸形、脏污蛋等，合格种蛋则立即放入种蛋舍配备的消毒柜中，用福尔马林密闭熏蒸 30 分钟。

二、种蛋的选择

健康、优良的种鸭所产的种蛋并非 100％都合格，还必须严格选择。选择的原则是首先注重种蛋的来源，其次要对品质进行表观选择。种蛋的品质是决定孵化率高低的关键因素，也关系到雏鸭的质量和以后的生活力。因此孵化前必须要从以下几方面对种蛋进行选择。

1. 来源与受精率 种蛋应来自饲养管理正常、健康而高产的鸭群，否则将导致生产性能不高，或者带来疾病。受精率是影响孵化率的主要因素。在正常饲养管理条件下，若鸭群的公母配偶比例适宜，则鸭种蛋的受精率较高，一般在 90％以上。

2. 新鲜度 种蛋保存时间越短，蛋越新鲜，胚胎生活力越强，孵化率越高。种蛋一般在产出 7 日后入孵孵化率逐渐下降，因此以产后 1 周内的蛋为宜。否则，孵化率降低，雏鸭体质衰弱。新鲜蛋蛋壳干净，附有石灰质的微粒，好似覆有一层薄霜状粉末，没有光泽。陈蛋则蛋壳发亮，壳上有斑点，气室大，不宜用于孵化。

3. 清洁度 种蛋蛋壳要保持清洁，如有粪便或脏物污染，易被细菌入侵，引起腐败，同时堵塞气孔，影响气体交换，使胚胎得不到应有的氧气和排不出二氧化碳，造成死胎，降低孵化率。防止种蛋污染，在种蛋收集时应注意两个问题：一是在产蛋箱内铺足干净的垫料（如稻壳、稻草等）；二是种蛋的收集时间应在凌晨 4：00 和上午 6：00～7：00 分两次进行。轻度污染的蛋用 40℃左右温水稀释成的 0.1％新洁尔灭溶液擦洗，抹干后才可作为种蛋入孵。

4. 蛋重与蛋形 按照品种、品系的特点，选择大小适中的种蛋入孵，要求蛋重在 50～65 克。蛋形以椭圆形为宜，过长、过圆、腰鼓形、橄榄形等畸形蛋必须剔除，否则孵化率降低，甚至出现畸形雏。鸭蛋的最佳蛋形指数为（即蛋的纵径与横径之比）1.3～1.4。

5. 蛋壳厚度与颜色　种蛋应选择蛋壳结构致密均匀、厚薄适度，鸭蛋壳厚度一般是 0.35～0.37 毫米。蛋壳粗糙或过薄，水分蒸发快，也易破裂，孵化率低。蛋壳过厚，气体交换和水分散发不良，胚胎破壳困难，孵化率也低。蛋壳破损的蛋不能用来孵化。蛋壳颜色要选本品种的标准颜色，如金定鸭蛋为绿色，番鸭蛋为玉白色。

6. 照蛋剔除　肉眼选蛋只观察到蛋的形状大小，蛋壳颜色，最好抽选种蛋进行照蛋剔除。通过照蛋可以看见蛋壳结构、蛋的内容物和气室大小等情况。裂纹蛋、砂壳蛋、钢壳蛋、气室大的陈蛋、气室不正常蛋（腰室和尖室蛋）、血块异物蛋、双黄蛋、散黄蛋等，都要剔除。

三、种蛋的保存

种蛋产出母体外，胚胎发育停止，随后在一定的外界环境刺激下胚胎又开始发育，胚胎发育的临界温度为 23.9℃，贮存温度低于这个界限，胚胎处于休眠状态，反之则发育。尽管发育有限，但由于细胞代谢，会逐渐导致胚胎衰老和死亡。收集起来的种蛋，往往不能及时入孵，需要保存一段时间。如果保存条件差，保存的方法不合理，都会导致种蛋品质下降，影响孵化率。因此，应该严格按照种蛋保存对环境、温度、湿度及时间的要求进行妥善保存，以保持种蛋的品质。种蛋保持的条件主要考虑以下几个方面：

1. 温度　温度是保存种蛋最重要的条件，种蛋保存的最适宜温度为 10～15℃，保存 7 天以内采用 15℃，超过 7 天的以

11℃为宜。如温度低于 0℃以下，种蛋会因受冻而失去孵化能力。因此，在孵化前种蛋的保存温度不能过高或过低。

2. 湿度　蛋内水分通过蛋壳上的气孔不断向外蒸发。种蛋保存湿度过低会使种蛋内的水分蒸发加快，气室增大，蛋失重过多，势必影响孵化率；湿度过高，易引起蛋面回潮，种蛋容易生霉。鸭种蛋保存的适宜的相对湿度保持在 70%～80%为宜。

3. 翻蛋　为防止胚盘与蛋壳粘连，避免影响种蛋的品质和胚胎早期死亡，保存时间超过 1 周应每天翻蛋 1 次，在 1 周内可以不翻蛋。翻蛋时，只要改变蛋的角度就可以，比如改变蛋架车角度。

4. 通气保存　保存种蛋的房间要保持通风良好、清洁、无特别气味。要防止阳光直射、蚊蝇叮咬种蛋。

5. 保存时间　种蛋保存的时间与孵化率成反比，即保存时间越长，孵化率越低。种蛋保存的时间可根据气候和保管条件而定，春、秋季最好不超过 7 天，夏季不超过 5 天，冬季不超过 10 天。

6. 保存条件的调节　鸭在持续生产过程中，所产种蛋除大小、蛋重发生变化外，结构也发生曲线变化，尤其是蛋壳、蛋清的变化更为明显。根据种蛋的物理特性，将种母鸭的产蛋周期划分为 3 个时期，即产蛋前期、产蛋中期、产蛋后期。依产蛋期不同采取不同的贮存条件，才能充分发挥种蛋的孵化潜力。

（1）产蛋前期　母鸭刚开产或开产不久，蛋形较小，但钙的摄入量在产蛋率 45%～55%时即达到高峰。因此，该时期蛋壳厚、色素沉积较深，且有质地较好的胶护膜，但此阶段的蛋白浓稠，不易被降解。种蛋在孵化期间表现为早期死胎率高，雏鸭质量差，孵化时间相对较长，晚期胚胎啄壳后无法出雏的比例高。此阶段的种蛋能贮存较长时间，较长的贮存时间能改进孵化率，若只贮存 1～3 天，则贮存的湿度要降低，不要超过 50%～60%。

(2) 产蛋中期　该产蛋期内，蛋壳厚度、胶护膜以及蛋白质量为最佳。对于此阶段的种蛋，贮存期在 1 周以内，温度为 18℃、相对湿度为 75％的贮存条件较为合适。超过 1 周时间的保存，则须降低贮存温度，提高湿度，才能收到良好的效果。

(3) 产蛋后期　与前期和中期相比，蛋白的胶状特性已减弱，蛋壳也变薄，这时的蛋如果贮存较长时间孵化，孵化初期就容易失水，造成早期死胎率高。产蛋后期的种蛋建议贮存时间不要超过 5 天，降低贮存温度，保持在 15℃左右，提高贮存相对湿度到 80％。总之，这段时间的种蛋贮存期应尽可能缩短。

四、种蛋的消毒

种蛋产出母体时会被泄殖腔排泄物污染，接触到产蛋箱内粪便时会加重污染，为保持种蛋的清洁卫生，必须对种蛋进行严格消毒。

从理论上讲，最好在鸭蛋产出后立即消毒，这样可以消灭蛋壳上的绝大部分细菌，防止其侵入蛋内，但在实践中无法做到。比较切实可行的办法是每次捡蛋完毕，立刻在鸭舍里的消毒室或者送到孵化场进行消毒。种蛋入孵后，应在孵化器里进行第二次消毒。

1. 消毒方法

(1) 甲醛熏蒸消毒法　每立方米空间用 42 毫升福尔马林加 21 克高锰酸钾密闭熏蒸 20 分钟，可杀死蛋壳上 95％以上的病原体。在孵化器中进行消毒时，每立方米用福尔马林 28 毫升加高锰酸钾 14 克，但应避开发育到 24～96 小时的胚龄。

(2) 过氧乙酸熏蒸消毒法　每立方米用 16％过氧乙酸 40～60 毫升加高锰酸钾 4～6 克，熏蒸 15 分钟。

(3) 消毒王熏蒸消毒　用消毒王Ⅱ号按规定剂量熏蒸消毒。

(4) 新洁尔灭浸泡消毒法　用含 5％的新洁尔灭原液加水至 50 倍，即配成 1∶1 000 的水溶液，浸泡 3 分钟，水温保持在 43～50℃。

（5）碘液浸泡消毒法　将种蛋浸入 1∶1 000 的碘溶液中 0.5～1 分钟。浸泡 10 次后，溶液浓度下降，可延长消毒时间至 1.5 分钟或更换碘液。溶液温度保持在 43～50℃。

（6）紫外线消毒法　将种蛋放在紫外线灯下 40～80 厘米处，开灯照射 10～20 分钟，可杀灭蛋表面细菌。

（7）百毒杀喷雾消毒法　每 10 升水中加入 50％的百毒杀 3 毫升，喷雾或浸渍种蛋进行消毒。

2. 消毒程序　在鸭舍内或种蛋进贮存室前，在消毒柜或消毒室中进行第一次消毒；入孵到孵化器中进行第二次消毒；落盘到出雏器中进行第三次消毒；雏鸭大部分出壳，但毛还未干时，用 7 毫升福尔马林加 3.5 克高锰酸钾熏蒸雏鸭 10 分钟，但此时熏蒸对雏鸭气管上皮有一定的损伤，应慎重操作。

五、种蛋的运输

引进种蛋时需要长途运输，如果保护不当，往往引起种蛋破损和蛋黄系带松弛，气室破裂等，致使孵化率下降。运输种蛋时首先要妥善包装好，包装时可用塑料箱、木箱、竹箱、条箱等，但必须牢固和透气。最好用规格统一的种蛋箱，每层有蛋托相隔。如果用一般箱运输，箱内种蛋应用锯末、稻糠、麦秆等物填充隔离好，以防震动破坏；填充物应干燥、不发霉，无异味；蛋箱的周围、底箱的周围、底部及顶部应多填些。蛋的大头向上，小头向下，蛋与蛋之间不宜靠得过紧，以防震动破坏。运输工具要可靠，运输途中要平稳，尽量避免剧烈颠簸和振荡，冬季注意保温，夏季防暑热和雨淋。

第四节　种蛋的孵化技术

在孵化过程中应根据胚胎的发育，严格掌握温度、湿度、通风、翻蛋、晾蛋和淋水等，给以最适宜的孵化条件，才能获得最佳的孵化率和健雏率。

一、掌握鸭的胚胎发育规律

家禽的繁殖和其他鸟类一样是卵生的，胚胎发育主要是在体外进行，仅有一小段时间在母体内发育。从胚胎发育过程来说，可分2个时期：卵形成过程中的发育和在孵化过程中的发育。

1. 胚胎在卵形成过程中的发育　在卵细胞成熟后自卵巢落入输卵管的喇叭管部受精后，再沿着输卵管的各功能部（蛋白分泌部、峡部、子宫及阴道）排出，全程24～28小时，受精后的卵子在有体温的体内，要经过卵裂、囊胚期及至发育进入原肠期，直到鸭蛋排出体外中止继续发育，就完全依靠天然孵化或人工孵化。因此，一般所讲的孵化，是孵化的继续，而不是真正的孵化开始。

2. 胚胎在孵化过程中的发育　胚胎的继续发育是在母鸭或在孵化器中完成的，其逐日发育过程与特征见表4-1。

表4-1　鸭胚胎发育的过程与特征

鸭蛋孵化天数（天）	照蛋时的特征	胚蛋解剖时的特征
1～1.5	蛋黄表面有一颗颜色稍深、四周稍亮的圆点，俗称"鱼眼珠"或"白光珠"	胚盘重新开始发育，器官原基出现，但肉眼很难辨清
2.5～3	已经可以看到卵黄囊血管区，其形状很像樱桃，故俗称"樱桃珠"	血液循环开始，卵黄囊血管区出现，心脏开始跳动，卵黄囊、羊膜和浆膜开始生出
4	卵黄囊血管的形状像静止的蚊子，俗称"蚊虫珠"。卵黄颐色稍深的下部似月牙状，又称"月牙"	胚胎头尾分明，内脏器官开始形成，尿囊开始发育。卵黄由于蛋白水分的继续渗入而明显扩大

（续）

鸭蛋孵化天数（天）	照蛋时的特征	胚蛋解剖时的特征
5	蛋转动时，卵黄不易跟随着转动，俗称"钉壳"。胚胎和卵黄囊血管形状像一只小的蜘蛛，故又称"小蜘蛛"	胚胎头部明显增大，并与卵黄分离，各器官和组织都已具备，脚、翼、喙的雏形可见尿囊迅速生长，从脐部向外凸出，形成一个有柄的囊状。卵黄囊血管所包围的卵黄达1/3。羊水增加，胚胎已能自由地在羊膜腔内活动
5.5	能明显看到黑色的眼点，俗称"起珠"、"单珠"、"起眼"	胚胎头弯向脚部，四肢开始发育，已具有鸟类外形特征，生殖器官形成，公母已定。尿囊与浆膜、壳膜接近，血管网向四周发射，如蜘蛛样
7	胚胎形似"电话筒"，一端是头部，另一端为弯曲增大的躯干部，俗称"双珠"，可以看到羊水	胚胎的躯干部增大，口部形成，翅与腿可按构造区别，胚胎开始活动，引起羊膜有规律地收缩。卵黄囊包围的卵黄在一半以上，尿囊增大迅速
8	白茫茫的羊水增多，胚胎活动尚不强，似沉在羊水中，俗称"沉"。正面已布满扩大的卵黄和血管	胚胎已现明显的鸟类特征，颈伸长，翼、喙明显，脚上生出趾，呈鸭结构样。卵黄增大到最大，蛋白重量相应下降
9	正面：胚胎较易看到，像在羊水中浮游一样，俗称"浮" 背面：卵黄扩大到背面，蛋转动时两边卵黄不易晃动，俗称"边口发硬"	胚胎的肋骨、肺、肝和胃明显，四肢成形，趾间有蹼。用放大镜可以看到羽毛原基分布于整个体躯部分
10～11	蛋转动时，两边卵黄容易晃动，俗称"晃得动"：接着背面尿囊血管迅速伸展，越出卵黄，俗称"发边"	胚胎眼裂呈椭圆形，脚趾上出现爪，绒毛原基扩展到头、颈部，羽毛突起明显，腹腔愈合，软骨开始骨化。尿囊迅速向小头伸展，几乎包围了整个胚胎。气室下边血管颜色特别鲜明，各处血管增加

（续）

鸭蛋孵化天数（天）	照蛋时的特征	胚蛋解剖时的特征
12～13	尿囊血管继续伸展，在蛋的小头合拢，整个蛋除气室外都布满了血管，俗称"合拢"、"长足"	胚胎的头部偏向气室，眼裂缩小，喙具一定形状，爪角质化，全部躯干覆以绒羽。尿囊在蛋的小头完全合拢
14	血管开始加粗，血管颜色开始加深	胚胎各器官进一步发育，头部和翅上生出羽毛，腺胃可区别出来，下眼睑更为缩小，足部鳞片明显可见
15	血管继续加粗，颜色逐渐加深。左右两边卵黄在大头端连接	胚胎嘴上可分出鼻孔，全身覆有长的绒毛，肾脏开始工作。小头蛋白由一管状道（浆羊膜道）输入羊膜腔中，发育快的胚胎开始吞食蛋白
16	小头发亮的部分随着胚胎日龄的增加而逐渐缩小	胚胎头部位于翼下，生长迅速，骨化作用急剧。胚胎大量吞食稀释的蛋白，尿囊中有白絮状排泄物出现。绒毛明显覆盖全身，由于卵内水分蒸发，气室逐渐增大
17～19	小头发亮的部分逐渐缩小，蛋内黑影部分则相应增大，说明胚胎身体在逐日增长	胚胎的头部全在翼下，眼睛已被眼睑覆盖，横着的位置开始改变，逐渐与长轴平行。卵黄与蛋白显著减少，羊膜及尿囊中液体减少
20～21	以小头对准光源，看不到发亮的部分，俗称"关门"、"封门"	胚胎嘴上的鼻孔已形成，小头蛋白已全部输入到羊膜腔中，蛋壳与尿囊极易剥离，照蛋时看不到小头发亮的部分
22～23	气室朝一方倾斜，这是胚胎转身的缘故，俗称"斜口"、"转身"	喙开始朝向气室端，眼睛睁开。吞食蛋白结束，煮熟胚蛋观察胚胎全身已无蛋白粘连，绒毛清爽，卵黄已有小量进入腹中。尿囊液浓缩

（续）

鸭蛋孵化天数（天）	照蛋时的特征	胚蛋解剖时的特征
24～25	气室可以看到黑影在闪动，俗称"闪毛"	胚胎两腿弯曲朝向头部，颈部肌肉发达，同时大转身，颈部及翅突入气室内，准备啄壳。卵黄绝大部分已进入腹中，尿囊血管逐渐萎缩，胎膜完全退化
26～27	起初是胚胎喙部穿破壳膜，伸入气室内，称为"起嘴"，接着开始啄壳，称"见嘌"，"啄壳"	胚胎的喙进入气室，开始啄壳见嘌，卵黄收净，可听到雏的叫声，肺呼吸开始。尿囊血管枯萎。少量雏鸭出壳
27.5～28	出壳	出壳雏鸭初生重一般为蛋重的65%～70%，腹中尚存约有5克卵黄

二、提供最适的孵化条件

鸭蛋孵化条件包括温度、湿度、通风换气、翻蛋和晾蛋等。

1. 温度　温度是胚胎发育的首要条件，必须严格正确地掌握。因为只有在适宜的孵化温度下，才能保证蛋中各种酶的活动和胚胎正常的物质代谢，从而保证胚胎生长发育的正常。发育中的胚胎对外界环境温度的变化最敏感，只有在适宜的温度下，胚胎才能正常发育并按时出雏。一般情况下，孵化温度保持在37.8℃左右，出雏温度在36.9℃左右，即为胚胎的适宜温度。温度过高、过低都会影响胚胎的发育，严重时会造成胚胎死亡。一般讲，温度高，胚胎发育快，但很软弱，温度超过42℃，经2～3小时以后胚胎死亡；相反，温度过低则胚胎的生长发育迟缓，温度低至23℃，经30小时胚胎便会全部死亡。具体温度应视品种、蛋重、胚龄、生长情况、气温以及实践经验而定。

随着胚胎发育阶段的不同，胚胎对外界温度要求也不一样。

孵化初期，胚胎物质代谢处于低级阶段，本身产生的体热少，因而需要较高的孵化温度；孵化中末期，随着胚胎的发育，物质代谢日益增强，胚胎本身产生大量的体热，因而需要稍低的温度。但不能用一个孵化温度标准，就能保证种蛋的孵化率。如大蛋与小蛋相相比，在孵化前期大蛋接受温度的影响要比小蛋慢，到了后期，大蛋的散热效能又比小蛋差。

人工孵化通常有恒温孵化和变温孵化两种方式。

（1）恒温孵化　在同一个孵化箱中，有多批次不同孵化日龄的胚胎时，采取始终不变的温度（37.8℃）孵化，即为恒温孵化。巷道式孵化器孵化时应采用恒温孵化。

（2）变温孵化　变温孵化也称多阶段孵化，是根据不同的环境温度和孵化机型、不同类型的种蛋及不同的胚龄而分别施以不同的孵化温度。在孵化箱中只有单批次孵蛋，则可按胚胎各阶段所需要的温度进行变温孵化。孵化温度受季节、气候等自然条件的影响很大。所以室内温度低时，孵化器温度就应高些；室内温度高时，孵化器温度就应低些。在深秋、冬季和早春，室温应保持平衡，最好维持在 27～30℃。一般在蛋源比较充足，一次性装满孵化机时，用变温孵化较为理想。箱体式孵化器一般采用变温孵化。

变温孵化的优点，可根据胚龄和发育情况逐步调整温度，有利于胚胎发育（表 4-2）。

表 4-2　鸭蛋变温孵化的施温标准

品　种	孵化室温度（℃）	孵化机内温度（℃）				
		胚龄1～5天	胚龄6～11天	胚龄12～16天	胚龄17～23天	胚龄24～28天
绍兴鸭	29.5～32.2	38.1	37.8	37.5	37.2	36.9
高邮鸭	29.5～32.2	38.3	38.1	37.8	37.5	37.2
咔叽·康贝尔鸭	23.9～29.5	38.6	38.3	38.1	37.8	37.5

　　孵化中的鸭蛋每天都有一定的发育特征，这种特征在较强的灯光前，可清晰地看到，根据胚胎发育的特征，给予适当的孵化温度供其正常发育，这就是"看胎施温"技术，熟练地掌握鸭胚每天的发育特征，就能正确地判断出孵化天数，从而根据孵化天数调整孵化温度，鸭蛋的胚胎逐日发育特征可参考表 4-1。

　　2. 湿度　当温度偏高胚蛋减重增大时，增加湿度可以起到降温和减少失重的作用。当温度偏低时，胚胎失重减少，增加湿度则没有好处，这不但推迟出壳，还会造成胚胎失水过少，增加了大肚脐弱雏的比率。

　　加湿与不加湿孵化都是相对的。当种蛋保存时间过长，胶护膜被破坏及老龄鸭所产种蛋蛋壳相对较薄时，在孵化过程中，增加湿度可以减少胚蛋的水分过快散失，对维持正常的代谢有重要的作用；反之，当保存期仅有 3 天左右的新鲜种蛋及青年鸭所产蛋壳相对较厚的种蛋入孵时，加湿孵化反而会阻碍其胚蛋内的水分蒸发，影响其正常的物质代谢，从而影响出雏。

　　出雏时，足够的湿度能促进空气中二氧化碳和碳酸钙作用，使蛋壳变为碳酸氢钙，蛋壳变脆，有利于雏鸭啄孔破壳，还能防止雏鸭绒毛与蛋壳粘连。

　　相对湿度通常用干湿表测定。干湿表有两根湿度表，一根为干表，一根为湿表，湿表的水银球（或酒精球）上包裹纱布，纱布的下端浸入清水中，使水银球经常保持湿润状态。查表时，先查出湿表的读数，再查出干湿差度（干表温度－湿表温度＝干湿差度），行列相交处之数字，即为相对湿度的百分数。

　　3. 通风　选择适当的通风换气量，也是促进胚胎正常发育、提高孵化率的重要措施。为了保持鸭胚胎正常的气体代谢，就必须供给新鲜的空气。在孵化过程中空气给氧量每下降 1%，则孵化率将下降 5%。大气中含氧量一般保持在 21% 左右，是胚胎发育的最佳含氧量。孵化机内空气越新鲜，越有利于胚胎的正常发育，出雏率也越高。但过大的通风换气量不仅使热能大量散失，增加了孵化成本，而且使机内水汽也大量散失，使胚胎失水过多，影响胚胎的正常代谢。

孵化过程中，胚胎除了与外界进行气体交换外，还不断与外界进行热能交换。胚胎产热是随着胚龄的增加而增加的，尤其是孵化后期胚胎新陈代谢更旺盛，孵化后期是第四天的230倍。如果热量散不出去，孵化器内积温过高，就会严重阻碍胚胎正常发育以至引起胚胎的死亡。孵化后期，胚胎从尿囊呼吸转为利用肺呼吸，每昼夜需氧量为初期的110倍以上。因此，孵化后期，通风量要逐渐加大，尤其是出雏期间，否则由于通风换气不良，导致出雏前死胚增多。通风换气，其作用不仅只供给胚胎发育所需的氧气，排出二氧化碳，还具有排除余热使孵化器内温度保持均匀的功能。

4. 翻蛋

（1）翻蛋的作用　翻蛋可避免鸭胚胎与蛋壳膜粘连，还能促进羊膜运动，改善羊膜血液循环，并使胚胎不断地变换胎位，使之各部受热均匀，有利于胚胎发育，也有助于胚胎的运动，保持胎位正常。孵化前2周的翻蛋非常重要，对孵化效果影响很大。

（2）翻蛋次数　如果孵化器各个部位温差较小，每3小时翻1次蛋就足够了；如果孵化机温差较大，就要增加到2小时甚至1小时翻蛋1次，此外还要注意倒盘、调架。

（3）翻蛋角度　翻蛋角度以90°为宜，即每次向水平位置的左或右翻45°角，下次则翻向另一侧。

5. 晾蛋　鸭蛋脂肪含量高，中、后期代谢热大，如果孵化条件掌握不当，胚胎发育易受热充血，必须采取晾蛋的补救措施。

晾蛋是通过打开机门，抽出孵化盘或出雏盘、蛋架车来迅速降低蛋温的一种操作程序，晾蛋与否取决于蛋温的高低。凡孵化后期的胚蛋，用眼皮测温感到"烫眼"时就应立即晾蛋，晾蛋的时间及次数以眼皮感觉"温而不凉"时为宜。晾蛋的方法应根据孵化时间及季节而定。对早期胚胎及在寒冷季节，晾蛋时间不宜过长，对后期胚胎以及在热天，应延长晾蛋的时间。早期胚胎，每次晾蛋时间一般在5～15分钟，后期可延长到30～40分钟。

机器孵化晾蛋时，在孵化的第9天以后，将孵化器门打开，切断供热系统，并用风扇鼓风，驱散孵化器中的余热，有时甚至将蛋盘拉出，使胚蛋表面温度下降至30～33℃后，再重新关上机门继续孵化，通常在每天上午和下午各晾蛋1次。

晾蛋并不是必不可少的工序，应根据胚胎发育情况、孵化天数、气温及孵化器性能等情况灵活掌握。

（1）如孵化器供温和通风换气系统设计合理，尤其是有冷却设备，可不晾蛋，但在炎热的夏季，孵化后期胚胎自温超温时，可根据情况进行适当晾蛋。

（2）胚胎发育偏慢，不能晾蛋，以避免胚胎发育受阻。

（3）大批出雏以后，不仅不能晾蛋，还应将胚蛋集中放在出雏器顶层。

（4）孵化器通风换气系统设计不合理，通风不良时，晾蛋是必不可少的降温措施。

（5）由于偶然停电，鼓风停止，代谢热聚集在孵化箱上部，在室温高时，即使高温的胚蛋已调到下层，蛋温仍然"烫眼"，此时就需抽出蛋盘置在室内凉蛋，必要时喷水降温。

6. 淋水　鸭蛋脂肪较多，孵化后期往往代谢旺盛，产热量大，蛋表面温度能达到39℃以上，光靠通风晾蛋不能抑制胚胎活动，因此，必须淋水降温。尤其是出雏前鸭胚在壳内转身，活动量更大，呼吸代谢加强，产生的热量更多，这时蛋表面温度可达41℃。在鸭啄壳后（鸭啄壳到出雏约需36小时），每6小时需向蛋上喷1次水；出雏以后每捡1次雏，喷1次水，直至胚蛋所剩不多，且不会产生蓄热为止。淋水用水的温度应以35～37℃为宜。淋水只是喷雾，在蛋面上见有露珠即可。

三、使用科学的孵化方法

1. 机器孵化法

（1）孵化前的准备工作

①制订孵化计划　根据设备条件、种蛋来源、雏鸭销售等具体情况进行制订。在安排孵化计划时，要尽量把费时费力的工作（如入孵、照蛋、移盘、出雏）错开。

②检修和试机　为避免孵化中途发生事故，孵化前应做好孵化机的检修工作。电热、风扇、电动机的效力、孵化机的严密程度，控温、控湿、通风和翻蛋等自动化控制系统，温度计的准确性等都需校正。检查温度计准确度的方法是：将标准温度计和孵化用温度计插入 38℃ 水中，观察温差，如温差超过 0.5℃ 以上，最好更换或贴上差度标记。

另外，孵化前还要试机观察 2~3 天，如控制系统操作灵敏，温度稳定，一切机件运转正常时，才可入孵。

③孵化室和孵化器的消毒　为保证雏鸭不受疾病感染，孵化室的地面、墙壁、天棚及孵化器均应彻底清洗，而后消毒。消毒时间最迟不晚于入孵前 12 小时。消毒方法：先用清水洗刷孵化器（注意蛋盘和出雏盘往往粘连蛋壳或粪便，应彻底清洗）。再用新洁尔灭溶液擦拭，把孵化器温度升到 25~27℃，将湿度升到 75% 左右，然后按每立方米容积用高锰酸钾 21 克，福尔马林 42 毫升，密闭熏蒸 1 小时或更长时间，再开机门、进出气孔，停热扇风 1 小时左右，将药品排净，再关上机门继续升温至孵化所需温度。

若消毒后的孵化器急需使用，可按每立方米用 5 克氯化铵，10 克生石灰，7.5 毫克 75℃ 热水，算好用量放入瓷盆内，使放出的氨气中和甲醛气体。也可用相当于福尔马林总量一半的氨水进行喷洒中和。

（2）种蛋入孵 入蛋前6～8小时，将种蛋由贮蛋库送到孵化室进行温蛋，并将种蛋摆在蛋盘上，为使胚胎发育正常和便于照蛋，将蛋的大头朝上。每台孵化器可一次入满，也可分批入蛋，实践证明，分批入蛋效果比一次入满好，因为在孵化中一次入满，后期代谢热势必过剩，而分批入蛋，新入孵种蛋可利用老蛋过剩的代谢热为热源，以便"新蛋"和"老蛋"能互相调节温度，又可以节省能源。每次入蛋结束，必须检查蛋盘是否牢固，风扇与蛋盘有否相碰，前后试转蛋是否顺利，一切检查就绪后，方可开机进行熏蒸消毒。

目前使用的新型、全自动孵化器，操作方便，省工、省时，只要把种蛋按要求摆在蛋盘上，放入蛋车，再将蛋车推入孵化器即完成入蛋任务。

（3）孵化机的管理 现代立体孵化机由于机器构造已经机械化、自动化，管理非常简单。但仍需掌握以下几点。

①孵化温度 温度是孵化的主要因素，掌握好孵化温度，是保证胚胎正常发育的关键。多年从事孵化的人员，可根据自己的经验和孵化器性能采用恒温孵化或变温孵化。恒温孵化调整孵化机温度（37.8℃），出雏器温度（36.8℃），平时注意观察调节器的灵敏度，遇有温度上升或下降，要及时检查调整并定时记温；变温孵化要按时调整温度。

②相对湿度 人工孵化对相对湿度的要求是比较严格的，如果孵化器内相对湿度过低，种蛋内水分则大量蒸发，影响胚胎发育。反之，孵化器内相对湿度过高会阻止蛋内水分的正常蒸发，也影响胚胎发育。特别是孵化后期，由于胚胎呼吸量增大，出壳前将嘴伸到气室内进行肺呼吸。这时如果孵化器内相对湿度高，影响蛋内水分正常蒸发，气室变小，雏鸭失去破壳能力，造成窒息死亡。因此，一般要求孵化室内相对湿度为50%～60%，孵化器内为65%～70%为宜。

③翻蛋 因发育着的胚胎蛋黄含脂肪多，密度较小，浮在胚

蛋的上侧，如不进行翻蛋，胚胎与蛋壳粘连而发生死亡。翻蛋的目的是改变胚胎的位置，使胚胎受热均匀，防止粘连。试验证明，适当加大翻蛋角度，有利于胚胎发育，提高孵化率。孵化过程中必须经常翻蛋，转蛋次数以每2小时一次为好，而翻蛋角度要大一些，关于翻蛋角度与孵化率的关系见表4-3。

表4-3　翻蛋角度与孵化率的影响

翻蛋角度	受精蛋孵化率（%）
40°	69.3
60°	78.9
90°	84.6

（4）照检　在孵化过程中应对入孵种蛋进行3次照检，入孵后的6～7天进行第一次照检，剔除无精蛋和死胚蛋，如发现种蛋受精率低，应及时调整公鸭和改善种鸭的饲养管理。入孵后第13天进行第二次照检，将死胚蛋和漏检的无精蛋剔除，如果此时尿囊膜已在蛋的小头"合拢"，则表明胚胎发育正常，孵化条件控制合适。第三次照检可结合落盘进行。

（5）落盘　鸭蛋24～25天进行最后一次照检，将死胚蛋剔除后，把发育正常的蛋转入出雏机继续孵化，称之"落盘"。落盘时，如发现胚胎发育延缓，应推迟落盘时间。落盘后应注意提高出雏机内的湿度和增大通风量。

落盘过程中，要注意提高环境温度，运作要轻、要快，减少破损蛋，并利用落盘注意调盘调架，弥补因孵化过程中胚胎受热不匀而导致胚胎发育不齐的影响。

（6）通风换气　胚胎在发育过程中，空气是不可缺少的，不断吸收氧气和排出二氧化碳。为保持胚胎正常的气体代谢，必须不断进行通风换气。蛋周围空气中二氧化碳含量不得超过0.5%，二氧化碳浓度达1%时，胚胎发育迟缓，死亡率增高，出现胎位不正和畸形等现象。通风换气还能调节机内温湿度。在胚胎发育的各个时期对通风量的要求不同，在孵化初期胚胎需要的空气很少，利用卵黄中的氧已能满足需要，所以孵化器上的气孔开 $1/4\sim1/3$，甚至可以关闭，以后随孵化时间的增加，通气孔应慢慢加大。具体掌握时，只要能保持正常的温度和湿度，机内的通风越畅通越好。

（7）停电的应急措施　孵化期间如遇突然停电，工作人员要立即关闭电源，打开所有孵化机门放出机内热气，同时把孵化室门窗关闭，提高室温。尽可能使室温保持在 $25\sim28℃$，机内温度保持在 $35\sim37℃$（孵化机上层温度）。每隔半小时转蛋 1 次。同时要根据停电时间长短、胚龄大小采取相应措施。一般来说，孵化前期要注意保温，孵化后期要注意散热。如果胚龄小，气温低，停电时间又长，可将机门与通气孔关闭，同时生火（炉）提高室温；中期要打开通气孔，特别要注意避免孵化机上层温度较高的胚胎被热死，尤其是尿囊合拢后的胚胎，要定时上下调盘，使胚蛋温度大致均匀，或设临时摊床靠自温孵化出雏；当出雏时停电，无论室温高低，切勿将机门与出气孔关紧，否则引起顶层胚蛋热死或雏鸭闷死事故。另外，如果停电时间发生在胚胎死亡曲线高峰期（即 $3\sim6$ 天和 $24\sim27$ 天），即使停电时间短，也会造成灾难性的后果，要引起注意。大型孵化厂应自备发电机，以防止停电带来损失。

（8）出雏　对出雏有困难的要进行人工助产破壳。打壳露喙的，将喙周围壳轻轻裂开，给雏鸭以较多的空气，并观察壳内尿囊、浆膜的干燥情况，如枯萎无血迹，可剥开蛋壳让雏鸭离壳，尤其较大型鸭胚更需帮助。如有血迹，则不可剥开蛋壳，否则浆膜出血雏鸭难以成活。造成难出壳的原因除孵化条件异常外，多数由于鸭蛋壳过厚，胚体过大，种蛋倒置等，生产中要特别注意。出雏结束后，清理出雏机，刷洗出雏盘、水盘等用具，消毒沥干备用。

（9）孵化记录　每次孵化都要做好记录，包括批次、入孵时间、蛋数、种蛋来源、历次照蛋情况、出雏率及孵化期内的温度变化等。平时要做好每天的工作日记。

2. 摊床孵化法 摊床孵化是依靠胚蛋后期的自发温度及孵化室的室温而进行的一种既节省能源，又提高孵化率的方法。

（1）摊床的设备构造 摊床用木头（或三角铁）作架，安上竹条，先铺一层草席，然后铺碎稻草，最后再铺一层草席。摊床边缘安有高15～20厘米的木板。木板内安放"隔条"，即用粗布做成的长条圆袋，袋内装满稻壳或锯末或旧棉絮。将隔条放在摊的边缘或蛋的周围，既有利于保温，又可防止胚蛋滚撞木板。另外还应准备棉被或棉絮、毯子、单被等物覆盖保温，以保持胚胎所需温度。

摊床俗称"摊"，设1～3层，一般架于孵化室的上部，下设孵化机，以充分利用空间和孵化器的余热。如果孵化室过大，不易保温，或房舍低矮，可单独设置摊床孵化室。

摊分"上摊"、"中摊"和"下摊"，摊与摊的距离为80厘米，摊长与房屋长相等。摊床以低层最宽，越上层越窄，便于操作时站立。一般下摊宽为1.8米，每上一层应收进20厘米。

（2）上摊时间 胚蛋在第14～15天，即在第二次照蛋后上摊，也可以根据实际情况，如果外界气温低，可以稍微推迟几天上摊。

（3）摊床的管理 上摊后的管理主要是通过覆盖、翻蛋、交换蛋位以及蛋的排列层次，合理调节孵化温度。刚上摊时一般将胚蛋叠放二层，盖上棉被，可提高蛋温。

①覆盖物的调节 应根据蛋温的高低，适时增减覆盖物，具体操作时应做到以下几点：

一看胚龄。胚龄越大，自温能力越强，特别是"封门"以后，胚蛋自发温度大大提高。因此，随胚龄增大，覆盖物由多到少，由厚到薄，盖的时间由长到短。

二看室温。冬季及早春，气温和室温较低，要适当多盖，盖的时间要长些；夏季气温高，要少盖，盖的时间要短些。在同一天内，早晨及下半夜要多盖，午后及上半夜要少盖。

三看上一次翻蛋用的覆盖物及蛋温。根据上一次翻蛋"盖"的是什么，蛋温是否正常，然后决定这一次翻蛋是"盖"还是"掀"，例如上一次盖 2.5 千克重的棉被，蛋温偏高，即可换成薄棉被或毯子。

四看胚胎发育。摊床温度掌握是否合适，主要观察胚胎发育是否达到标准特征。如果上摊前胚蛋及时"合拢"，则上摊后的温度按正常掌握；如"合拢"推迟，则摊床温度应略高些；如"合拢"较标准提前，则摊床温度应略低些。胚蛋孵化至 20~21 天要特别注意，最好取一批胚蛋照蛋观察。一般是"封门"前温度略高些，"封门"后温度略低些。"封门"后要保持"人体蛋温"（即人用眼皮接触胚蛋测温，感觉应与人体温度相仿）。

在具体操作时，要勤检查，根据胚龄、室温、覆盖物及胚胎发育情况综合考虑，及时调整覆盖物。

②合理翻蛋 摊床中心蛋不易散热，蛋温易升高，摊床边蛋易散热，蛋温较低，因此，要通过互换边蛋和中心蛋的位置，使蛋温趋于均衡。

③出雏 当大批鸭雏啄壳以后，每隔 3~4 小时应捡出空壳和绒毛已干的鸭雏。

四、孵化技术管理

要保证种蛋出雏率高，鸭苗质量好，为实施鸭安全生产打好基础，就必须加强孵化过程中的技术管理，才能保证种蛋孵化条件的精确控制，才能及时对孵化期间出现的一些问题采取有效措施，从而保证孵化正常进行和苗鸭的质量。

1. 初生雏的管理

（1）公母鉴别 蛋鸭初生时就要进行雌雄鉴别，检出公雏另行处理。雏鸭的雌雄鉴别有肛门鉴别法和鸣管鉴别法两种方法，使用最普遍、准确率最高的是肛门鉴别法。

①捏肛法　用左手托住初生雏鸭，以大拇指和食指夹其颈部，用右手大拇指和食指轻轻平捏肛门两侧，上下或前后稍一揉搓，如果手指感觉有芝麻粒或小米粒大小的突起，即为公雏；如手指感觉平滑无突起，则为母雏。此法比较简单，准确率98%～100%。有经验的人鉴别速度很快，每小时可鉴别千余只。

②翻肛法　将初生雏鸭握在左手掌中，用食指和中指夹住雏鸭的颈部，使头向外，腹向上，呈仰卧姿势，无名指和小指夹住雏鸭两脚，拇指靠近腹侧，轻压腹部排粪。用右手大拇指和食指轻轻将肛门张开，并外翻。公鸭可见到长约2～3毫米的螺旋形突起（阴茎），母雏鸭则没有。

（2）强弱分级　每次孵化，总有一些弱雏和畸形雏，出雏后，要进行严格地挑选分级。弱雏一般指反应迟钝，脐部触摸有硬块，愈合不好，绒毛蓬乱，缺乏光泽，挣扎无力等雏。畸形雏和弱雏均应坚决淘汰，不能留种用。

2. 不良孵化结果分析　孵化不良原因主要有：种鸭饲养管理不当，种蛋保存不好或孵化条件不合适。检查和分析的方法也很简单，只要在每次照蛋、移蛋、出雏和清理死胎时稍加留意就可做到，但不能忽视，必须经常注意，不良孵化结果分析见表4-4。

表4-4　不良孵化结果分析表

发生现象	造成原因
光蛋（不受精蛋）	公母鸭未经交配，精子弱不受精或种蛋陈旧，保存和孵前处理不当，入孵前死胚蛋
散黄蛋（蛋黄破裂）	孵前散黄、陈蛋、运输振荡和翻蛋、晾蛋不当
血圈蛋（早期死胎蛋）	胚胎软弱、温度过高或温度过低，贮蛋日久或温水处理水温过高等，多于1～2天胚龄死亡

（续）

发生现象	造成原因
死于壳内气室正常	蛋品质劣，营养不足（缺乏维生素 A、维生素 B_2、维生素 D 等），或短期高温
死于壳内气室小	通气不良，温度过低或湿度过高，营养不良（缺乏维生素 A、维生素 D)
死于壳内气室大	湿度不良，温度过高，种蛋陈旧，营养不良（缺乏维生素 D、维生素 B_2、维生素 A 等）
早出壳	温度长期偏高
迟出壳	温度低，温度变化大，湿度过高，种蛋旧，缺乏维生素 A
粘壳干毛雏（早出壳）	温度过高，湿度过低
粘壳湿毛雏（迟出壳）	湿度过高，温度过低
出雏畸形残废	温度变化过大或温度过高
弱雏	温度过高或过低，蛋品质差
大肚脐（蛋黄吸收不良）	出壳时多的是湿度过高，个别的是疾病
干钉（钉脐）	后期温度过高或湿度不足
后期死亡或啄壳不出	先天不足，胚胎软弱，湿度不足，通气不良，蛋壳过厚

第五节　鸭安全生产繁育体系建设

一、建立良种繁育体系的意义

建立完善的良种繁育体系，根据分代次制种的程序，逐级提供曾祖代、祖代、父母代种鸭或核心群、扩繁群，向商品代场出售杂交鸭或生产群，用于商品生产，其实质就是由数量较少的纯系，通过逐级制种繁殖，最后得到大量的高产杂交鸭或生产群。以配套的曾祖代母本母系鸭为基数，1 000 只母鸭按繁育体系杂交制种，可生产 3 万只祖代鸭（按每只母鸭生产 30 只母雏计算)、120 万只父母代鸭(按每只母鸭生产 40 只母雏计算)、12 000万只商品代鸭(按每只母鸭生产 100 只雏鸭计算)。可见,建立良种繁育体系,可以用较少的人力、物力、财力和时间,使先进的育种技术和成果应用于生产,只要集中力量办好育种场,就能充分利用纯种资源,使成功的配套纯系按杂交方案逐级制种,为商品场提供大量的优质商品鸭。其次可保证广大商品鸭场和专业户无需进行任何育种工作,就能饲养现代最优秀的商品杂交鸭,从而普遍提高生产水平。最后可减少疾病的传染,曾祖代场可培育无特定疾病的鸭群,只要严格控制祖代场、父母代场种鸭群和孵化厂的防疫卫生工作,就可以将一些流行较广的疾病控制到最低发生限度。

良种繁育体系,不仅是某一高产配套系应用于生产必不可少的制种程序和使鸭种合理布局或有目的地推广的重要措施,同时也是一个国家育种水平及良种普及的重要标志。不按程序制种,鸭种质量无法保证,良种不能发挥其应有的作用,也会给饲养者带来经济损失。如过去由于繁育体系不健全,人们对其重要性认识不够,有的将祖代、父母代鸭直接用于商品生产,不仅造成资源的浪费,而且由于其生产性能不如商品鸭而影响经济效益;有的将商品鸭作种用,由于后代产生分离现象,引起整齐度、生产性能下降,最终带来经济损失。这些都应引起生产者足够的重视。

二、鸭良种繁育体系的组成

现代商品杂交鸭是通过纯系培育、配合力测定、品系配套、品系扩繁和杂交制种等一系列过程,才用于商品生产的。杂交鸭的培育过程,就是良种繁育体系的基本内容。这个体系包括育种和制种两个部分。育种部分由品种资源场、育种场、配合力测定站和原种场组成,主要任务是育种素材的收集和保存,纯系的培育，杂交组合测定，品系配套的扩繁；制种部分由祖代场、父母代场、孵化厂组成，承担杂交制种任务，为商品鸭场提供大量的高产商品杂交鸭（图4-1）。

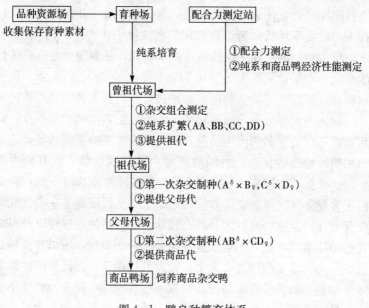

图4-1　鸭良种繁育体系

三、选育方法

1. 本品种选育　我国鸭种资源丰富，数量众多，并且相当多的品种已具有较高的生产性能，这是我国劳动人民长期选择和培育的结果，它们基本上能够满足社会经济的需要，性状不必作重大改变。但多数品种个体之间差异大，有的生产性能尚未充分发挥出来，所以需要系统地开展本品种的选育工作，使其达到高产、稳产的目的。

在鸭的本品种选育过程中离不开个体外貌特征选择和自身及

后代生产性能的选择。如羽色、肤色、体型、生长速度、产肉性能、产蛋性能等。依据这些具体指标，在种群内选优去劣，留纯去杂，连续每年、每批次进行，直至达到选育目标。以金定鸭的培育过程为例，厦门大学生物系自 1958 年以来，长期对金定鸭进行闭锁繁育，使金定鸭的羽色，蛋壳色一致，并在继代选育过程中，以换羽性状作为选育指标，淘汰换羽休产期长的低产鸭，定向保留换羽期短和冬季持续产蛋的母鸭，从而使金定鸭遗传性能稳定，产蛋数从原来年平均 212 个提高到 260～300 个。其他鸭种如、绍兴鸭等均是利用本品种选育而成为著名的蛋用品种。

我国的大部分鸭种独具特色，为世界上其他鸭种所不及，如北京鸭不仅是著名的肉鸭品种，而且具有较高的产蛋性能，这是肉用鸭种难得的优点；我国的连城白鸭外貌独特，具有药用功效，被誉为"全国唯一药用鸭"。绝大多数鸭种基因不差，只是由于客观条件的限制，饲养管理跟不上，从而限制了生产性能的充分发挥，但这些品种因其具有特殊性和独特的适应性以及可培育的种用潜力，使其不会被其他国外品种所取代，所以在育种过程中，必须以本品种选育为主，辅助开展杂交，提高生产性能和经济效益。如果没有本品种选育就不会有纯种，没有纯种就不会有杂种，当然更不会有杂种优势。另外，所有的鸭种都含有各自的特殊基因，是培育新品种的素材，为了保持鸭种基因库的多样性，避免因短期利益的驱使而使得基因面越来越窄，应尽量使每一种基因都不丢失，因此必须大力开展保种工作，合理利用我国丰富的家鸭品种资源。本品种的选育是为保持家鸭品种纯度，免遭混杂或基因丢失的最有效措施。

在本品种选育过程中，一般要求在品种内建立若干个种内群（或称品系），各品系在一定时期内进行群内繁育以保持性状和性能的稳定，但是为了不断提高品种的性能，避免品系内的近交问题，需要定期进行品群间的血缘混合。因此，有专家提出了网式育种技术。品系间的异质性是进行网式育种的前提基础，各品系

除了具有本品种共有的特征外，各品系还应各具特色，如图 4-2
所示。

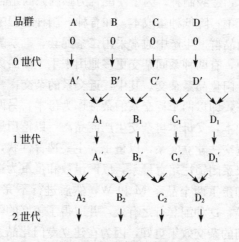

图 4-2　网式育种示意图

2. 品系繁育技术　随着畜牧业的蓬勃发展和新遗传育种理
论的迅速传播，无论是纯种选育还是育成新品种甚至杂交利用，
都普遍开展品系繁育。在水禽业中（主要是鸭、鹅）采用品系繁
育技术是近 30 年的事情，虽然起步较晚，但发展较快，已经取
得了许多突出成就。如浙江农业科学院畜牧研究所等单位利用绍
兴鸭选育出的青壳Ⅱ号蛋鸭品系，厦门大学等单位选育出的金定
鸭新品系等都是品系繁育取得的突出成果。

（1）配合力测定　并非任何两个品系间进行杂交就能够获得
杂交优势，在育种过程中为了了解各品系之间的杂交效果，将育
成的品系以不同的组合方式相互进行杂交，根据后代的生产性能
测定品系间的配合力。品系间的配合力分为一般配合力和特殊配
合力。一般配合力主要来自加性遗传方差，特殊配合力则来自非
加性遗传方差。因此，特殊配合力高的组合，杂种优势较强。通
过配合力测定，选出特殊配合力最高的杂交组合作为杂交制种模

式进行推广。

（2）品系配套和扩繁　根据配合力测定的结果按最优组合进行品系配套，逐级制种。为了使配合力强的系间组合能够更多地应用到生产中，降低种蛋成本，在育种、制种过程中就需要扩群繁殖生产商品群。生产中通常采用二系配套、三系配套。

生产中，有两种系间杂交更多地用来生产商品禽群，即近交系杂交和专门化品系杂交。其中，近交系的杂交，一般采用双杂交效果较好，即以两个近交系的杂种作为母本，另两个近交系的杂种作为父本，父母本再杂交生产商品禽。以莆田黑鸭配套品系为例，以近交法建立父系，以蛋重为主要选育性状，建立蛋重品系 G；以家系闭锁法培育母系，以产蛋数和蛋重为选育指标，建立了蛋多和蛋重两个品系 M 和 W，然后进行不完全双向杂交，经实践检验，这种配套行之有效，并取得了较好的经济效益。专门化品系间的杂交效果更好，因为在建立专门化品系前，综合考虑父母本品系优势，杂交时能表现出稳定而显著的杂交优势。

第六节　繁殖技术

一、自然交配

自然交配是让公母鸭在有水的环境中进行自行交配的配种方法。配种季节一般为每年的 2～6 月份，即从初春开始，到夏至结束。自然交配有大群配种和小群配种两种方式。

1. 大群配种　将公母鸭按一定比例合群饲养，群的大小视种鸭群规模和配种环境的面积而定，一般利用池塘、河湖等水面让鸭嬉戏交配。这种方法能使每只公鸭都有机会与母鸭自由组合交配，受精率较高，尤其是放牧的鸭群受精率更高，适用于繁殖生产群。但需注意，大群配种时，种公鸭的年龄和体质要相似，体质较差和年龄较大的种公鸭，没有竞配能力，不宜作大群配种用。

2. 小群配种 将每只公鸭及其所负责配种的母鸭单间饲养，使每只公鸭与规定的母鸭配种，每个饲养间设水栏，让鸭活动交配。公鸭和母鸭均编上脚号，每只母鸭晚上在固定的产蛋窝产蛋，种蛋记上公鸭和母鸭脚号。这种方法能确知雏鸭的父母，适用于鸭的选育，是种鸭场常用的方法。

二、人工授精

鸭的人工授精在生产上很少应用，因为大部分鸭种公母比例大，且受精率较高，但不少鸭场却利用人工采精技术对种公鸭进行选择，从而准确地淘汰了那些生殖器发育不良、采精少和精液品质低劣的公鸭，这就减少了性功能差的公鸭。此外，在公番鸭与母家鸭的种间杂交，生产骡鸭过程中，采用人工授精可克服亲本体重、体型悬殊和交配行为障碍以及受精率低等问题。

1. 鸭采精方法 鸭采精的方法有假阴道法、台鸭诱鸭法和按摩法。按摩法是鸭采精最常用的方法，采精员坐在矮凳上，将公鸭放于膝上，公鸭头伸向左臂下，助手位于采精员右侧保定公鸭双脚。采精员左手掌心向下紧贴公鸭背腰部，并向尾部方向按摩，同时用右手手指握住泄殖腔环按摩揉捏，一般 8～10 秒钟。当阴茎即将勃起的瞬间，正进行按摩的左手拇指和食指稍向泄殖腔背部移动，在泄殖腔上部轻轻挤压，阴茎即会勃起伸出，射精沟闭锁完全，精液会沿着射精沟从阴茎顶端快速射出。助手使用集精管（杯）收集精液。熟练的采精员操作过程约需 30 秒钟，并可单人进行操作。

按摩法采精要特别注意公鸭的选择和调教。要选择那些性反应强烈的公鸭作采精之用，并采用合理的调教日程，使公鸭迅速建立起性反射。调教良好的公鸭只需背部按摩即可顺利取得精液，同时可减少由于对腹部的刺激而引起粪尿污染精液。

采精注意事项：

（1）采精时要防止粪便污染精液，故采精前 4 小时应停水停料，集精杯勿太靠近泄殖腔，采精宜在上午 6：00～9：00 进行。

（2）采集的精液不能曝于强光之下，15 分钟内使用效果最好。

（3）采精前公鸭不能放水活动，防止相互爬跨而射精。

（4）采精处要保持安静，抓鸭的动作不能粗暴。

（5）集精杯每次使用后都要清洗消毒。寒冷季节采精时，集精杯夹层内应加 40～42℃暖水保温。

2. 精液品质检查

（1）**外观检查** 主要检查精液的颜色是否正常。正常无污染的精液为乳白色、不透明的液体。混入血液呈粉红色，被粪便污染则为黄褐色，有尿酸盐混入时，呈粉白色棉絮状，过量的透明液混入，则见有水渍状。凡被污染的精液，精子会发生凝集或变形，不能用于人工授精。

（2）**精液量检查** 采用有刻度的吸管或注射器等度量器，将精液吸入，测量一次射精量。射精量随品种、年龄、季节、个体差异和采精操作熟练程度而有较大变化。公鸭一般一次平均射精量为 0.1～0.7 毫升。要选择射精量多、稳定正常的公鸭供用。

（3）**精子活力检查** 精子的活力是以测定直线前进运动的精子数为依据。所有精子都是直线前进运动的评为 10 分；有几成精子是直线前进运动的就评几分。具体操作方法是：于采精后 20～30 分钟内，取同量精液及生理盐水各 1 滴，置于载玻片一端，混匀后放上盖玻片。精液不宜过多，以布满载玻片而又不溢出为宜。在 37℃左右的镜检箱内，用 200～400 倍显微镜检查。呈直线运动的精子，有授精能力；进行圆周运动或摆动的精子均无授精能力。活力高、密度大的精液，在显微镜下精子呈旋涡翻滚状态。

（4）**精子密度检查** 可采用血球计数法和精子密度估算法两

种检查方法。

3. 精液的稀释和保存 稀释液的主要作用是为精子提供能源，保障精细胞的正常渗透压平衡和离子平衡，稀释液中的缓冲剂可以防止乳酸形成时的有害作用。在精液的稀释保存液中添加抗菌剂可以防止细菌的繁殖。同时精液中加入稀释液还可以稀释或螯合精液中的有害因子，有利于精子在体外存活更长的时间。常规采精时鸭精液的稀释倍数以 $1:1$、$1:2$、$1:3$ 的效果较好。实践表明，以 pH7.1 的 Lake 液和 BPSE 液稀释效果较佳。

4. 输精 鸭的泄殖腔较深，阴道部不像母鸡那样容易外翻进行输精。所以常规输精以泄殖腔输精法最为简便易行。

泄殖腔输精法是助手将母鸭仰卧保定，输精员用左手挤压泄殖腔下缘，迫使泄殖腔张开，再用右手将吸有精液的输精器从泄殖腔的左方徐徐插入，当感到推进无阻挡时，即输精器已准确进入阴道部，一般深入至 3～5 厘米时左手放松，右手即可将精液注入。实践证明效果良好。熟练的输精员可以单人操作。

输精注意事项：

（1）母鸭以 5～6 天输精 1 次为宜。

（2）鸭的每一次输精量可用新鲜精液 0.05 毫升，每次输精量中至少应有 4 000 万～6 000 万个精子，第一次的输精量加大 1 倍可获良好效果。

（3）鸭在上午 9：00～11：00 输精为好。

（4）初产 1 个月内的母鸭不宜进行人工授精。

（5）母鸭群在换羽期亦应停止人工授精。

三、配种年龄和配种性比

1. 配种年龄 鸭配种年龄过早，不仅对其本身的生长发育有不良影响，而且受精率低。蛋用型公鸭性成熟较早，初配年龄在 5 月龄以上为宜。

2. 配种比例 鸭的配种性比随品种类型不同而差异较大，公与母的比例一般是蛋用型鸭为 1：20～25，兼用型鸭为 1：15～20。

配种比例除了因品种类型而异之外，还受以下因素的影响。

（1）季节 早春气候寒冷，性活动受影响，公鸭应提高 2% 左右（按母鸭数计）。

（2）饲养管理条件 在良好的饲养条件下，特别是放牧鸭群能获得丰富的动物饲料时，公鸭的数量可适当减少。

（3）公母鸭合群时间的长短 在繁殖季节到来之前，适当提早合群对提高受精率是有利的。合群初期公鸭的比例可稍高些，如蛋用型鸭公母比可用 1：14～16，20 天后可改为 1：25。大群配种时，常可见部分公鸭较长时期不分散于母鸭群中配种，需要十多天才合群。因此，在大群配种时将公鸭及早放入母鸭群中是很必要的。

（4）种鸭的年龄 1 岁的种鸭性欲旺盛，公鸭数量可适当减少。

实践表明，公鸭过多常常造成鸭群受精率低。据测定，蛋用型麻鸭以 1：25 配种，其受精率仅为 64.9%，而以 1：10 配种，其受精率则为 92.5%。这是因为公鸭过多，发生争配，干扰了正常的配种所致。

四、种鸭的利用年限和鸭群结构

1. 种鸭的利用年限 鸭的寿命可长达 20 年，但养到 3 年以上很不经济。母鸭第一年产蛋量最高，2～3 年后逐渐下降。因此，种母鸭的利用年限以 2～3 年为宜。种公鸭只利用 1 年即淘汰。

2. 鸭群结构 放牧种鸭群多由不同年龄的鸭组成。通常情况种鸭群结构组成为：1 岁母鸭 25%～30%，2 岁母鸭 60%～70%，3 岁母鸭 5%～10%。这种鸭群结构由于有老龄母鸭带领，因而放牧时觅食能力强，鸭群听指挥，管理方便，产蛋率稳定，种蛋的合格率高。

第七节　鸭生产性能测定和育种记录

一、生产性能测定

鸭的生产性能测定是育种的重要依据，鸭生产性能测定主要包括体重、体尺。

1. 体尺　必须在正确的姿势下对成年鸭进行体尺测量，公、母鸭各 30 只以上。

体斜长：用皮尺沿体表测量肩关节至髋骨结节间距离（厘米）。

胸宽：用卡尺测量两肩关节之间的体表距离（厘米）。

胸深：用卡尺在体表测量第一胸椎到龙骨前缘的距离（厘米）。

龙骨长：用皮尺测量体表龙骨突前端到龙骨末端的距离（厘米）。

骨盆宽：用卡尺测量两髋骨结节间的距离（厘米）。

胫长：用卡尺测量从胫部上关节到第三、第四趾间的直线距离（厘米）。

胫围：棉线绕胫骨中部一周，测量其棉线的长度（厘米）。

半潜水长：用皮尺测量从嘴尖到髋骨连线中点的距离（厘米）。

2. 产肉性能　随机采取公、母鸭各 30 只以上，可按照当地上市日龄进行屠宰测定，并注明具体日龄。

（1）初生到 13 周龄各周体重，初生雏不能鉴别公、母分饲的，从 8 周龄开始公、母分别测定。

（2）8 周龄或 13 周龄及 300 日龄公、母鸭屠体重。

（3）**屠宰率** 宰后放血、去羽毛、脚角质层、趾壳和喙壳后的重量为屠体重。

$$屠宰率（\%）=\frac{屠体重}{宰前体重}\times100\%$$

（4）**半净膛重** 屠体去除气管、食道、嗉囊、肠、脾、胰、胆和生殖器官、肌胃内容物以及角质膜后的重量。

（5）**全净膛重** 半净膛重减去心、肝、腺胃、肌胃、肺、腹脂（保留头脚）的重量。

（6）**腿肌重** 去腿骨、皮肤、皮下脂肪后的全部腿肌的重量。

（7）**胸肌重** 沿着胸骨脊切开皮肤并向背部剥离，用刀切离附着于胸骨脊侧面的肌肉和肩胛部肌腱，即可将整块去皮的胸肌剥离，然后称重，即为胸肌重。

（8）**腹脂重** 腹部脂肪和肌胃周围脂肪的重量。

（9）**饲料转化比** 全程消耗饲料总量/总增重（初生至 8～13 周龄）。

（10）**存活率**

①育雏期存活率 育雏期末合格雏鸭数占入舍雏鸭数的百分比。

$$育雏期存活率（\%）=\frac{育雏期末合格雏鸭数}{入舍雏鸭数}\times100\%$$

②育成期存活率 育成期末合格育成鸭数占育雏期末入舍雏鸭数的百分比。

$$育成期存活率（\%）=\frac{育成期末合格育成鸭数}{育雏期末入舍雏鸭数}\times100\%$$

（11）**肉质性状**

①嫩度 利用物性分析测定仪，按 NY/T 1180—2006 要求检测。

②系水力　采用膨胀仪，按 GB/T 19676—2005 要求检测。

③pH　采用肉质专用 pH 计，按 GB9695.5—88 要求检测，试采用肌肉 pH 直测仪（opto - star）进行测定。

④肉色　称取新鲜胸肌 3 克（无筋腱和脂肪），剪碎，置于匀浆管中，加蒸馏水 4 毫升匀浆 10 分钟，将匀浆液移入离心管中，再用 2 毫升蒸馏水洗涤匀浆管，洗涤液一并倒入离心管，3 500 转/分，离心 10 分钟，取出离心管用滤纸将液面的脂肪除去，将上清液倒入比色杯中，用分光光度计在 540 纳米波长处测定光密度值（OD）。也可采用直测仪（opto - star）测定。

⑤肌苷酸含量　采用高效液相色谱仪，按 GB/T 19676—2005 要求检测。

⑥胸肌脂肪酸成分测定　采用气相色谱仪，按 GB/T 9695.2—2008 要求检测。

⑦肌内脂肪含量测定　按 GB/T 9695.1—1988 要求检测。

3. 蛋品质量

（1）蛋重单位为克。

（2）蛋形指数　用游标卡尺测量蛋的纵径和横径。以毫米为单位，精确度为 0.1 毫米。蛋形指数＝纵径/横径。

（3）蛋壳强度（选择测定）　将蛋垂直放在蛋壳强度测定仪上，钝端向上，测定蛋壳表面单位面积承受的压力，单位为千克/厘米^2。

（4）蛋壳厚度　用蛋壳厚度测定仪或游标卡尺测定，分别取钝端、中部、锐端的蛋壳，剔除内壳膜后，分别测量其厚度，求平均值。以毫米为单位，精确到 0.01 毫米。

（5）蛋的密度　用盐水漂浮法测定。测定蛋密度溶液的配制与分级：在 1 000 毫升水中加 NaCl 68 克，定为 0 级，以后每增加一级，累加 NaCl 4 克，然后用密度计对所配溶液进行校正。蛋的各级密度见表 4-5。

表 4 - 5　蛋比重分级

级别	0	1	2	3	4	5	6	7	8
密度	1.068	1.072	1.076	1.080	1.084	1.088	1.092	1.096	1.100

从 0 级开始，将蛋逐级放入配制好的盐水中，漂上来的最小盐水密度级，即为该蛋密度的级别。

(6) 蛋黄色泽　按罗氏（Roche）蛋黄比色扇的 30 个蛋黄色泽等级对比分级，统计各级的数量与百分比，求平均值。

(7) 蛋壳色泽　以白色、浅褐色（粉色）、褐色、深褐色、青色（绿色）等表示。

(8) 哈氏单位　取产出 24 小时内的蛋，称蛋重。测量破壳后蛋黄边缘与浓蛋白边缘的中点的浓蛋白高度（避开系带），测量成正三角形的 3 个点，取平均值。

$$哈氏单位 = 100 \cdot \lg(H - 1.7W^{0.37} + 7.35)$$

式中　H——浓蛋白高度（毫米）；

　　　W——蛋重（克）。

(9) 血斑和肉斑率　统计含有血斑和肉斑蛋的百分比，测定数不少于 100 个。

$$血斑和肉斑率（\%）=\frac{带血斑和肉斑蛋数}{测定总蛋数}\times100\%$$

(10) 蛋黄比率　$蛋黄比率（\%）=\frac{蛋黄重}{蛋重}\times100\%$

4. 繁殖性能

(1) 开产日龄

①个体记录群以产第一个蛋的平均日龄计算。

②群体记录时，蛋鸭按日产蛋率达 50% 时的日龄计算。

(2) 种蛋受精率　受精蛋占入孵蛋的百分比。血圈、血线蛋按受精蛋计数；散黄蛋按未受精蛋计数。

$$受精率（\%）=\frac{受精蛋数}{入孵蛋数}\times100\%$$

（3）**受精蛋孵化率**　出雏数占受精蛋数的百分比。

$$受精蛋孵化率（\%）=\frac{出雏数}{受精蛋数}\times100\%$$

（4）**产蛋数（要注明统计鸭数）**

①入舍母鸭产蛋数

$$入舍母鸭产蛋数（个）=\frac{统计期内的总产蛋个数}{入舍母鸭数}$$

②母鸭饲养日产蛋数

$$母鸭饲养日产蛋数（个）=\frac{统计期内的总产蛋个数}{平均日饲养母鸭只数}$$

③蛋重　包括开产蛋重及平均蛋重（300日龄左右）。

④就巢性有无及比例。

5. 产羽绒性能

（1）**烫褪毛产量**　指鸭烫煺毛的干重量。一般测肉用鸭上市时或成年时烫褪毛产量。

（2）**活拔毛产量**　即活体拔羽绒的产量。该指标要注明是1次活拔毛产量，还是1年活拔毛产量。一般活体拔羽只拔胸部、腹部、腿部、体侧、尾侧、头颈、翅膀，尾羽往往不拔。

（3）**含绒率**　在鸭的羽绒中，绒朵是最珍贵的部分。含绒率就是羽绒中所含绒朵的重量比。

$$含绒率（\%）=\frac{绒朵的重量}{羽绒的重量}\times100\%$$

二、育种记录

育种记录是育种工作的基础，及时、准确的各种育种记录有利于对鸭进行科学鉴定，以便于正确开展选种、选配和繁育工作，分析各种育种措施的成效。

1. 种鸭的编号与标记　在育种工作中，为了便于对种鸭个体各方面的情况进行详细地记录，就必须先给其编号并进行标志。育种场收集育种素材后，就需要制定一套简单易行的编号与标记系统。种鸭编号要求明确该个体的出生年份、品系、家系和性别等。通常采用的编号方式有翅号、脚号和肩号3种。

在鸭的育种工作中，种蛋是采用谱系孵化方法入孵的。入孵种蛋的锐端标有其父号和母号，雏鸭在系谱笼或袋中出壳，待绒毛干后立即取出编上翅号。翅号可采用6位数编号，以一个英文字母表示品系或家系，前两位代表父号，中间两位代表母号，后两位为本身顺序号。如"A231217"，其中A表示某一品系或家系，23表示父号，12表示母号，17表示个体号。采用这种编号系统，一看翅号就知道这只雏鸭的父母，再查记录就知道亲代的生产表现。翅号用薄铝片制成，将其穿过右翅尺骨与桡骨前侧的翅膜，圈带于翅上。翅号从雏鸭出生就应佩戴。脚号或肩号一般在产蛋前或配种前佩戴，并继续用于成年鸭，脚号戴在左脚上，肩号戴在右肩上。肩号用塑料制作，有多种颜色，可以明显区别品种或品系。脚号或肩号的编码比翅号简单些。如"10C22"其中，"10"代表出生年份，"C"代表品系或家系，"22"是个体号。编号时，一般公鸭用奇数，母鸭用偶数。另外，由于鸭的蹼较发达，可通过用编号钳在蹼间打洞或剪缺口的方法进行编号。

2. 鸭的育种记录 育种记录包括范围很广，凡是与育种有关的记录均在其内。有的记录既是通常的生产记录，又是必要的育种记录。育种记录按其性质可分为3类：第一类是原始记录，如编号记录、产蛋记录等，要在工作过程中随时按报表进行记录。这种记录要及时、真实、连续填写。第二类是分析记录，如种鸭卡片、鸭群系谱等，是对原始记录进行整理、转载后形成的具有分析性的育种记录。这类记录要求整理得当，分析合理。第三类是总结记录，如选育报告、育种工作总结等，是根据原始记录和分析记录进行计算、分析、研究而形成的总结性的育种工作记录。这类记录要求述之有据、论之有理。所有的育种记录应当用钢笔书写，不得用一般圆珠笔（国家明文规定可用作档案用笔的几种圆珠笔除外）、铅笔书写，字迹要清晰，避免涂改。各种育种记录均应定期收交，作技术档案长期妥善保存。

第五章

绿色安全饲料的生产与质量控制

由于现代育种技术的发展与应用，鸭的生产性能比以前有了大幅度提高，对饲料和营养的要求也更高；同时饲料安全生产对于鸭产品质量控制具有举足轻重的作用。这就要求我们要了解各种营养物质的作用和它们在各种饲料中的含量，参照饲养标准，配制出能满足蛋鸭不同阶段营养需要的最佳日粮，保证产品质量安全，提高经济效益。

第一节　鸭的日粮成分与营养需要

一、日粮的成分

日粮是以几种饲料原料（如谷物籽实、豆粕、动物加工副产物、脂肪及维生素、矿物质预混料）为基础的一种混合物。这些原料和水提供能量和营养素，满足鸭的生长、繁殖和健康所需。日粮中的营养成分包括碳水化合物、蛋白质与氨基酸、脂肪、矿物质、维生素和水。

1. 能量　鸭的一切生理活动过程，包括呼吸、循环、消化、吸收、排泄、体温调节、运动、生产产品等都需要能量。碳水化合物、脂肪和蛋白质是鸭维持生命和生产产品所需的主要能量来源。

碳水化合物是自然界中来源最多、分布最广的一种营养物质，是植物性饲料的主要组成部分。每克碳水化合物在鸭体内平均可产生 17.15 千焦热能。鸭主要是依靠碳水化合物氧化分解供给能量以满足生理活动和生产上的需要。多余的能量往往以糖元或脂肪的形式存贮于体组织中。

脂肪也是鸭重要的供能物质，每克脂肪氧化可产生 39.3 千焦能量，是碳水化合物的 2.25 倍。日粮中添加少量的油脂不仅可满足其高能量的需求，同时能提高能量的利用率和抗热应激能力。

脂肪又是脂溶性维生素的溶剂，它能促进维生素 A、维生素 D、维生素 E、维生素 K 及胡萝卜素的吸收和利用。在各种脂肪中，特别是在植物性油脂中，含有一种不饱和脂肪酸，叫亚油酸，它是鸭生长发育不可缺少的营养成分。亚油酸不足时，雏鸭生长缓慢，易患脂肪肝病和呼吸道病，种鸭产蛋量低，孵化率下降。

蛋白质一般在鸭能量供应不足的情况下才分解供能，但其能量利用的效率不如脂肪和碳水化合物，既不经济，还会增加肝、肾负担。因此，在配合日粮时，应将能量与蛋白质控制在适宜水平。

鸭对能量的需要受多种因素影响，如品种、性别、生长阶段等，一般产蛋母鸭的能量需要也高于非产蛋母鸭的能量需要；不同生长阶段鸭对能量的需要也不同，对于蛋用型鸭，其能量需要一般前期高于后期，后备鸭和种用鸭的能量需要也低于生长前期；对于肉用型鸭，其能量一般都维持在较高水平。另外，鸭对能量的需要还受饲养水平、饲养方式以及环境温度等因素的影响。自由采食时，鸭有调节采食量以满足能量需要的本能。日粮能量水平低时，采食量多；日粮能量水平高时，采食量少。由于日粮能量水平不同，鸭采食量会随之变化，这就会影响蛋白质和其他营养物质的摄取量。所以在配合日粮时应确定能量与蛋白质或氨基酸的比例，当能量水平发生变化时，蛋白质水平应按照这一比例作相应调整，避免鸭摄入的蛋白质过多或不足。对于温度的变化，在一定的范围内，鸭自身能通过调节作用来维持体温恒定，不需要额外增加能量。但超过了这一范围，就会影响鸭对能量的需要。当冷应激时，消耗的维持能量就多；而热应激时，鸭的采食量往往减少，最终会影响生长和产蛋量，可以通过在日粮中添加油脂、维生素C、氨基酸等方法来降低鸭的应激反应。

2. 蛋白质 蛋白质在鸭营养中占有特殊重要的地位，是碳水化合物和脂肪所不能替代的，必须由饲料提供。蛋白质之所以如此重要，是因为它在体内发挥着重要的生理功能。

蛋白质是构成鸭体内神经、肌肉、皮肤、血液、结缔组织、内脏器官以及羽毛、爪、喙等的基本组成成分，也是鸭形成肉、蛋的主要组成成分。蛋白质是形成机体活性物质（酶、激素）的主要原料；蛋白质是组织更新、修补的主要原料。在机体营养不足时，蛋白质也可分解供能，维持机体的代谢活动。

由于鸭采食的饲料蛋白质经胃液和肠液中蛋白酶的作用，最终都分解为氨基酸被吸收利用，因此，蛋白质营养实质上也就是氨基酸营养。

根据鸭营养需要，把氨基酸分为必需氨基酸和非必需氨基酸两大类。所谓必需氨基酸是指在鸭体内不能合成，或合成的数量与速度不能满足需要，必须由饲料供给的那些氨基酸。所谓非必需氨基酸，是指体内能够合成或需要较少，可以不必由饲料供给的那些氨基酸，而不是指鸭不需要这些氨基酸。

目前，鸭需要的必需氨基酸有11种，它们是赖氨酸、蛋氨酸、色氨酸、苯丙氨酸、亮氨酸、异亮氨酸、缬氨酸、苏氨酸、组氨酸、精氨酸、甘氨酸。在这些必需氨基酸中，往往有一种或几种必需氨基酸的含量低于鸭的需要量，而且由于它们的不足，限制了鸭对其他氨基酸的利用，并影响到整个日粮的利用率，因此，把这类氨基酸称为限制性氨基酸。生长期鸭特别需要赖氨酸，生长速度越快，生长强度越高，需要赖氨酸就越多，所以，赖氨酸被称为第一限制性氨基酸，又叫生长性氨基酸，在蛋鸭日粮中占 0.9% 左右；蛋氨酸在鸭体内的作用是多方面的，有 80 种以上的反应都需要蛋氨酸参与，故蛋氨酸又称为生命性氨基酸，在蛋鸭日粮中占 0.3%。

蛋白质的营养价值取决于组成蛋白质的氨基酸的种类与比例，如果氨基酸特别是必需氨基酸种类齐全，比例接近鸭的需要，蛋白质的营养价值就高。一般动物性饲料的营养价值高于植物性饲料，豆科饲料高于谷实类饲料。

鸭对蛋白质、氨基酸的需要量受饲养水平（氨基酸摄取量与采食量）、生产力水平（生长速度和产蛋强度）、遗传性（不同品种或品系）、饲料因素（日粮氨基酸是否平衡）等多种因素影响。

要提高饲料蛋白质营养价值，可采取以下措施：

（1）配制蛋白质水平适宜的日粮　蛋白质水平过低，不仅会影响鸭生长和产蛋率，如长期缺乏还会影响健康，导致鸭贫血、免疫功能降低，容易患其他疾病。蛋白质水平过高也不好，不仅造成蛋白质浪费，提高了饲料成本，还会加重肝、肾负担，容易使鸭患上痛风病，甚至瘫痪。

（2）通过添加蛋氨酸、赖氨酸等限制性氨基酸，来提高饲料蛋白质品质，使氨基酸配比更理想。

（3）注意日粮能量浓度与蛋白质、氨基酸的比值维持在较适宜水平，可用蛋白能量比或氨基酸能量比表示。如比值过高或过低，都将影响饲料蛋白质的利用。

（4）消除饲料中抗营养因子的影响　某些饲料如生大豆中含有胰蛋白酶抑制因子和植物皂素，高粱中含有单宁，这些物质都会降低消化率，影响饲料蛋白质的利用，可通过加热等方法来消除这些抗营养因子的影响。

（5）添加剂的使用　在饲料中添加一些活性物质如蛋白酶制剂、代谢调节剂、促生长因子以及某些维生素，能改善饲料蛋白质的品质，提高其利用率。

3. 矿物质   矿物质在鸭生命活动中起着重要作用。现已证明，在鸭体内具有营养生理功能的必需矿物元素有 22 种。按各种矿物质在鸭体内的含量不同，可分为常量元素和微量元素。把占鸭体重 0.01% 以上的矿物元素称为常量元素，包括钙、磷、镁、钠、钾、氯和硫；占鸭体重 0.01% 以下的元素称为微量元素，包括铁、锌、铜、猛、碘、硒、氟、钼、钒、砷、锡、镍。鸭对后几种必需元素的需要量极微，实际生产中基本上不出现缺乏症。

矿物质不仅是构成鸭骨骼、羽毛等体组织的主要组成成分，而且对调节鸭体内渗透压，维持酸碱平衡和神经肌肉正常兴奋性，都具有重要作用，同时，一些矿物元素还参与体内血红蛋白、甲状腺素等重要活性物质的形成，对维持机体正常代谢发挥着重要功能。另外，矿物质也是蛋壳等产品的重要原料。如果这些必需元素缺乏或不足，将导致鸭物质代谢的严重障碍，降低生产力，甚至导致死亡。如果这些矿物元素过多则会引起机体代谢紊乱，严重时也会引起中毒和死亡。因此，日粮中提供的矿物元素含量必须符合鸭营养需要。

（1）鸭需要的常量元素

①钙与磷   钙、磷是鸭体内含量最多的矿物质元素，其中 99% 以上的钙存在于骨髓中，余下的钙存在于血液、淋巴液及其他组织中。骨髓中的磷占全身总磷的 80% 左右，其余的磷分布于各器官组织和体液中。钙是构成骨髓和蛋壳的重要成分，参与维持肌肉和神经的正常生理功能，促进血液凝固，并且是多种酶的激活剂。磷不仅参与了骨髓的形成，在碳水化合物和脂肪代谢，以及维持细胞生物膜的功能和机体酸碱平衡方面，也起着重要作用。

鸭对钙的需要量，雏鸭和青年鸭为日粮的 0.9% 左右，产蛋鸭为日粮的 3.0% 左右，过多或过少，对鸭的健康、生长和产蛋都有不良影响。产蛋鸭需要磷多些，因为蛋壳及蛋黄中的卵磷脂、蛋黄磷蛋白中都含有磷。鸭在日粮中对有效磷的需要量，雏鸭为 0.40%，青年鸭为 0.30%，产蛋鸭为 0.40%。且钙和磷（有效磷）要有适当比例。

钙、磷的代谢与维生素 D 有密切关系。维生素 D 有促进钙、磷吸收的作用。维生素 D 缺乏时，钙和磷虽有一定数量和适当比例，产蛋母鸭也会生软壳蛋，生长鸭也会引起软骨症。

鸭很容易发生钙、磷缺乏症，其中缺钙更容易发生，表现为：雏鸭出现软骨症，关节肿大，骨端粗大，腿骨弯曲或瘫痪，胸骨呈 S 型；成年鸭蛋壳变薄，产软壳蛋、畸形蛋，产蛋率和孵化率下降。鸭缺磷时，往往食欲不振，生长缓慢，饲料转化率降低。日粮中钙、磷过多对鸭生长也不利，并影响到其他营养物质的吸收利用。钙过多，饲料适口性差，影响采食量，并会阻碍磷、锌、锰、铁、碘等元素的吸收；磷过多也会降低钙、镁的利用率。

生产上能作为补充钙或磷的饲料种类很多，常用的有骨粉、石灰石粉、贝壳粉、磷酸氢钙、沸石等。

②钠、氯和钾 主要分布在鸭体液和软组织中，其主要作用是维持机体正常渗透压和酸碱平衡，控制水盐代谢。

由于鸭没有贮存钠的能力，很容易缺乏，表现为采食量减少，生长缓慢，产蛋率下降，并发生啄癖。一般植物性饲料都缺乏钠和氯，因此，必须在饲料中经常添加食盐。鸭日粮中食盐添加量一般为 0.25%～0.5%，不能过多，否则易引起食盐中毒，特别是在饲喂含盐分高的饲料（如鱼粉）时，更应注意。

鸭对钾的需要量一般占饲料干物质的 0.2%～0.3%，由于在植物性饲料中钾的含量丰富，因此，不必额外补充钾。

③镁和硫 镁也是鸭体内分布广、含量高的矿物元素。其中 70% 左右在骨中，其余在体液、软组织和蛋壳中。镁在植物性饲料中含量丰富，一般不需给鸭专门补充。镁参与骨髓的生长，在维持神经、肌肉兴奋性方面起着重要作用。镁不足，鸭的神经、

肌肉兴奋性增加，产生"缺镁痉挛症"。

鸭体内含硫约 0.15%，分布于全身几乎所有细胞，为胱氨酸、半胱氨酸、蛋氨酸等含硫氨基酸的组成部分。鸭的羽毛、爪等角蛋白中都含有大量的硫。

硫对于蛋白质的合成、碳水化合物的代谢和许多激素、羽毛的形成均有重要作用。动物性蛋白供应丰富时，一般不会缺硫，多数微量元素添加剂都是硫酸盐，当使用这些添加剂时，鸭也不会缺硫。日粮中胱氨酸和蛋氨酸缺乏时会造成缺硫。缺硫时，食欲减退、掉毛，并常因体质虚弱而引起死亡。饲料中缺硫时可补饲硫酸钠、蛋氨酸或一些维生素。

（2）鸭需要的微量元素

①铁、铜和钴　这三种元素都与机体造血机能有关。铁是组成血红蛋白、肌红蛋白、细胞色素及多种氧化酶的重要成分，在体内担负着输送氧的作用。铜与铁的代谢有关，参与机体血红蛋白的形成，鸭体内铁和铜缺乏时，都会引起贫血，但由于饲料中含铁量丰富，同时，鸭能较好利用机体周转代谢产生的铁，因此，鸭一般不易缺铁。缺铜还会影响骨髓发育，引起骨质疏松，出现腿病。另外，日粮中缺铜还会出现食欲不振、异食嗜症、运动失调和神经症状。钴是维生素 B_{12} 的组成成分，参与了机体造血机能，并具有促生长作用。缺钴时一般表现为生长缓慢、贫血、骨粗短、关节肿大。鸭日粮中一般含钴不少，加之需要量较低，故不易出现缺钴现象。日粮中一般利用硫酸亚铁、氯化铁、硫酸铜、氯化钴或硫酸钴等来防止鸭发生铁、铜或钴缺乏症。

②锰　锰参与体内蛋白质、脂类和碳水化合物代谢，对鸭的生长、繁殖和骨髓的发育有重要影响。缺锰时，雏鸭骨骼发育不良，生长受阻，体重下降，易患"溜腱症"、骨粗短症。成年鸭产蛋量下降，种蛋孵化率降低，产薄壳蛋，死胚增多。

鸭对锰的需要量有限，一般植物性饲料中都含有锰元素，其中青绿饲料及糠麸类饲料含锰丰富，因而不易发生缺乏症。日粮中钙、磷含量过多，会影响锰的吸收，加重锰的缺乏症。生产上常以硫酸锰、氧化锰来满足锰的需要。

③锌　锌参与体内三大营养物质代谢和核糖核酸、脱氧核糖核酸的生物合成，与羽毛生长、皮肤健康、骨髓发育和繁殖机能有关。鸭缺锌时，食欲不振，体重减轻，羽毛生长不良，毛质松脆，跖骨粗短，表面呈鳞片样，产软壳蛋，孵化率降低，死胚增多，健雏率下降。

植物性饲料中含锌量有限，而且利用率低，日粮中通常需补充锌，补饲一般选用硫酸锌或氧化锌，但应注意，钙、锌存在拮抗作用，日粮中钙过多会增加鸭对锌的需要量。

④碘　碘是构成甲状腺素的重要成分，并通过甲状腺素的机能活动对鸭机体物质代谢起调节作用，能提高基础代谢率，增加组织细胞耗氧量，促进生长发育，维持正常繁殖机能。缺碘时，甲状腺素合成不足，基础代谢率降低，生长受阻、繁殖力下降，种蛋孵化率降低。

由于谷物籽实类饲料中含碘量极低，常不能满足鸭的需要，特别是在缺碘地区，更加需要在日粮中添加碘制剂。一般碘化钾和碘酸钙是较有效和稳定的碘源，碘酸钙优于碘化钾。

⑤硒　硒是谷胱甘肽过氧化物酶的组成成分，以硒半胱氨酸的形成存在于其中，与维生素 E 间存在协同作用，能节省鸭对维生素 E 的需要量，有助于清除体内过氧化物，对保护细胞脂质膜的完整性，维持胰腺正常功能具有重要作用。

鸭硒缺乏症表现为精神沉郁、食欲减退、生长迟缓、渗出性素质及肌肉营养不良，并引起肌胃变性、坏死和钙化，产蛋率和孵化率降低，机体免疫功能下降。

蛋鸭对硒的需要量极微，但由于我国大部分地区是缺硒地域，很多饲料的硒含量与利用率又很低，故一般需要在日粮中添加硒，添加量一般为 0.30 毫克/千克，多以亚硒酸钠形式添加。

硒是一种毒性很强的元素，其安全范围很小，容易发生中毒，因此在配合日粮时，应准确计量，混合均匀，并要求预混合。

⑥氟　氟在鸭体内的含量极少，$60\%\sim80\%$存在于骨髓中。氟能促进骨髓的钙化，提高骨髓的硬度。鸭对氟的需要量很少，一般不易缺乏，经常的情况是摄入的氟往往过多，从而引起累积性中毒。这是因为采食了未脱氟的磷灰石，或饮用了含氟量高的地下水。

鸭氟中毒的临床表现主要为精神沉郁，采食量下降；软腿、无力站立、喜伏于地面，行走困难；蛋壳质量下降。

其他一些微量元素虽然为鸭所必需，但在自然条件下一般不易缺乏，无需补充。

4. 维生素　维生素是一类具有高度生物学活性的低分子有机化合物。它不同于其他营养物质，既不提供能量，也不作为动物体的结构物质。虽然动物对维生素的需要量甚微，但作用极大，起着调节和控制机体代谢的作用。多数维生素是以辅酶或催化剂的形式参与代谢过程中的生化反应，保证细胞结构和功能的正常。鸭消化道短，体内合成的维生素很难满足需要，当日粮中维生素缺乏或吸收不良时，常会导致特定的缺乏症，引起鸭机体内的物质代谢紊乱，甚至发生严重疾病，直至死亡。

维生素按其溶解性可分为脂溶性维生素和水溶性维生素两大类。脂溶性维生素可在体内蓄积，短时间饲料中缺乏，不会造成缺乏症。而水溶性维生素在鸭体内不能贮存，需要经常由饲料提供，否则就容易引起缺乏症。

（1）脂溶性维生素

①维生素 A（视黄醇）　又称抗干眼病维生素，包括视黄醇、视黄醛、视黄酸，在空气和光线下易氧化分解。维生素 A 仅存在于动物体内，植物性饲料中仅含有胡萝卜素，又称维生素 A 原。胡萝卜素经鸭肝脏和肠壁，胡萝卜素酶的作用可不同程度地转变为维生素 A。

维生素 A 的主要生理功能是维持一切上皮组织结构的完整性，保护皮肤和黏膜，促进机体和骨髓生长，并与视觉有关。缺乏时，鸭易患夜盲症，泪腺的上皮细胞角化且分泌减少，发生干眼病，甚至失明。由于上皮组织增生，影响到消化道、呼吸道及泌尿生殖道黏膜的功能，导致鸭抵抗力降低，易患各种疾病，产蛋量减少，饲料利用率降低。雏鸭生长发育受阻，骨髓发育不良。种蛋受精率和孵化率降低。

蛋鸭维生素 A 的最低需要量一般在每千克日粮 4 000 国际单位。过量会引起中毒。维生素 A 主要存在于鱼肝油、蛋黄、肝粉、鱼粉中。青绿饲料、胡萝卜等富含胡萝卜素。

②维生素 D　又称抗佝偻病维生素。维生素 D 为类固醇衍生物，对鸭有营养作用的是维生素 D_2 和维生素 D_3，其中维生素 D_3 的效能比维生素 D_2 高 20～30 倍。

维生素 D 与钙、磷的吸收和代谢有关。能调节鸭体内钙、磷代谢，增加肠对钙、磷的吸收，促进软骨骨化与骨髓发育。另外维生素 D 还能促进蛋白质合成，提高机体免疫功能。

维生素 D 缺乏将导致钙、磷代谢障碍，发生佝偻病、骨软化症、关节变形、肋骨弯曲。蛋鸭产软壳蛋、薄壳蛋。鸭在集约化饲养时，容易发生维生素 D 缺乏症，放牧饲养时则不易缺乏。

日粮中的钙、磷比例与维生素 D 的需要量的多少有关。两者比例越符合机体的需要，所需的维生素 D 的量也越少。维生素 D 在鱼肝油、酵母、蛋黄、肝脏中含量丰富。人工补饲常用维生素 D_3。

③维生素 E（生育酚）　又称抗不育症维生素，有 α、β、γ、δ 四种结构，一般指 α-生育酚。维生素 E 在鸭体内起催化、抗氧化作用，维护生物膜的完整性，有保护生殖机能、提高机体免疫力和抗应激能力的作用，并与神经、肌肉组织代谢有关。缺乏维生素 E 时，雏鸭发生脑软化症，步态不稳，死亡率高。毛细血管通透性增高引起皮下水肿——渗出性素质。肌肉营养不

良，出现白肌病。种鸭繁殖机能紊乱，产蛋率和受精率降低，胚胎死亡率提高。

维生素 E 与硒存在协同作用，能减轻缺硒引起的缺乏症。另外，由于维生素 E 的抗氧化作用，可保护维生素 A。但维生素 A 与维生素 E 存在吸收竞争，因此维生素 A 的用量加大时要同时加大维生素 E 的供给量。

维生素 E 主要存在于植物性饲料中，其中谷实胚芽中含量最高，新鲜青绿饲料及植物油也是维生素 E 的重要来源。

④维生素 K，又称凝血维生素和抗出血维生素，是萘醌的衍生物，有维生素 K_1、维生素 K_2、维生素 K_3 三种形式，其中维生素 K_1、维生素 K_2 是天然的，维生素 K_3 是人工合成的，能部分溶于水。

维生素 K 的主要生理功能是促进动物肝脏合成凝血酶原及凝血活素，并使凝血酶原转化为凝血酶，是维持正常凝血所必需的成分。缺乏时，雏鸭皮下组织及胃肠道易出血而呈现紫色血斑，种蛋孵化率和健雏率都低。

维生素 K 主要存在于青绿饲料中。人工添加的多是人工合成的维生素 K_3。生产上多种因素会加大鸭对维生素 K 的需要量，如饲料霉变，长期使用抗生素和磺胺类药物，以及一些疾病的发生等。

（2）水溶性维生素

①维生素 B_1（硫胺素）　参与体内糖代谢。当维生素 B_1 缺乏时丙酮酸不能被氧化，造成神经组织中丙酮酸和乳酸的积累，能量供应减少，以致影响神经组织、心肌的代谢和机能，出现多发性神经炎、肌肉麻痹，腿伸直，头颈扭转，痉挛。另外，维生素 B_1 能抑制胆碱酯酶活性，减少乙酰胆碱的水解，具有促进胃肠道蠕动和腺体分泌，保护胃肠的功能，若缺乏，则出现消化不良，食欲不振，体重减轻等症状。雏鸭对维生素 B_1 缺乏较敏感。

维生素 B_1 主要存在于谷实类饲料的种皮和胚中，尤其是加工副产品糠麸和酵母中含量较高。蛋鸭对维生素 B_1 的需要量一般为每千克日粮 1～2 毫克，通常以添加剂的形式补充。一些新鲜鱼和软体动物内脏中含有较多的硫胺胺酶，会破坏维生素 B_1，故最好不要生喂。

②维生素 B_2（核黄素）　参与生物氧化过程，与碳水化合物、脂肪和蛋白质代谢有关。鸭缺乏维生素 B_2，会引起代谢紊乱，出现多种症状，主要是跗关节着地，趾向内弯曲成拳状（蜷曲爪）。鸭生长缓慢、腹泻、垂翅、产蛋率下降，种蛋孵化率极低。

维生素 B_2 与主要存在于青绿饲料、干草粉、饼粕类饲料、糠麸及酵母中，动物性饲料中含量也较高。而谷类籽实、块根、块茎类饲料中含量很少。因此，雏鸭更容易发生维生素 B_2 缺乏症。蛋鸭对维生素 B_2 的最低需要量一般为每千克日粮 4～5 毫克。高能量高蛋白日粮、低温环境以及抗生素的使用等因素，会加大对维生素 B_2 的需要量。

③维生素 B_3（泛酸）　以乙酰辅酶 A 形式参与机体代谢，同时也是体内乙酰化酶的辅酶，对糖、脂肪和蛋白质代谢过程中的乙酰基转移具有重要作用。缺乏时，鸭易发生皮炎、羽毛粗乱，生长受阻；胫骨短粗，啄喙、眼及肛门边、爪间及爪底的皮肤裂口发炎，形成痂皮。种蛋孵化率下降，胚胎死亡率升高。

维生素 B_3 广泛存在于动植物饲料中，酵母、米糠和麦麸是良好的维生素 B_3 来源。鸭一般不会发生维生素 B_3 缺乏症，但玉米—豆粕型日粮中需添加维生素 B_3，其商品形式为泛酸钙。蛋鸭对维生素 B_3 的需要量一般为每千克日粮 10～20 毫克。

④维生素 B_4（胆碱）　是体内卵磷脂的组成成分，与磷脂代谢有关，有防治脂肪肝的作用。鸭胆碱缺乏表现为脂肪代谢障碍，形成脂肪肝；胫骨粗短，关节变形出现溜腱症；生长迟缓，产蛋率下降，死亡率升高。

维生素 B_4 与其他水溶性维生素不同，在体内可以合成，并且作为体组织的结构成分而发挥作用，故鸭对维生素 B_4 的需要量比较大，体内合成的量往往不能满足，必须在日粮中添加。鸭对维生素 B_4 的需要量约为每千克饲料 500～2 000 毫克不等。

⑤维生素 B_5（烟酸）　又叫尼克酸，在能量利用及脂肪、碳水化合物和蛋白质代谢方面都有重要作用，具有保护皮肤黏膜的正常机能。

雏鸭缺乏维生素 B_5 时，食欲不振，生长缓慢，羽毛粗乱，皮肤和脚有鳞状皮炎，跗关节肿大，类似骨粗短症，溜腱症；成年鸭发生"黑舌病"，羽毛脱落，产蛋量、孵化率下降。

维生素 B_5 在酵母、麸皮、青绿饲料、动物蛋白饲料中含量丰富。玉米、小麦、高粱等谷物中的烟酸大多呈结合状态，鸭利用率低，需要在日粮中补充。蛋鸭对烟酸的需要量约为每千克日粮 50～70 毫克。

⑥维生素 B_6（吡哆醇）　包括吡哆醇、吡哆胺和吡哆醛，参与蛋白质代谢。缺乏时，食欲不振，增重缓慢。皮下水肿，脱毛，中枢神经紊乱，兴奋性增高，痉挛，拍打翅膀或翅膀下垂，常衰竭而死。成年鸭产蛋率和孵化率下降。

植物性饲料中含有较多的维生素 B_6，动物性饲料及块根块茎中含量较少。鸭一般不会发生维生素 B_6 缺乏，当日粮中蛋白质水平较高时，会提高鸭对维生素 B_6 的需要量。蛋鸭对维生素 B_6 的需要量一般为每千克日粮 2～4 毫克。

⑦维生素 B_7（生物素），又称维生素 H，是鸭体内许多羧化酶的辅酶，参与了体内三大营养物质代谢。缺乏维生素 B_7 时，鸭生长缓慢，羽毛干燥，易患溜腱症与胫骨粗短症，爪底、喙边及眼睑周围裂口变性发炎，产蛋率和孵化率降低，胚胎骨髓畸形，呈鹦鹉嘴。

维生素 B_7 广泛存在于动植物蛋白质饲料和青绿饲料中，鸭一般不会出现维生素 B_7 缺乏症，但饲料霉变，日粮中脂肪酸败以及抗生素的使用等因素会影响鸭对维生素 B_7 的利用。

⑧维生素 B_{11}（叶酸）　在植物的绿叶中含量十分丰富，故称叶酸。与蛋白质和核酸代谢有关，能促进红细胞和血红蛋白的形成。

缺乏叶酸时生长受阻，羽毛脱色，溜腱症，巨红细胞性贫血与白细胞减少，产蛋率、孵化率下降，胚胎死亡率高。

鸭通常不会发生维生素 B_{11} 乏症，但长期饲喂磺胺类药物或广谱抗菌药，可能会发生。

⑨维生素 B_{12}（氰钴素）　在体内参与许多物质代谢过程，与维生素 B_{11} 协同参与核酸和蛋白质的生物合成，维持造血机能的正常运转。

缺乏维生素 B_{12}，鸭生长停滞，羽毛粗乱，贫血，肌胃糜烂，饲料转化率低，骨粗短，种蛋孵化率降低，弱雏增多。

维生素 B_{12} 主要存在于动物性饲料中，其中鱼粉、肝脏、肉粉中含量较高，植物性饲料几乎不含维生素 B_{12}。鸭日粮中只要动物性饲料充足，一般不会发生维生素 B_{12} 缺乏症，但可作为促生长因子添加到饲料中。

⑩维生素 C（抗坏血酸）　参与体内一系列代谢过程。具有抗氧化作用，保护机体内其他化合物免受氧化，能提高机体的免疫力和抗应激能力。

维生素 C 缺乏，发生坏血病，毛细血管通透性增大，黏膜出血，机体贫血，生长停滞，代谢紊乱，抗感染与抗应激能力降低，可能还会影响到蛋壳质量。

鸭体内可由葡萄糖合成维生素 C，故一般不会出现维生素 C 缺乏症。但生长迅速，生产力高，处于高温、疾病、饲料变化、转群、接种等应激情况下的鸭群仍需另行补饲。

鸭对维生素的需要量受生理特点，生产水平，饲养方式，应激，维生素颉颃物，饲料加工、贮存，抗菌药物，日粮营养浓度，健康状况等多种因素影响。

需要注意的是我国及美国 NRC 提出的维生素需要量都只接近防止临床缺乏症出现的最低需要量，此时鸭虽不表现出缺乏症，但生产性能并非最佳。而满足鸭充分发挥遗传潜力、表现最佳生产性能所需要的量，称为适宜需要量。很显然，适宜需要量高于最低需要量。在生产实际中，实际添加量即供给量还比适宜需要量高，这是因为考虑到鸭个体间的差异、影响维生素的一些因素，以及为使鸭获得最佳抗病力和抗应激能力而增加的一个安全系数。通常在适宜需要量的基础上增加 10%，但不可一概而论，应具体情况具体对待。

5. 水　水是鸭体成分中含量最多的一种营养素，分布于多种组织、器官及体液中。水分在养分的消化吸收与转运及代谢产物的排泄、电解质代谢与体温调节上均起着重要作用。鸭是水禽，在饲养中应充分供水，如饮水不足，会影响饲料的消化吸收，阻碍分解产物的排出，导致血液浓稠，体温升高，生长和产蛋都会受到影响。一般缺水比缺料更难维持鸭的生命，当体内损失 1%～2% 水分时，会引起食欲减退，损失 10% 的水分会导致代谢紊乱，损失 20% 则发生死亡现象。高温季节缺水的后果比低温更严重，因此，必须向鸭提供足够的清洁饮水。

鸭体内水的来源主要有饮水、饲料水及代谢水，其中饮水是鸭获得水的主要来源，占机体需水量的 80% 左右，因此在饲养鸭时要提供充足饮水，同时要注意水质卫生，避免有毒、有害及病原微生物的污染。鸭不断地从饮水、饲料和代谢过程中取得所需要的水分，同时还必须把一定量的水分排出体外，方能维持机体的水平衡，以保持正常的生理活动和良好的生长发育以及生产蛋肉产品。体内水分主要经肾脏、肺和消化道排出体外，其中经肾排出的水分占 50% 以上，另外还有一部分水随皮肤和蛋排出体外。

鸭的需水量受环境温度、年龄、体重、采食量、饲料成分和饲养方式等因素的影响。一般温度越高，需水量越大；采食的干物质越多，需水量也越多；饲料中蛋白质、矿物质、粗纤维含量多，需水量会增加，而青绿多汁饲料含水量较多则饮水减少；另外，生产性能不同，需水量也不一样，生长速度快、产蛋多的鸭需水量较多。反之则少。生产上一般对圈养鸭要考虑提供饮水，可根据采食含干物质的量来估计鸭对水的需要量。

二、鸭的营养需要

1. 蛋鸭的营养需要量　蛋鸭的饲养期分成育雏期、育成期和产蛋期。由于育成期时间跨度大，可依据蛋鸭的生长发育规律作适当调整。用富营养的日粮进行饲喂时，应采取限制饲养措施，以免产生过多的脂肪沉积，影响产蛋性能。浙江省农业科学院畜牧兽医研究所经过反复试验研究，提出了蛋鸭的营养成分建议用量（表5-1）。

表5-1　蛋鸭的营养成分建议用量

项　目	育雏期 0～4周龄	育成期 5周龄～开产	产蛋期 开产～72周龄
代谢能（兆焦/千克）	11.7	11.2	11.4
粗蛋白质（%）	20	16	18
蛋氨酸+胱氨酸（%）	0.70	0.60	0.70
赖氨酸（%）	0.9	0.70	0.90
钙（%）	1.0	0.8	3.0
氯（%）	0.12	0.12	0.12
钠（%）	0.15	0.15	0.15
非植酸磷（%）	0.40	0.30	0.40
镁（毫克/千克）	500	500	500
铜（毫克/千克）	8	8	8
铁（毫克/千克）	80	80	80
锌（毫克/千克）	75	60	100
锰（毫克/千克）	80	80	100

（续）

项　目	育雏期 0～4 周龄	育成期 5 周龄～开产	产蛋期 开产～72 周龄
碘（毫克/千克）	0.4	0.4	0.4
硒（毫克/千克）	0.3	0.3	0.3
维生素 A（国际单位/千克）	4 000	4 000	4 000
维生素 D（国际单位/千克）	400	400	900
维生素 E（国际单位/千克）	10	10	10
维生素 K（毫克/千克）	0.5	0.5	0.5
维生素 B_1（毫克/千克）	1	1	1
维生素 B_2（毫克/千克）	5	5	5
维生素 B_3（毫克/千克）	12	12	10
维生素 B_5（毫克/千克）	60	60	60
维生素 B_6（毫克/千克）	3	3	3
维生素 B_{12}（毫克/千克）	0.020	0.015	0.015
生物素（毫克/千克）	0.030	0.030	0.030

2. 肉蛋兼用型鸭的营养需要量　根据肉蛋兼用型鸭的生长发育特点，将鸭从出壳到上市的全部生长期划分为 3 个阶段：育雏期（0～3 周龄）、生长期（4～8 周龄）和肥育期（9 周龄～上市）。中国农业科学院畜牧兽医研究所水禽科学研究室、浙江省农业科学院畜牧兽医研究所经过试验研究和验证，提出了肉蛋兼用型鸭的营养成分推荐用量（表 5 - 2）。

表 5 - 2　肉蛋兼用型鸭的营养成分推荐用量

项　目	育雏 0～3 周龄	生长期 4～8 周龄	肥育期 9 周龄～上市
代谢能（兆焦/千克）	11.91	12.12	12.12
粗蛋白质（%）	20.0	17.5	15.5
蛋氨酸（%）	0.47	0.40	0.35
蛋氨酸＋胱氨酸（%）	0.80	0.70	0.60

（续）

项　　目	育雏 0～3 周龄	生长期 4～8 周龄	肥育期 9 周龄～上市
赖氨酸（%）	1.10	0.85	0.65
苏氨酸（%）	0.75	0.60	0.50
色氨酸（%）	0.20	0.18	0.16
纤维素（%）	4.00	4.00	4.00
钙（%）	0.90	0.85	0.80
非植酸磷（%）	0.42	0.38	0.35
总磷（%）	0.65	0.60	0.60
食盐（%）	0.30	0.30	0.30
维生素 A（国际单位/千克）	6 000	6 000	4 000
维生素 D_3（国际单位/千克）	2 000	2 000	1 000
维生素 E（国际单位/千克）	20	20	10
维生素 K_3（毫克/千克）	2	2	2
维生素 B_1（毫克/千克）	2	1.5	1.5
维生素 B_2（毫克/千克）	8	8	8
维生素 B_3（毫克/千克）	10	10	10
维生素 B_4（毫克/千克）	1 000	1 000	1 000
维生素 B_5（毫克/千克）	50	30	30
维生素 B_6（毫克/千克）	3	3	3
维生素 B_7（毫克/千克）	0.20	0.20	0.20
维生素 B_{11}（毫克/千克）	1.0	1.0	1.0
维生素 B_{12}（毫克/千克）	0.02	0.02	0.02
铜（毫克/千克）	8	8	8
铁（毫克/千克）	60	60	60
锰（毫克/千克）	100	100	100
锌（毫克/千克）	40	40	40
硒（毫克/千克）	0.20	0.20	0.20
碘（毫克/千克）	0.20	0.20	0.20

第二节　鸭常用饲料

　　饲料通常可以分为能量饲料、蛋白质饲料、青绿饲料、矿物质饲料、维生素饲料及饲料添加剂等。不同饲料差异很大，了解各种饲料的营养特点与影响其品质的因素，对于合理调制和配合日粮，提高饲料的营养价值具有重要意义。

一、鸭常用饲料的种类

　　1. 能量饲料　能量饲料是指饲料干物质中粗纤维含量小于18％，粗蛋白质含量小于20％的饲料。这类饲料在鸭日粮中占的比重较大，是能量的主要来源，包括谷实类及其加工副产品。

　　（1）谷实类　谷实类饲料包括玉米、大麦、小麦、高粱等粮食作物的籽实。其营养特点是淀粉含量高，有效能值高，粗纤维含量低，适口性好，易消化。但粗蛋白质含量低，氨基酸组成不平衡，色氨酸、赖氨酸、蛋氨酸少，生物学价值低；矿物质中钙少磷多，植酸磷含量高，鸭不易消化吸收；另外缺少维生素 D。因此在生产上应与蛋白质饲料、矿物质饲料和维生素饲料配合使用。

　　①玉米　玉米号称"饲料之王"，在配合饲料中占的比重很大，其有效能值高，代谢能含量达 13.50～14.04 兆焦/千克。但玉米的蛋白质含量低，只有 7.5％～8.7％，必需氨基酸不平衡，矿物质元素和维生素缺乏。在配合饲料中需补充其他饲料和添加剂。

　　黄玉米中含有胡萝卜素和叶黄素，对保持蛋黄、皮肤及脚部的黄色具有重要作用。

　　粉碎的玉米水分高于 14％时，易发霉变质，应及时使用，如需长期贮存以不粉碎为好。

②大麦　大麦含代谢能 11.5 兆焦/千克左右，比玉米低，粗纤维含量高于玉米，但粗蛋白质含量较高，约 11%～12%，且品质优于其他谷物。大麦在鸭饲粮中的用量一般为 15%～30%，雏鸭应限量使用。

③小麦　小麦含能量高，代谢能约为 12.6 兆焦/千克，粗纤维少，适口性好，其粗蛋白质含量在禾谷类中最高，达 12%～15%，但苏氨酸、赖氨酸缺乏，钙、磷比例也不当，使用时必须与其他饲料配合。

④高粱　高粱代谢能在 12.0～13.7 兆焦/千克，蛋白质含量与玉米相当，但品质较差，其他成分与玉米相似。由于高粱含单宁较多，味苦，适口性差，并影响蛋白质、矿物质的利用率，因此在鸭日粮中应限量使用，不宜超过 15%。低单宁高粱其用量可适当提高。

⑤燕麦　燕麦代谢能为 11 兆焦/千克左右，粗蛋白质 9%～11%，含赖氨酸较多，但粗纤维含量也高，达到 10%，故不宜在雏鸭和种用鸭中过多使用。

(2) 糠麸类　糠麸类饲料是谷类籽实加工成米或制粉后的副产品，其营养特点是无氮浸出物比谷实类饲料少，粗蛋白含量与品质居于豆科籽实与禾本科籽实之间，粗纤维与粗脂肪含量较高，易酸败变质，矿物质中磷大多以植酸盐形式存在，钙、磷比例不平衡。另外，糠麸类饲料来源广、质地松软、适口性好。

①麦麸　麸包括小麦、大麦等的麸皮，含蛋白质、磷、镁和 B 族维生素较多，适口性好，质地蓬松，具有轻泻作用，是饲养鸭的常用饲料，但粗纤维含量高，应控制用量。一般雏鸭和产蛋期鸭麦麸用量占日粮的 5%～15%，育成期占 10%～25%。

②米糠　米糠是糙米加工成白米时分离出的种皮、糊粉层、胚及少量胚乳的混合物。其营养价值与加工程度有关。含粗蛋白质 12% 左右，钙少磷多，B 族维生素丰富，粗脂肪含量高，易酸败变质，天热不宜长久贮存。由于米糠中粗纤维也多，影响了

消化率，同样应限量使用。一般雏鸭米糠用量占日粮的 5%～10%，育成期 10%～20%。

（3）块根、块茎和瓜类　这类饲料含水分高，自然状态下一般为 70%～90%。干物质中淀粉含量高，纤维少，蛋白质含量低，缺乏钙、磷，维生素含量差异大。常用的有甘薯、马铃薯、胡萝卜、南瓜等，由于适口性好，鸭都喜欢吃，但养分往往不能满足需要，饲喂时应配合其他饲料。

2. 蛋白质饲料　蛋白质饲料是指干物质中粗纤维含量在 18% 以下，粗蛋白含量大于或等于 20% 的饲料。可分为植物性蛋白质饲料、动物性蛋白质饲料、单细胞蛋白质饲料和合成氨基酸四类。

（1）植物性蛋白质饲料　植物性蛋白质饲料包括豆科籽实、饼粕类及部分糟渣类饲料。鸭常用的是饼粕类饲料，它是豆科籽实和油料籽实提油后的副产品，其中压榨提油后块状副产品称作饼，浸提出油后的碎片状副产品称为粕。常见的有大豆饼粕、菜子饼粕、棉子饼粕、花生饼粕等。这类饲料的营养特点是粗蛋白含量高，氨基酸较平衡，生物学价值高；粗脂肪含量因加工方法不同差异较大，一般饼类含油量高于粕类；粗纤维的含量与加工时有无壳有关；矿物质中钙少磷多；B 族维生素含量丰富。这类饲料往往含有一些抗营养因子，使用时应注意。

①大豆饼（粕）　是所有饼粕类饲料质量最好的，蛋白质含量达 40%～50%，赖氨酸含量高，与玉米配合使用效果较好，但蛋氨酸含量偏低。另外，生豆饼和生豆粕中含有胰蛋白酶抑制因子、血凝素、皂角素等抗营养因子，会影响蛋白质的利用，可以通过加热处理来破坏这些有害物质，但加热不当也会对蛋白质产生热损害，影响赖氨酸的吸收和利用。大豆饼、粕可作为蛋白质饲料的唯一来源来满足鸭对蛋白质的需要，适当添加蛋氨酸和赖氨酸，基本上可配制氨基酸平衡的日粮。

②菜子饼（粕）　油菜子榨油后所得的副产品为菜子饼

（粕）。其粗蛋白质含量在 36％左右，蛋氨酸含量高，但所含硫葡萄糖苷在芥子酶作用下，可分解为异硫氰酸盐和噁唑烷硫酮等有毒物质，会引起动物甲状腺肿大，激素分泌减少，生长和繁殖受阻，并影响采食量。因此在实际使用时应限量饲喂，一般占日粮的 5％～8％为宜，如果与棉子饼配合使用效果较好。

③棉子饼（粕） 棉子饼是提取棉子油后的副产品，含粗蛋白质 32％～37％，脱壳的棉子饼粗蛋白质可达 40％，精氨酸含量高，但赖氨酸和蛋氨酸含量偏低。棉子饼（粕）中存在游离棉酚，会影响动物细胞、血液和繁殖机能，在日粮中应控制用量，雏鸭及种用鸭不超过 8％，其他鸭不超过 10％～15％。

（2）动物性蛋白质饲料 这类饲料主要是水产品、肉类、乳和蛋品加工的副产品，还有屠宰场和皮革厂的废弃物及缫丝厂的蚕蛹等。其共同特点是蛋白质含量高，品质好，矿物质丰富，比例适当，B 族维生素丰富，特别富含维生素 B_{12}。另外一个特点是碳水化合物含量极少，不含纤维素，因此消化率高，但含有一定数量的油脂，容易酸败，影响产品质量，并容易被病原细菌污染。

①鱼粉 包括进口鱼粉和国产鱼粉。进口鱼粉主要来自秘鲁、智利等国，一般由鳕鱼、鲱鱼、沙丁鱼等全鱼制成，其蛋白质含量高，一般在 60％以上，高者可达 70％，并且品质好，赖氨酸和蛋氨酸含量高；钙、磷含量高，比例适当，而且磷的利用率也高。另外，鱼粉中含有脂溶性维生素，水溶性维生素中核黄素、生物素和维生素 B_{12} 的含量丰富，并且含有未知生长因子。

国产鱼粉的质量差异较大，蛋白质含量高者可达 60％以上，低者不到 30％，并且含盐量较高，因此在日粮中的配合比例不能过高。

由于鱼粉价格较高，在鸭日粮中的用量一般不超过 5％，主要是配合植物性蛋白质饲料使用。

②肉骨粉 由动物下脚料及废弃屠体，经高温高压灭菌

后的产品。因原料来源不同，骨骼所占比例不同，营养物质含量变化很大，粗蛋白质在 $20\%\sim55\%$，赖氨酸含量丰富，但蛋氨酸、色氨酸较少，钙、磷含量高，缺乏维生素 A、维生素 D、维生素 B_{12}、烟酸等，但维生素 B_{12} 较多，在鸭日粮中可搭配 5% 左右。

③血粉　血粉是屠宰牲畜所得血液经干燥后制成的产品，含粗蛋白质 80% 以上，赖氨酸含量为 $6\%\sim7\%$，但异亮氨酸严重缺乏，蛋氨酸也较少。由于血粉的加工工艺不同，导致蛋白质和氨基酸的利用率有很大差别。低温高压喷雾干燥的血粉，其赖氨酸利用率为 $80\%\sim95\%$。血粉中含铁多，钙、磷少，适口性差，在日粮中不宜多用，通常占日粮的 $1\%\sim3\%$。

④羽毛粉　禽体羽毛经蒸汽加压水解、干燥粉碎而成。含粗蛋白质 83% 以上，但蛋白质品质差，赖氨酸、蛋氨酸和色氨酸含量很低，胱氨酸含量高。羽毛粉适口性差，使用时应控制用量，日粮中一般不超过 3%。

⑤蚕蛹粉　是蚕蛹干燥粉碎后的产品，含有较高脂肪，易酸败变质，影响肉、蛋品质。脱脂蚕蛹粉含蛋白质 $60\%\sim68\%$，含蛋氨酸、赖氨酸、核黄素较高，在鸭日粮中搭配 5% 左右。

（3）单细胞蛋白饲料　这类饲料是利用各种微生物体制成的蛋白质饲料，包括酵母、非病原菌、原生动物及藻类。在饲料中应用较多的是饲料酵母。

饲料酵母含粗蛋白质 $40\%\sim50\%$，蛋白质生物学价值介于动物蛋白与植物蛋白之间，赖氨酸含量高，蛋氨酸含量偏低，B族维生素丰富。添加到日粮中可以改善蛋白质品质，补充 B 族维生素，提高饲粮的利用效率。饲料酵母具有苦味，适口性差，在饲粮中的配比一般不超过 5%。

（4）氨基酸　氨基酸按国际饲料分类法属于蛋白质饲料，但生产上习惯称为氨基酸添加剂。目前工业化生产的饲料级氨基酸有蛋氨酸、赖氨酸、苏氨酸、色氨酸、谷氨酸和甘氨酸，其中蛋氨酸和赖氨酸最易缺乏，是限制性氨基酸，因此在生产上应用较普遍。

3. 青绿饲料 青绿饲料是鸭喜欢吃的饲料，尤其是野鸭。青绿饲料主要包括牧草类、叶菜类、水生类、根茎类等，具有来源广泛、成本较低等优点。

青绿饲料的营养特点是：干物质中蛋白质含量高，品质好；钙含量高，钙、磷比例适宜；粗纤维含量少，消化率高，适口性好；富含胡萝卜素及多种 B 族维生素。这些营养特点对鸭的健康和生产都很重要。青绿饲料在使用前应进行适当调制，如清洗、切碎或打浆，这有利于采食和消化。还应注意避免有毒物质的影响，如氢氰酸、亚硝酸盐、农药中毒以及寄生虫感染等。在使用过程中，应考虑植物不同生长期对养分含量及消化率的影响，适时刈割。

4. 矿物质饲料

（1）钙、磷饲料

①钙源饲料　常用的有石灰石粉、贝壳粉、蛋壳粉，另外还有工业碳酸钙、磷酸钙及其他副产钙源饲料。

a. 石灰石粉。简称石粉，为石灰岩、大理石矿综合开采的产品。主要化学成分为碳酸钙（$CaCO_3$），含钙量不低于 35%。

b. 贝壳粉。由海水或淡水软体动物的外壳加工而成，其主要成分也是碳酸钙，含钙量在 34%～38%。

c. 蛋壳粉。由蛋品加工厂或大型孵化场收集的蛋壳，经灭菌、干燥、粉碎而成。钙含量在 30%～35%。

d. 碳酸钙。俗名双飞粉，工业材料，也可用为饲料的钙源和添加剂预混料的稀释剂，含钙量较高，可达 40%。

②磷源饲料　提供磷源的矿物质饲料主要有骨粉与磷酸盐。

a. 骨粉。是由动物杂骨经热压、脱脂、脱胶后干燥、粉碎制成的，其基本成分是磷酸钙，钙、磷比为 2∶1，是钙、磷较平衡的矿物质饲料。骨粉中含钙 30%～35%，含磷 13%～15%。

未经脱脂、脱胶和灭菌的骨粉，易酸败变质，并有传播疾病的危险，应特别注意。

b. 磷酸钙盐。是由化工生产的产品或磷矿石制成。最常用的是磷酸二钙即磷酸氢钙（$CaHPO_4 \cdot 2H_2O$），还有磷酸一钙即磷酸二氢钙 [$Ca(H_2PO_4)_2 \cdot H_2O$]，它们的溶解性要好于磷酸三钙 [$Ca_3(PO_4)_2$]，动物对其中的钙、磷吸收利用率也较高。使用磷酸盐矿物质饲料要注意其氟的含量，不宜超过 0.2%，否则会引起鸭中毒，甚至大批死亡。含氟量高的磷矿石应作脱氟处理。

现将各矿物质的钙、磷含量列于表 5-3。

表 5-3 常用钙、磷源饲料中各种成分含量

	石粉	贝壳粉	骨粉	磷酸氢钙	磷酸三钙	脱氟磷灰石粉
钙（%）	37	37	34	23	38	28
磷（%）	—	0.3	14	18	20	14
氟（毫克/千克）	5	—	3 500	800	—	—
磷的相对生物效价	—	—	85	100	80	70

（2）食盐 主要提供钠和氯两元素，具有刺激唾液分泌，促进消化的作用，同时还能改善饲料味道，增进食欲，维持机体细胞正常渗透压。植物性饲料中钠和氯的含量大多不足，动物性饲料中含量相对较高，由于鸭日粮中动物性饲料用量很少，故需补充食盐。一般在日粮中的添加量为 0.25%～0.50%。鸭对食盐较敏感，过多会中毒，应注意避免，特别是使用含盐分较高的饲料时，添加量应减少或不加。

（3）微量元素矿物质饲料 这类饲料虽属矿物质饲料，但在生产上常以微量元素添加剂预混料的形式添加到日粮中。主要用于补充鸭生长发育和产蛋所需的各种微量元素。

常用的微量元素化合物的种类和元素含量见表 5-4。

表 5-4 纯化合物的微量元素含量

元素	化合物	化学式	微量元素含量（%）
铁	七水硫酸亚铁	$FeSO_4 \cdot 7H_2O$	Fe 20.1
	一水硫酸亚铁	$FeSO_4 \cdot H_2O$	Fe 32.9
	碳酸亚铁	$FeCO_3$	Fe 41.7
铜	五水硫酸铜	$CuSO_4 \cdot 5H_2O$	Cu 25.5
	一水硫酸铜	$CuSO_4 \cdot H_2O$	Cu 35.8
	碳酸铜	$CuCO_3$	Cu 51.4
锰	五水硫酸锰	$MnSO_4 \cdot 5H_2O$	Mn 22.8
	一水硫酸锰	$MnSO_4 \cdot H_2O$	Mn 32.5
	氧化锰	MnO	Mn 77.4
	碳酸锰	$MnCO_3$	Mn 47.8
锌	七水硫酸锌	$ZnSO_4 \cdot 7H_2O$	Zn 22.75
	一水硫酸锌	$ZnSO_4 \cdot H_2O$	Zn 36.45
	氧化锌	ZnO	Zn 80.3
	碳酸锌	$ZnCO_3$	Zn 52.15
硒	亚硒酸钠	Na_2SeO_3	Se 45.6
	硒酸钠	Na_2SeO_4	Se 41.77
碘	碘化钾	KI	I 76.45
	碘酸钙	$Ca(IO_3)_2$	I 65.1

　　鸭对微量元素的需要量极微，不能直接加到饲料中，而应把微量元素化合物按照一定的比例和加工工艺配合成预混料，再添加到饲粮中。

　　5. 维生素饲料 指由工业合成或提纯的维生素制剂，不包括富含维生素的天然青绿饲料，习惯上称为维生素添加剂。

　　维生素制剂种类很多，同一制剂其组成及物理特性也不一样，维生素有效含量也就不一样。因此，在配制维生素预混料时，应了解所用维生素制剂的规格。

鸭对维生素的需要量受多种因素的影响,环境条件、饲料加工工艺、贮存时间、饲料组成、动物生产水平和健康状况等因素都会增大维生素的需要量。因此,维生素的实际添加量远高于饲养标准中列出的最低需要量。

一些富含维生素的青绿饲料、青干草粉等虽不属于维生素饲料,但在生产实际中被用作鸭维生素的来源,尤其是放牧饲养的鸭群,这不仅符合鸭的采食习性,节约了精饲料,而且也减少了维生素添加剂的用量,从而降低了生产成本。

6. 饲料添加剂 添加剂是指那些在常用饲料之外,为某种特殊目的而加入配合饲料中的少量或微量物质。这里所述饲料添加剂,实际上是指全部非营养性添加物质。

(1) 促进生长与保健添加剂 促进生长与保健添加剂指用于刺激动物生长、提高增重速率、改善饲料利用率、驱虫保健、增进动物健康的一类非营养性添加剂。它包括抗生素、抗菌药物、驱虫药物等。

①抗生素类 抗生素是一些特定微生物在生长过程中的代谢产物。除用作防治疾病外,也可作为生长促进剂使用,特别是在卫生条件和管理条件不良的情况下,效果更好。在育雏阶段或处于逆境如高密度饲养时,加入低剂量,可提高鸭的生产水平,改善饲料报酬,促进健康,常用的有杆菌肽锌、多黏菌素、泰乐菌素等。

②合成类抗菌药物及驱虫保健药物 磺胺类如磺胺噻唑(ST),磺胺嘧啶(SD),磺胺眯(SG)等,用于疾病治疗和保健;驱虫保健剂有越霉素A、氨丙啉、氯苯胍、莫能霉素钠、盐霉素钠、克球粉等。日粮中添加这类药物应经常更换药物种类,否则会产生抗药性,使用药量越来越大。

(2) 饲料品质改善添加剂

①抗氧化剂 用以防止饲料中脂肪氧化变质,保存维生素的活性。常用的抗氧化剂有乙氧基喹啉(又称乙氧喹、山道喹)、

BHA（丁基羟基茴香醚）、BHT（二丁基羟基甲苯），一般在配合饲料中的添加量为150克/吨。

②防霉剂 在高温高湿季节，饲料容易霉变，这不仅影响适口性，降低饲料的营养价值，还会引起动物中毒，因此在贮存的饲料中应添加防霉剂。目前常用的防霉剂有丙酸、丙酸钠和丙酸钙。

③其他添加剂 有着色剂、调味剂等。在饲料中添加香甜调味剂，有增加鸭采食量和提高饲料利用率的功效，常用的调味剂有糖精、谷氨酸钠（味精）、乳酸乙酯、柠檬酸等。在饲料中添加着色剂能提高鸭产品的商品价值，如在饲料中添加叶黄素和胡萝卜素，可使鸭和蛋黄色泽鲜艳。添加量为每吨饲料10～20克。

添加剂种类很多，应根据鸭不同生长发育阶段、不同生产目的、饲料组成、饲养水平与饲养方式及环境条件，灵活选用。添加剂应与载体或稀释剂配合制成预混料再添加到饲粮中。

二、鸭常用饲料的营养价值

饲料营养价值是指饲料本身所含营养成分以及这些营养成分被动物利用后所产生的营养效果。饲料中所含有的营养成分是动物维持生命活动和生产的物质基础，一种饲料或饲粮所含的营养成分越多、而这些养分又能大部分被动物利用的话，这种饲料的营养价值就高，反之，若饲料或饲粮所含营养成分低或虽营养成分含量高，但能被动物利用得少，则其营养价值就低。鸭常用饲料及营养成分见表5-5、表5-6、表5-7、表5-8。

表5-5 鸭常用饲料成分表

饲料名称	水分（%）	粗蛋白质（%）	代谢能（兆焦/千克）	粗脂肪（%）	粗纤维（%）
玉米	13.5	9.0	13.35	4.0	2.0
高粱	12.9	9.5	13.14	3.1	2.0

（续）

饲料名称	水分（%）	粗蛋白质（%）	代谢能（兆焦/千克）	粗脂肪（%）	粗纤维（%）
小麦	12.1	12.6	12.38	2.0	2.4
大麦	12.6	11.1	11.51	2.1	4.2
小麦粉	13.6	15.3	13.89	2.6	1.0
糙米	14.2	7.9	13.56	2.4	1.1
稻谷	13.2	7.8	10.96	2.4	8.4
大豆	13.8	36.9	13.35	15.4	6.0
棉子饼	11.0	36.1	7.95	1.0	13.5
菜子饼	11.4	35.3	6.82	1.9	10.7
花生饼	8.8	47.4	10.13	1.5	8.5
芝麻饼	8.4	48.0	10.00	8.7	9.2
葵花子饼	10.4	31.7	6.65	1.3	22.4
米糠	12.8	15.0	11.38	17.1	7.2
麦麸	12.2	16.0	8.66	4.3	8.2
鱼粉	8.7	60.8	11.09	8.9	0.4
羽毛粉	15.0	85.0	8.41	2.5	1.5
动物性油脂	2.6	0	33.43	69.2	0

表5-6 鸭常用饲料氨基酸含量（%）

饲料名称	精氨酸	甘氨酸	组氨酸	异亮氨酸	亮氨酸	赖氨酸	蛋氨酸	胱氨酸	苯丙氨酸	酪氨酸	苏氨酸	色氨酸	缬氨酸	丝氨酸
玉米	0.49	0.35	0.24	0.32	0.11	0.24	0.17	0.22	0.43	0.42	0.32	0.06	0.45	0.45
高粱	0.33	0.30	0.21	0.38	1.19	0.23	0.12	0.13	0.44	0.23	0.29	0.08	0.49	0.40
小麦	0.60	0.52	0.28	0.40	0.81	0.38	0.16	0.26	0.52	0.38	0.34	0.13	0.54	0.56
大麦	0.46	0.44	0.21	0.37	0.76	0.44	0.13	0.14	0.52	0.27	0.36	0.14	0.53	0.46
小麦粉	0.39	—	0.29	0.58	0.87	0.29	0.11	—	0.58	0.19	0.29	0.11	0.43	—
糙米	0.52	0.40	0.19	0.41	0.69	0.22	0.10	0.23	0.37	0.12	0.59	0.45		
稻谷	0.65	0.99	0.11	0.33	0.65	0.33	0.21	0.12	0.33	0.74	0.22	0.12	0.63	—
大豆	2.77	—	0.89	2.03	2.80	2.36	0.48	0.59	1.81	1.18	1.44	0.48	1.92	—

（续）

饲料名称	精氨酸	甘氨酸	组氨酸	异亮氨酸	亮氨酸	赖氨酸	蛋氨酸	胱氨酸	苯丙氨酸	酪氨酸	苏氨酸	色氨酸	缬氨酸	丝氨酸
大豆饼	3.77	1.70	1.11	2.00	3.10	2.59	0.49	0.70	1.77	1.40	1.48	0.44	2.14	1.70
棉子饼	4.04	—	0.90	1.44	2.13	1.48	0.54	0.61	1.88	0.97	1.19	0.47	1.73	—
菜子饼	1.86	1.47	0.90	1.24	2.09	1.64	0.53	0.68	1.24	0.90	1.30	0.68	1.58	1.30
花生饼	5.16	2.58	1.14	1.44	2.73	1.44	0.29	0.41	2.05	1.82	1.14	0.99	1.74	1.97
芝麻饼	6.07	2.38	1.54	1.77	3.30	1.31	0.92	0.69	2.07	1.77	1.77	0.56	2.30	2.15
葵花子饼	2.85	—	0.70	1.71	1.93	1.84	0.54	—	1.49	—	0.82	0.63	1.62	—
米糠	1.26	0.92	0.46	0.60	1.17	0.89	0.21	0.32	0.69	1.78	0.66	0.17	0.92	0.74
麦麸	1.05	0.79	0.44	0.51	0.97	0.62	0.16	0.20	0.59	0.33	0.49	0.28	0.74	0.36
鱼粉	3.25	3.66	1.40	2.56	4.36	4.20	1.80	0.55	2.42	1.97	2.42	0.74	2.91	2.38
羽毛粉	5.25	—	0.50	3.75	6.58	1.42	0.42	3.75	3.58	3.17	3.58	0.50	6.41	—

表5-7　鸭常用饲料的矿物质含量

饲料名称	钙（%）	磷（%）	镁（%）	钾（%）	钠（%）	氯（%）	硫（%）	铁（%）	铜（毫克/千克）	钴（毫克/千克）	锌（毫克/千克）	锰（毫克/千克）
玉米	0.03	0.28	0.11	0.39	0.01	—	—	0.01	3.6	—	24	7
高粱	0.07	0.27	0.12	—	—	—	—	0.01	5.2	—	22	16
小麦	0.06	0.32	0.13	—	—	—	—	—	6.7	—	27	51
大麦	0.09	0.41	0.11	0.60	0.15	0.25	—	0.01	6.4	—	33	18
小麦粉	0.06	0.34	—	—	—	—	—	—	5.6	—	23	21
糙米	0.03	0.33	0.09	—	—	—	—	0.01	3.3	—	10	21
稻谷	0.05	0.26	0.07	0.98	0.05	0.07	0.05	0.01	3.7	—	14	21
大豆	0.24	0.67	0.34	1.54	—	—	—	0.01	16.6	—	45	27
大豆饼	0.36	0.74	0.33	2.33	0.02	0.03	0.93	0.09	21.1	0.53	69	39
棉子饼	0.26	1.16	—	—	—	—	—	—	24.2	—	63	23
菜子饼	0.72	1.24	0.52	1.26	0.01	—	—	0.02	11.4	—	81	60

（续）

饲料名称	钙(%)	磷(%)	镁(%)	钾(%)	钠(%)	氯(%)	硫(%)	铁(%)	铜(毫克/千克)	钴(毫克/千克)	锌(毫克/千克)	锰(毫克/千克)
花生饼	0.22	0.61	0.28	—	—	—	—	1.12	17.6	—	79	47
芝麻饼	2.47	1.20	0.68	1.17	0.03	—	—	0.16	63.8	—	154	78
葵花子饼	0.56	0.90	—	—	—	—	—	—	—	—	112	26
马铃薯	0.01	0.05	0.03	0.48	0.02	0.06	—	0.002	—	—	—	—
甘薯	0.03	0.04	0.05	0.38	0.02	0.02	—	0.002	—	—	—	—
米糠	0.05	1.81	—	—	—	—	—	15.1	—	—	35	209
麦麸	0.34	1.05	0.39	0.99	0.22	—	—	0.02	13.0	—	141	145
鱼粉	6.78	3.59	0.19	0.69	0.67	—	—	0.10	11.6	—	122	21
羽毛粉	0.30	0.77	0.04	0.52	—	0.35	—	0.06	10.9	—	183	10
磷酸氢钙	24.32	18.97	—	—	—	—	—	—	—	—	—	—
磷酸钙	32.07	18.25	0.22	0.09	5.45	—	—	0.92	—	—	—	—
碳酸钙	36.74	0.04	0.50	—	0.02	0.04	0.09	—	—	—	—	—
食盐	0.03	—	0.13	—	39.20	60.61	—	—	—	—	—	—

表5-8　鸭常用饲料的维生素含量（毫克/千克）

饲料名称	维生素 A	维生素 E	维生素 B_1	维生素 B_2	维生素 B_3	维生素 B_4	维生素 B_5	维生素 B_6	维生素 B_7	维生素 B_{12}
玉米	4.8	25.6	4.7	1.3	5.8	624	26.6	8.37	0.07	—
高粱	—	13.5	4.4	1.3	12.8	762	48.0	4.61	0.20	—
小麦	—	17.4	5.5	1.3	13.6	933	63.6	—	0.11	—
大麦	—	6.9	5.7	2.2	7.3	1 157	64.5	3.26	0.22	—
小麦粉	—	64.7	21.2	1.7	15.3	1 236	59.1	12.4	0.42	—
稻谷	—	15.7	3.1	1.2	3.7	899	34.0	—	—	—
大豆	1.0	40.6	12.3	2.9	17.4	3 186	24.5	12.00	0.42	—
大豆饼	—	3.4	7.4	3.7	16.3	3 082	30.1	8.99	0.36	—

（续）

饲料名称	维生素 A	维生素 E	维生素 B_1	维生素 B_2	维生素 B_3	维生素 B_4	维生素 B_5	维生素 B_6	维生素 B_7	维生素 B_{12}
棉子饼	—	16.4	7.1	5.5	15.3	3 126	43.2	6.99	0.11	—
菜子饼	—	—	1.8	3.8	9.2	6 725	160.0	—	—	—
花生饼	—	3.3	7.9	12.0	57.6	2 174	184.6	10.87	0.42	—
芝麻饼	—	—	3.1	4.0	6.9	1 648	32.3	13.44	—	—
葵花子饼	—	11.8	—	3.3	10.8	3 118	236.6	17.20	—	—
米糠	—	65.9	24.6	2.9	25.8	1 378	333.2	—	4.62	—
麦麸	—	12.1	8.9	3.5	32.6	1 110	235.1	11.24	0.54	—
马铃薯	—	—	—	—	0.7	—	1.5	11.0	6.4	—
甘薯	—	—	—	—	0.9	—	0.9	13.4	11.0	—
鱼粉	—	3.7	—	7.1	9.5	3 978	68.8	3.76	0.39	0.11
羽毛粉	—	—	—	2.3	11.7	938	32.9	—	—	—

第三节　鸭安全生产对饲料原料的要求

一、鸭安全生产对饲料原料产地环境的要求

1. 产地选择　鸭安全生产的饲料原料产地应选择在生态条件良好，远离污染源，并具有可持续生产能力的农业生产区域，尤其是选择具有绿化农产品质量标志的原料产地。

2. 环境空气质量　环境空气质量达到《畜禽场环境质量标准》（NY/T 388—1999）的要求。

3. 灌溉水质量　农田灌溉水质量应按《农田灌溉水质标准》GB 5084—1992 执行。

4. 土壤环境质量　土壤环境质量达到《畜禽场环境质量标准》的相关要求。

二、鸭安全生产的饲料添加剂的要求

1. 总体要求

（1）感官要求　具有该品种的色、臭、味和组织形态特征，无异味、异臭。

（2）符合有关的法律法规　所使用的添加剂必须是《允许使用的饲料添加剂目录》所规定的品种和具有产品批准文号的新饲料添加剂品种，其用法用量必须符合《饲料药物添加剂使用规范》，严格执行休药期制度，严禁使用镇静剂、盐酸克伦特罗激素和性激素等违禁药物。

（3）在饲料中有较好的稳定性，不影响饲料的稳定性。

（4）所含有毒、有害物质不得超过规定标准，对鸭不产生急、慢性毒害作用或不良影响。在鸭产品中无残留或残留量不超过有关规定标准，对人体无害，对环境无污染。

（5）不得失效或超出有效期限。

2. 允许使用的饲料添加剂品种目录　允许使用的饲料添加剂品种目录由农业部颁布，并监督实施。该目录中规定的饲料添加剂名称总计达 173 种（类）。包括饲料级氨基酸（7 种），饲料级维生素（26 种），饲料级矿物质、微量元素（43 种），饲料级酶制剂（12 类），饲料级微生物添加剂（12 种），饲料级非蛋白氮（9 种），抗氧剂（4 种），防腐剂、电解质平衡剂（25 种），着色剂（6 种），调味剂、香料（6 种），黏结剂、抗结块剂和稳定剂 13 种（类），其他（10 种）。

（1）饲料级氨基酸　L-赖氨酸盐酸盐、DL-蛋氨酸、DL-羟基蛋氨酸、DL-羟基蛋氨酸钙、N-羟甲基蛋氨酸、L-色氨酸、L-苏氨酸。

（2）饲料级维生素　β-胡萝卜素、维生素 A、维生素 A 乙酸酯、维生素 A 棕榈酸酯、维生素 D_3、维生素 E、维生素 E 乙酸酯、维生素 K_3、维生素 B_1（盐酸硫胺）、维生素 B_1（硝酸硫胺）、维生素 B_2（核黄素）、维生素 B_6、烟酸、烟酰胺、D-泛酸钙、DL-泛酸钙、叶酸、维生素 B_{12}（氰钴胺）、维生素 D（L-抗坏血酸）、L-抗坏血酸钙、L-抗坏血酸-2-膦酸酯、D-生物素、氯化胆碱、L-肉碱盐酸盐、肌醇。

（3）饲料级矿物质、微量元素　硫酸钠、氯化钠、磷酸二氢钠、磷酸氢二钠、磷酸二氢钾、磷酸氢二钾、碳酸氢钙、氯化钙、磷酸氢钙、磷酸二氢钙、磷酸三钙、乳酸钙、七水硫酸镁、一水硫酸镁、氧化镁、氯化镁、七水硫酸亚铁、一水硫酸亚铁、三水乳酸亚铁、六水柠檬酸亚铁、富马酸亚铁、甘氨酸铁、蛋氨酸铁、五水硫酸铜、一水硫酸铜、蛋氨酸铜、七水硫酸锌、一水硫酸锌、无水硫酸锌、氯化锌、蛋氨酸锌、一水硫酸锰、氯化锰、碘化钾、碘酸钾、碘酸钙、六水氯化钴、一水氯化钴、亚硒酸钠、酵母铜、酵母铁、酵母锰、酵母硒。

（4）饲料级酶制剂　蛋白酶（黑曲霉、枯草芽孢杆菌）、淀粉酶（地衣芽孢杆菌、黑曲霉）、支链淀粉酶（嗜酸乳杆菌）、果胶酶（黑曲霉）、脂肪酶、纤维素酶（reesei 木霉）、麦芽糖酶（枯草芽孢杆菌）、木聚糖酶（insolens 腐质霉）、β-聚葡萄糖酶（枯草芽孢杆菌、黑曲霉）、甘露聚糖酶（缓慢芽孢杆菌）、植物酶（黑曲霉、米曲霉）、葡萄糖氧化酶（青霉）。

（5）饲料级微生物添加剂　干酪乳杆菌、植物乳杆菌、粪链球菌、尿链球菌、乳酸片球菌、枯草芽孢杆菌、纳豆芽孢杆菌、嗜酸乳杆菌、乳链球菌、啤酒酵母菌、产朊假丝酵母、沼泽经假单胞菌。

（6）饲料级非蛋白氮　尿素、硫酸铵、液氨、磷酸氢二铵、磷酸二氢铵、缩二脲、异丁叉二脲、磷酸脲、羟甲基脲。

（7）抗氧剂　乙氧基喹啉、二丁基羟基甲苯（BHT）、丁基羟基茴香醚（BHA）、没食子酸丙酯。

（8）防腐剂、电解质平衡剂　甲酸、甲酸钙、甲酸铵、乙酸、双乙酸钠、丙酸、丙酸钙、丙酸钠、丙酸铵、丁酸、乳酸、苯甲酸、苯甲酸钠、山梨酸、山梨酸钠、山梨酸钾、富马酸、柠檬酸、酒石酸、苹果酸、磷酸、氢氧化钠、碳酸氢钠、氧化钾、氢氧化铵。

（9）着色剂　β-阿朴-8′-胡萝卜素醛、辣椒红、β-阿朴-8′-胡萝卜素酸乙酯、虾青素、β-胡萝卜素-4，4-二酮（斑蝥黄）、叶黄素（万寿菊花提取物）。

（10）调味剂、香料　糖精钠、谷氨酸钠、5′-肌苷酸二钠、5′-鸟苷酸二钠、血根碱、食品用香料。

（11）黏结剂、抗结块剂和稳定剂　α-淀粉、海灌酸钠、羧甲基纤维素钠、丙二醇、二氧化硅、硅酸钙、三氧化二铝、蔗糖脂肪酸酯、山梨醇酐脂肪酸酯、甘油脂肪酸酯、硬脂酸钙、聚氧乙烯20山梨醇酐单油酸酯、聚丙烯酸树脂Ⅱ。

（12）其他　糖萜素、甘露低聚糖、肠膜蛋白素、果寡糖、乙酰氧肟酸、天然类固醇萨洒皂（YUCCA）、大蒜素、甜菜碱、聚乙烯聚吡咯烷酮（PUPP）、葡萄糖山梨醇。

3. 使用饲料添加剂应注意的事项

（1）合理使用　饲料添加剂种类繁多，各有其不同的作用特点，必须结合鸭的生理状态、发育情况、日龄及环境条件等有针对性地适量使用。

（2）合理选择载体　饲料添加剂一般混于干粉饲料中，短期储存待用，不得混于加水储存的饲料或发酵过程中的饲料内，更不能与饲料一起煮沸使用。常用的饲料载体有粗玉米粉、细玉米粉、小麦麸、脱脂米糠、大豆饼粉、石粉等。载体的含水量一般应低于10%，越低越好。

（3）搅拌均匀　由于饲料添加剂添加到日粮中的量很微小，使用时一定要搅拌均匀。如把微量的添加剂直接混合于大量的饲料中往往不能达到均匀的程度，会影响添加剂的有效利用。应先将添加剂混于少量的饲料中，逐级扩大，搅拌均匀，即先进行预混合，然后再把预混料充分拌于一定量的饲料中。

（4）**防止引起中毒**　如果饲料添加剂的添加量超过需要量过多，就可能引起中毒，产生生理障碍。所以在添加前一定要根据实际需要量准确计算、称量。

（5）**配伍、禁忌**　使用饲料添加剂应注意它们之间的协同与颉颃关系。比如矿物质添加剂最好不与维生素添加剂配在一起，因为它会使一些维生素氧化。因此，了解它们之间的配伍与禁忌十分重要。

（6）**保存**　饲料添加剂应保存在干燥、低温和避光处，以免氧化、受潮而失效，尤其是维生素。

4. 研究与开发安全型饲料添加剂　许多国家已通过立法来限制抗生素的使用。因此，无毒副作用、无残留的活菌制剂、灭活菌剂、寡糖、中草药添加剂、酶制剂、生物肽等已相继面世，成为目前饲料添加剂研究应用的热点。

（1）**饲用微生态制剂**　活菌制剂即益生素，是由来自动物有机体和微生物的活性制剂或培养物或其发酵产品，它是一种能有效补充畜禽消化道内的有益微生物，具有改善消化道菌群平衡，提高机体抗病力及饲料的吸收利用率，从而达到防治消化道疾病和促进生长等重要作用。

（2）**饲用寡糖**　饲用寡糖是指 2～10 个单糖单元通过苷键连接的小聚合物的总称，为短链带分支的糖类物质。鸭消化道分泌的糖类消化酶对碳水化合物的分解限于直链的 $\alpha-1，4$ 糖苷键，对带有分支的寡糖则分解能力很弱，所以以短链带分支的糖类物质在经过肠道的过程中不能为鸭机体所消化吸收，仅能为肠道有益菌提供碳源，并促使有益菌增殖，能克服活菌制剂的缺陷。

（3）**饲用中草药添加剂**　中草药含有多种氨基酸、维生素、微量元素等营养物质，能增进机体新陈代谢，促进蛋白质和酶的合成，从而促进生长，提高繁殖力和生产性能，提高饲料报酬，增加饲养效益，而且毒副作用小，无耐药性和残留公害，应用前景广阔，是一种天然、优质、新型的饲料添加剂。

（4）饲用酶制剂 酶是由生物体产生的一类具有高度催化活性的物质，又称生物催化剂。饲用酶制剂是通过特定生产工艺加工而成的含单一酶或混合酶的工业产品。饲料用酶已有20多种。饲料用酶多为水解系列酶，如蛋白酶、纤维素酶、β-葡萄糖酶、聚糖酶（阿拉伯糖木聚糖酶）、α-半乳糖苷酶、果胶酶、α-淀粉酶、液化淀粉酶、糖化酶（糖化淀粉酶）和植酸酶等。目前除植酸酶有单一酶产品外，其余饲用酶制剂大多是包含多种酶的复合制剂。应用较多的有纤维素酶、葡聚糖酶、木聚糖酶、淀粉酶、蛋白酶、果胶酶和植酸酶等。添加饲用酶制剂能补充动物体内源酶不足，增加机体自身不能合成的酶，从而促进对养分的消化、吸收，提高饲料的利用率，促进生长。此外，酶制剂的应用不但为各种不同类型日粮，尤其是非常规日粮的应用提供可能，而且也为减少环境污染提供了可能。

（5）有机微量元素添加剂 使用有机微量元素添加剂可提高微量元素的生物利用率，促进生长，增强免疫功能，改善胴体品质，降低维生素、矿物质预混料中维生素的分解和减少微量矿物元素对环境的污染。

（6）生物肽添加剂 肽是指氨基酸间彼此以肽键相互连接的化合物。多肽类一般指由2～10个氨基酸组成的肽类；生物活性肽就是对动物具有特殊生理功能的肽类。近年来的研究发现，这些肽类对鸭体的消化、吸收、矿物质代谢、促进生长、增强免疫功能、调节神经功能、防治疾病等方面有重要的作用。

三、鸭安全生产对饲料原料质量的要求

1. 饲料原料的质量管理

（1）按规定严格挑选原料产地、稳定原料购买地 饲料企业原料采购人员，应对企业所用的各种原料的产地环境、质量情况了如指掌，一旦将原料产地确定后，除非遇到价格的过大波动，应长期稳定原料购买地，这样能充分保证原料的质量。

（2）实行原料质检一票否决制 为了及时检测原料质量，饲料厂家应建立化验室，除常规分析仪器外，更重要的是配置显微检测仪器和有毒成分检测仪器。在初步确定原料产地后，购前应首先抽取产地的原料进行质检，尤其是对有毒有害物质的检查，然后按照质检情况来确定是否在该地购买此批原料。在确定原料购买后，应以质定价，签订明确的质量指标合同。在原料进库前，应对原料进行认真地质量指标检验，对不合格的原料，坚决实行质检一票否决制。

2. 原料检测方法及质量控制

（1）样本采量 对于自检或送检的样本，应严格按照采样的要求，抽取样本进行检测。

如果原料水分含量达 14.5% 以上，不但存放中容易发热霉变，而且会使粉碎效率降低。要求谷物类饲料原料的水分含量低于 14%，每增加 1% 水分，其粉碎率降低 6%。

（2）杂质程度的控制 饲料原料中杂质最多不得超过 2%，其中矿物质不得超过 1%。

（3）霉变程度的控制 饲料原料中可以滋长的霉菌有 80 种以上，其中黄曲霉对于家禽和幼龄家禽的危害更为严重。干饲料中黄曲霉素的允许量，多数国家规定为 50 微克/千克。一般认为，在饲料中含量达 400 毫克/千克时，畜禽会发生中毒。因此，对贮存时间长，已有轻微异味或结块的原料，应按要求采样，经有关部门检测后，酌情处理。

（4）注意其他有害成分 例如，棉子饼中的游离棉酚含量，菜子饼中的硫葡萄糖甙及其分解产物——异硫氰酸盐和恶唑烷硫酮的含量，大豆饼中的脲酶活性。在采购过程中要注意有毒成分的含量。对于矿物质饲料或工业下脚料要测定其中汞（<0.1 毫克/千克）、铅（<10 毫克/千克）、砷（<2 毫克/千克）、氟

(<150 毫克/千克)的含量。另外，注意鱼粉掺假掺杂，要进行显微检测。

3. 几种主要饲料原料的质量指标

(1) 饲料用玉米　饲料用玉米质量应按国家标准饲料用玉米(GB/T17890—1999)执行。该标准规定了饲料用玉米的定义、要求、抽样、检验方法、检验规划及包装、运输、贮存要求。标准适用于收购、贮存、运输、加工、销售的商品饲料玉米。饲料用玉米按容重、粗蛋白质、不完善粒、杂质分等级。

容重以克/升表示。粗蛋白质以原料中化验的氮含量乘以6.25。不完善粒是指受到损伤但尚有使用价值的颗粒，包括下列几种：虫蚀粒，即被虫蛀蚀、伤及胚或胚乳的颗粒；病斑粒，即粒面带有病斑，伤及胚或胚乳的颗粒；破损粒，即籽粒破损达本颗粒体积 1/5（含）以上的颗粒；生芽粒，即芽或幼根突破表皮的颗粒；生霉粒，即粒面生霉的颗粒；热损伤粒，即受热后外表或胚显著变色和损伤的颗粒。杂质是指能通过直径 30 毫米圆孔筛的物质，无使用价值的物质，玉米以外的其他物质。

(2) 水分的控制　对自检或送检的样本，应严格按照入库前水分含量不高于 12%～12.5%（南方）。

饲料用玉米质量指标见表 5 - 9。

表 5 - 9　饲料用玉米质量指标

等级	容重（克/升）	粗蛋白质（干基）（%）	不完善粒（%）		水分（%）	杂质（%）	色泽气味
			总量	其中生霉粒			
1	≥710	≥10.0	≤5.0	≤2.0	≤14.0	≤1.0	正常
2	≥685	≥9.0	≤6.5	—	—	—	—
3	≥660	≥8.0	≤8.0	—	—	—	—

(3) 鱼粉　鱼粉按鱼粉 GB/T19164—2003 执行。该标准规定了对鱼粉的要求、抽样、试验方法、标志、包装等内容。标准

适用于以鱼、虾、蟹类等水产动物及其加工的废弃物为原料，经干法（蒸干、脱脂、粉碎）或湿法（蒸煮、压榨、烘干、粉碎）制造的饲料用鱼粉。不得使用受到石油、农药、有害金属或其他化合物污染的原料加工鱼粉。原料应进行分拣，去除砂石、草木、金属等杂物。原料应保持新鲜并及时加工处理，避免腐败变质。已经腐败变质的原料不得加工成鱼粉。

感官指标：将样品放置在白瓷盘内，在非直射日光充足处，检查鱼粉色泽、组织和气味（表5-10）。

表5-10 鱼粉的感官要求

项 目	特级品	一级品	二级品	三级品
色 泽	红鱼粉黄棕色、黄褐色等鱼粉正常颜色，白鱼粉呈黄白色			
组 织	膨松、纤维状组织明显、无结块、无霉变	较膨松、纤维状组织较明显、无结块、无霉变		松软粉状物、无结块、无霉变
气 味	有鱼香味，无焦灼味和油脂酸败味		具有鱼粉正常气味，无异臭、无焦灼味和明显油脂酸败味	

理化指标：见表5-11。

表5-11 鱼粉的理化指标

项 目	指 标			
	特级品	一级品	二级品	三级品
粗蛋白质（%）	≥65	≥60	≥55	≥50
粗脂肪（%）	≤11（红鱼粉）≤9（白鱼粉）	≤12（红鱼粉）≤10（白鱼粉）	≤13	≤14
水分（%）	≤10	≤10	≤10	≤10
盐分（以NaCl计）（%）	≤2	≤3	≤3	≤4
灰分（%）	≤16（红鱼粉）≤18（白鱼粉）	≤18（红鱼粉）≤20（白鱼粉）	≤20	≤23
砂分（%）	≤1.5	≤2	≤3	

(续)

项　目	指　标			
	特级品	一级品	二级品	三级品
赖氨酸（%）	≥4.6(红鱼粉) ≥3.6(白鱼粉)	≥4.4(红鱼粉) ≥3.4(白鱼粉)	≥4.2	≥3.8
蛋氨酸（%）	≥1.7(红鱼粉) ≥1.5(白鱼粉)	≥1.5(红鱼粉) ≥1.3(白鱼粉)	≥1.3	
胃强白酶消化率（%）	≥90（红鱼粉) ≥88（白鱼粉)	≥88（红鱼粉) ≥86（白鱼粉)	≥85	
挥发性盐基氮 (VBN)（毫克/100 克)	≤110	≤130	≤150	
油脂酸价（KOH) （毫克/克)	≤3	≤5	≤7	
尿素（%）	≤0.3	≤0.7		
组胺（毫克/千克)	≤300(红鱼粉) ≤40（白鱼粉)	≤500(红鱼粉)	≤1 000 (红鱼粉)	≤1 500 (红鱼粉)
铬（以 6 价铬计）(毫克/千克)	≤8			
粉碎粒度（%）	≥96（通过筛孔为 2.80 毫米的标准筛)			
杂质（%）	不含非鱼粉原料的含氮物质（植物油饼粕、皮革粉、羽毛粉、尿素、血粉肉骨粉等）以及加工鱼露的废渣			

安全指标：砷、铅、汞、镉、亚硝酸盐、六六六、滴滴涕指标应符合 GB 13078 的规定。

微生物指标：见表 5-12。

表 5-12　鱼粉的微生物指标

项　目	指　标
霉菌/（cfu/g）	≤3×10³
沙门氏菌/（cfu/25g）	不得检出
寄生虫	不得检出

鱼粉应以塑料编织袋或麻袋包装，缝口牢固无鱼粉漏出。不

得使用装过煤炭、石灰、化学物品等易污染物及未经清理的运输工具装运鱼粉。运输时应堆放整齐，有通风、防日晒、雨淋等措施。鱼粉应在干燥、洁净、通风的仓库内存放，堆放时应离开墙壁20厘米，底面应用垫板与地面隔开。

（4）饲料用大豆粕 饲料用大豆粕是指以大豆为原料采用榨压、浸提或浸提法取油后所得饲料用大豆粕。它的感官性状应呈浅黄褐色或淡黄色不规则的碎片状，色泽一致，无发酵、霉块、结块、虫蛀及异味异臭。水分含量不得超过13％；不得掺入饲料用大豆粕以外的物质。饲料用大豆粕的脲酶活性不得超过0.4（脲酶活性定义为在30±5℃和pH＝7的条件下，每分钟每克大豆粕分解尿素所释放的氨态氮的毫克数）。

饲料用大豆粕的包装、运输和储存，必须符合运输安全和分类、分级储存的要求，严防污染。

第四节　饲料安全生产

一、配合饲料种类

鸭的配合饲料可以分为以下几种：

1. 全价配合饲料 全价配合饲料中所含营养成分的种类和数量均能满足蛋鸭的需要。

2. 浓缩饲料 在全价饲料的配方中去掉玉米、高粱等能量饲料（有时还有部分蛋白质饲料）所生产的配合饲料即为浓缩饲料。浓缩饲料约占全价饲料的15％～50％。

3. 预混饲料 在浓缩饲料配方中除去主要的蛋白质饲料如各类饼粕类，所生产的配合饲料为预混饲料，其中含有各种矿物质及其他添加剂。预混饲料又可分为基础预混饲料（包括全部常量矿物质饲料的预混饲料，约占全价饲料的5％～10％）和预混饲料（不包括主要常量矿物质，如钙、磷饲料的预混饲料，主要为微量矿物质、维生素及其他微量添加剂与载体或稀释剂的混合物，约占全价饲料的 0.5%～5%）。

按照饲料形状还可以把配合饲料分为粉料、颗粒料。

二、日粮配合与配方设计

1. 日粮配合　合理地设计饲料配方是科学饲养鸭的一个重要环节。设计饲料配方时既要考虑鸭的营养需要及生理特点，又要合理地利用各种饲料资源，才能设计出获得最佳的饲养效果和经济效益的饲料配方。设计饲料配方是一项技术性及实践性很强的工作，不仅应具有一定的营养和饲料科学方面的知识，还应有一定的饲养实践经验。实践证明，根据饲养标准所规定的营养物质供给量饲喂鸭，将有利于提高饲料的利用效果和畜牧生产的经济效益。但在生产实践中设计饲料配方时，应根据所饲养鸭的品种、生长期、生产性能、环境温度、疫病应激以及所用饲料的价格、实际营养成分、营养价值等特定条件，对饲养标准所列数据作相应变动，以设计出全价、能充分满足鸭营养需要的配方。

（1）日粮配合的原则　在配合日粮时必须遵循以下原则：

①符合鸭的营养需要　设计饲料配方时，应首先明确饲养对象，选用适当的饲养标准。在此基础上，可根据饲养实践中鸭的生长或生产性能等情况作适当的调整。

②符合鸭的消化生理特点　配合日粮时，饲料原料的选择既要满足鸭需求，又要与鸭的消化生理特点相适应，包括饲料的适口性、容重、粗纤维含量等。

③符合饲料卫生质量标准　按照设计的饲料配方配制的配合饲料要符合国家饲料卫生质量标准，这就要求在选用饲料原料时，应控制有毒物质、细菌总数、霉菌总数、重金属盐等不能超标。

④符合经济原则　应因地制宜，充分利用当地饲料资源，饲

料原料应多样化，并要考虑饲料价格，力求降低配合饲料的生产成本，提高经济效益。

（2）配合日粮时必须掌握的参数

①相应的营养需要量（饲养标准）。

②所用饲料的营养价值含量（饲料成分及营养价值表）。

③饲用原料的价格。

另外，对各种饲料在鸭不同生长阶段配合饲料中的大致配比应有所了解。表5-13列出鸭常用饲料的大致配比范围。

表5-13　鸭各生长阶段常用饲料的大致配比范围（%）

饲　料	育雏期	育成期	产蛋期	肉用型鸭
谷实类	65	60	60	50～70
玉米	35～65	35～60	35～60	50～70
高粱	5～10	15～20	5～10	5～10
小麦	5～10	5～10	5～10	10～20
大麦	10～20	10～20	10～20	1～5
碎米	10～20	10～20	10～20	10～30
植物蛋白类	25	15	20	35
大豆饼	10～25	10～15	10～25	20～35
花生饼	2～4	2～6	5～10	2～4
棉（菜）子饼	3～6	4～6	3～6	2～4
芝麻饼	4～8	4～8	3～6	4～8
动物蛋白类	10 以下			
糠麸类	5 以下	10～30	5 以下	10～20
粗饲料	优质苜蓿粉 5 左右			
青绿青贮类	青绿饲料按日采食量的 10～30			
矿物质类	1.5～2.5	1～2	6～9	1～2

2. 配方设计　目前配方设计的方法很多，主要有手算法和电算法。

电算法即利用电脑来设计出全价、低成本的饲料配方，这方面的软件开发很快，技术已很成熟，有关人员只要掌握基本的电脑知识即可操作。但电脑代替不了人脑，利用电脑配方必须首先掌握动物营养与饲料科学知识，这样才能在电脑配方设计过程中，根据具体情况及时调整一些参数，使配方更科学、更完美。

手算法有试差法、联立方程法和十字交叉法等。其中试差法是目前较普遍采用的方法，又称为凑数法。这种方法的具体做法是：首先根据饲养标准的规定初步拟出各种饲料原料的大致比例，然后用各自的比例去乘该原料所含的各种营养成分的百分含量，再将各种原料的同种营养成分之积相加，即得到该配方的每种营养成分的总量。将所得结果与饲养标准进行对照，若有任一种营养成分超过或者不足时，可通过增加或减少相应的原料比例进行调整和重新计算，直至所有的营养指标都基本满足要求为止。

计算步骤如下：

（1）查阅饲养标准，确定使用的原料并查出各种营养成分的含量，列表计算（表5-14）。

表5-14 各种饲料的营养成分

饲料	代谢能（兆焦/千克）	粗蛋白质（%）	钙（%）	磷（%）
稻谷	10.969	7.8	0.05	0.26
玉米	13.356	9.0	0.03	0.28
小麦	12.142	12.6	0.06	0.32
麦麸	8.667	16.0	0.34	1.05
花生饼	10.132	47.4	0.22	0.61
鱼粉	8.583	60.8	6.78	3.59
贝壳粉	—	—	46.46	—

陈国宏，王永坤. 科学养鸭与疾病防治，中国农业出版，2011.

（2）确定限制饲料的比例：鱼粉价格较高，不能超过5%；

高粱含有单宁，不能超过 10%；草叶粉适口性差且粗纤维含量高，不要超过 8%。

（3）按代谢能和粗蛋白质的需求量试配，用含代谢能及含粗蛋白质高的玉米和饼类来平衡这两项指标，最后用矿物质饲料平衡钙、磷水平。如有条件，可用氨基酸、微量元素和维生素等补充物（表 5-15）。

表 5-15　试配日粮组成

饲料	组成比例（%）	代谢能（兆焦/千克）	粗蛋白质（%）	钙（%）	磷（%）
玉米	30	4.006	9.0×0.3=2.70	0.03×0.30=0.009	0.28×0.30=0.084
稻谷	20	2.193	7.8×0.20=1.56	0.05×0.20=0.01	0.26×0.20=0.052
小麦	20	2.428	12.6×0.20=2.52	0.06×0.2=0.012	0.32×0.20=0.064
麦麸	10	0.866	16.0×0.10=1.60	0.34×0.10=0.034	1.05×0.10=0.105
花生饼	10	1.013	47.4×0.10=4.74	0.22×0.10=0.022	0.61×0.10=0.061
鱼粉	5	0.557	60.8×0.05=3.04	6.78×0.05=0.339	3.59×0.05=0.180
贝壳粉	5	—	—	46.46×0.05=2.323	—
合计	100	11.063	16.16	2.749	0.546
要求	100	11.304	16	钙、磷比例为 5∶1	
相差	0	−0.241	+0.16		

（4）各种营养物质分别相加后与要求（或饲养标准）相比较，再加以调整。通过表 5-15 的计算得知，与要求相比，代谢能少 0.241 兆焦/千克，粗蛋白质多 0.16%，因此应提高玉米的比例，相应降低其他饲料的比例。

经调整后的日粮中能量的含量与要求基本符合，见表 5-16。

表 5-16　调整后的日粮组成

饲料	组成比例（%）	代谢能（兆焦/千克）	粗蛋白质（%）	钙（%）	磷（%）
玉米	35	4.675	9.0×0.35=3.150	0.03×0.35=0.011	0.28×0.35=0.098
稻谷	19	2.084	7.8×0.19=1.482	0.05×0.19=0.01	0.26×0.19=0.049
小麦	22	2.671	12.6×0.22=2.772	0.06×0.22=0.013	0.32×0.22=0.070

（续）

饲料	组成比例（%）	代谢能（兆焦/千克）	粗蛋白质（%）	钙（%）	磷（%）
麦麸	5	0.433	16.0×0.05=0.800	0.34×0.05=0.017	1.05×0.05=0.053
花生饼	9	0.912	47.4×0.09=4.266	0.22×0.09=0.02	0.61×0.09=0.055
鱼粉	5	0.557	60.8×0.05=3.04	6.78×0.05=0.339	3.59×0.05=0.180
贝壳粉	5	—	—	46.46×0.05=2.323	
合计	100	11.332	15.51	2.733	0.505
要求	100	11.304	16.00	钙、磷比例为5:1	
相差	0	0.028	-0.49	钙、磷比例实际为5.4:1	

蛋鸭的饲料配方见表 5-17，供参考。

表 5-17 蛋鸭的饲料配方（%）

饲料	0～2 周龄		3～8 周龄		9～20 周龄		产蛋鸭		
	配方 1	配方 2	配方 1	配方 2	配方 1	配方 2	配方 1	配方 2	配方 3
玉米	36.0	36.6	40.0	40.0	37	37	57.5	55	43
大麦	19.0	—	18.3	—	11	—	—	—	22
稻谷	—	13.1	—	11.7	—	4.5	—	—	—
粗米	7.0	12.0	6.0	11.3	10	12.5	—	—	—
豆饼	17.3	7.0	10.3	—	6.5	—	8.3	16.7	15
花生饼	—	11.8	—	11.3	—	6.5	5.0	—	—
棉子饼	—	—	4.0	4.0	3.0	3.5	5.0	—	3
菜子饼	4.5	4.6	4.2	4.5	5.0	4.0	4.0	5	4
米糠	3.5	3.0	4.9	5.4	11.7	14.7	—	—	—
麸皮	6.0	5.0	6.7	6.1	13.4	14.9	7.0	10	—
鱼粉	5.0	4.0	4.0	4.0	—	—	5.0	5	5
骨粉	0.95	—	1.2	—	0.9	0.8	1.5	1	1.5
碳酸氢钙	—	0.8	—	0.8	1.1	1.2	6.5	7	4.2
石粉	0.35	0.7	0.1	0.6	0.2	0.2	0.2	0.3	0.3
食盐	0.2	0.2	0.2	0.2	另加	另加	另加	另加	2
预混料	0.2	0.2	0.1	0.1					
代谢能（兆焦/千克）	11.51	11.51	11.51	11.51	11.3	11.3	11.46	11.3	11.35

（续）

饲料	0～2 周龄		3～8 周龄		9～20 周龄		产蛋鸭		
	配方 1	配方 2	配方 1	配方 2	配方 1	配方 2	配方 1	配方 2	配方 3
粗蛋白质	20	20	18	18	15	15	17.8	18.4	19
钙	0.91	0.92	0.81	0.80	0.81	0.81	3.30	3.14	2.74
磷	0.46	0.46	0.46	0.45	0.46	0.54	0.50	0.64	0.5 (AP)
赖氨酸	0.92	0.62	0.78	0.69	0.56	—	—	1.29	0.87
蛋氨酸＋胱氨酸	0.73	0.70	0.60	0.60	0.50	0.50	—	0.57	0.63

三、绿色安全饲料使用准则及注意事项

1. 绿色安全饲料的使用准则

（1）建立绿色安全饲料原料的生产基地，确保饲料原料安全、无公害；在使用含有有害成分的饲料原料如菜子饼、棉子饼时，要经过脱毒处理。

（2）在动物性饲料原料的生产、运输、贮存过程中要严防病原微生物的污染。

（3）做好饲料原料的检测工作。入库前水分含量为12.0%～12.5%，杂质不超过 2%，干饲料中黄曲霉含量及磷酸氢钙和石粉的卫生指标应符合国家规定的指标，石粉中钙或磷酸氢钙中钙和磷含量应以实测值为准，饼粕类饲料和动物蛋白质含量及其品质必须测定，其他有害成分如汞、铅、砷、氟等的含量参照中华人民共和国饲料卫生标准 GB 13078—2001 执行。

（4）要执行农业部颁布《饲料和饲料添加剂管理条例》。

（5）配制蛋鸭饲料时，应以玉米、豆饼（粕）为主要原料。制药工业的副产品均不能在养鸭生产上使用。

（6）鸭用饲料提倡由饲料生产厂家进行标准化、专门化生产，中小规模的鸭场更不宜自制配合饲料。

2. 配制绿色安全饲料应注意的事项

（1）正确选择饲养标准　在当前的养鸭生产中，要求在使用科学的饲料配方时，必须要考虑生产阶段和生产水平，并正确选择与之相适应的饲养标准。

（2）充分掌握各种原料的营养含量　最好在配制饲料前对各种原料的营养含量进行实测，不能进行实测的，也要在充分了解原料的来源地后，准确地查出原料的各种营养素的含量。

（3）选用的饲料要求品质良好　存放过久的饲料，维生素严重失效，这种饲料易使鸭发生营养缺乏症，因而不宜选用。同时也不要用已出现酸败、霉烂、变质的饲料。

（4）采用合理的加工设备和方法　在加工饲料时，由于受加工设备、环境条件及人员的影响，会出现加工出的饲料与要求不符的现象，如果长期使用这种饲料将会使鸭产生营养缺乏症，给生产带来重大损失。

（5）注意饲料的适口性　注意日粮的品质和适口性，对营养价值较高但适口性差的饲料，必须限制其用量，以使整个日粮具有良好的适口性。

（6）尽量增加饲料的种类　在可能的条件下，配合饲料的种类要尽可能多一些，以利营养物质的完善和平衡，提高饲料的营养价值和利用率。

（7）注意饲料的水分　饲料如水分含量高，干物质即相对减少，应使饲料中含水量在规定范围内。也可根据饲料样品含水量，按比例增加该饲料数量。

（8）严格按照规定的比例配合　配制日粮时，必须严格进行计量或过秤，各种饲料务必准确地按照规定比例进行配合。

（9）饲料必须搅拌均匀　鸭的配合饲料由多种单一饲料混合而成，有的种类数量非常微小，所以必须混合均匀，特别是微量元素与维生素以及抗生素等，必须先加辅料后再与其他饲料充分搅匀。

（10）保持饲料质量的稳定　要保持饲料质量的稳定，必须要做到，饲料原料质量的稳定，饲料加工方法的合理，饲喂中所喂饲料的数量及质量的稳定。

（11）要充分认识饲料监测的重要性　同一种原料购自不同地区，所含营养是不同的。因此，要正确运用饲料监测这一手段，对购进的原料要全部化验，将得出的实际数据与理论数据相比较，供设计配方时参考。生产原料存放时间过长也会影响其营养价值，所以对库存原料也要保持经常性监测。再有，对加工出的混合饲料要定期进行抽样化验，以便检查配方是否合理。

四、饲料生产企业卫生规范

绿色安全饲料生产企业规范应按照中华人民共和国配合饲料企业卫生规范（GB/T16764—1997）执行，该标准适用于从事配合饲料及浓缩饲料的生产、加工、贮存、运输和营销的单位和个人。

1. 工厂与设施的卫生　工厂必须设置在无有害气体、烟雾、灰尘和其他污染的地区。厂区应绿化。厂区主要道路及进入厂区的主干道应铺设适于车辆通行的硬质路面（沥青或混凝土路面）。路面平坦，无积水。厂区应有良好的排水系统。厂房与设施的设计要便于卫生管理，便于清洗，整理。要按配合饲料、浓缩饲料生产工艺合理布局。厂房内应有足够的加工场地和充足的光照，以保证生产正常运转，并应留有对设备进行日常维修、清理的进出口。厂房与设施应有防鼠、防鸟、防虫害的有效措施。原料仓库或存放地、生产车间、包装车间、成品仓库的地面应具有良好的防潮性能，应进行日常保洁。地面不应有垃圾、废弃物、废水及杂乱堆放的设备等杂物。生产加工车间内工人操作区的粉尘浓度应不大于 10 毫克/米³，排放大气的粉尘浓度不大于 150 毫克/米³。生产加工车间和作业场所等工作地点的噪声标准为 85 分贝以下，每个工作日接触噪声时间不同，允许噪声标准见表5‐18。

表5‐18　每个工作日接触噪声时间与允许噪声量

每个工作日接触噪声时间（小时）	8	4	2	1
允许噪声量（分贝）	85	88	99	14

注：最高不得超过 115 分贝。

生产区应与生活区隔开。应设有与生产人数相适应的浴室、厕所。废弃物临时存放点应远离生产区。

2. 采购卫生要求　采购的饲料原料应符合中华人民共和国饲料卫生标准 GB 13078—2001 中的有关规定；采购的饲料添加剂应符合饲料添加剂的有关质量标准。

3. 包装卫生要求　原料的包装和包装容器，必须无毒、干燥、洁净。一切包装材料都必须符合有关卫生标准和规定，不应带有任何污染源，并保证包装材料不应与产品发生任何物理和化学作用。包装标志必须符合饲料标签标准 GB 10648—1999 规定。

4. 贮存卫生要求　饲料原料及饲料添加剂应贮存在阴凉、通风、干燥、洁净，并有防虫、防鼠、防鸟设施的仓库内。同一仓库的不同饲料原料应分别存放，并挂标识牌，避免混杂；饲料添加剂、药物应单独存放，并应挂明显的标识牌。饲料原料存放在室外场地时，场地必须干燥，并且必须有防雨设施和防止霉烂变质措施。各类饲料原料及饲料添加剂不得与农药、化肥等非饲料和饲料产品贮存于同一场所。

5. 运输卫生要求　运输工具应干燥、清洁、无异味、无传染性病虫，并有防雨、防潮、防污染设施。配合饲料不得与有毒、有害、易燃、易爆、有辐射等物品混装、混运。

6. 卫生质量检验管理 工厂必须设置与生产能力相适应的卫生质量检验机构，配备经专业培训、考核合格的检验人员。凡不符合卫生标准的原料不准投产，不符合卫生标准的产品一律不得出厂。计量仪器和设备必须定期校准，确保精度。各项原始记录保存3年，备查。

五、饲料卫生质量标准

饲料卫生质量标准应按中华人民共和国饲料卫生标准（GB 13078—2001）执行。规定了饲料、饲料添加剂产品中有害物质及微生物的允许量及其试验方法，该标准适用于各种饲料和饲料添加剂产品，见表5-19。

表5-19 饲料、饲料添加剂卫生指标

序号	卫生指标项目	产品名称	指标	试验方法	备注
1	砷（以总砷计）的允许量（毫克/千克）	石粉	≤2.0	GB/T 13079	不包括国家主管部门批准使用的有机砷制剂中的砷含量
		硫酸亚铁、硫酸镁			
		磷酸盐	≤20		
		沸石粉、膨润土、麦饭石	≤10		
		硫酸铜、硫酸锰、硫酸锌、碘化钾、碘酸钙、氯化钴	≤5.0		
		氧化锌	≤10.0		
		鱼粉、肉粉、肉骨粉	≤10.0		
		家禽配合饲料	≤2.0		
		家禽浓缩饲料	≤10.0		以在配合饲料中20%的添加量计

（续）

序号	卫生指标项目	产品名称	指标	试验方法	备注
2	铅（以 Pb 计）的允许量（毫克/千克）	生长鸭、产蛋鸭配合饲料	≤5	GB/T 13080	
		磷酸盐	≤30		
3	氟（以 F 计）的允许量（毫克/千克）	鱼粉	≤500	GB/T 13083	高氟饲料用 HG2636—1994 中 4.4 条
		石粉	≤2 000		
		磷酸盐	≤1 800	HG 2636	
		骨粉、肉骨粉	≤1 800	GB/T 13083	
		生长鸭配合饲料	≤200		
		产蛋鸭配合饲料	≤250		
		禽添加剂预混合饲料	≤1 000		
		禽浓缩饲料	按添加比例折算后，与相应猪、禽配合饲料规定值相同		
4	霉菌的允许量（每克产品中，霉菌数×10^3 个）	玉米	<40	GB/T 13092	限量饲用：40~100 禁用：>100
		小麦麸、米糠			限量饲用：40~80 禁用：>80
		豆饼（粕）、棉子饼（粕）、菜子饼（粕）	<50		限量饲用：50~100 禁用：>100
		鱼粉、肉骨粉	<20		限量饲用：20~50 禁用：>50
		鸭配合饲料	<35		

（续）

序号	卫生指标项目	产品名称	指标	试验方法	备 注
5	黄曲霉毒素 B_1 允许量（微克/千克）	玉米	≤50	GB/T 17480 或 GB/T 8381	
		花生饼（粕）、棉子饼（粕）、菜子饼（粕）			
		豆粕	≤30		
		肉用仔鸭前期、雏鸭配合饲料及浓缩饲料	≤10		
		肉用仔鸭后期、生长鸭、产蛋鸭配合饲料及浓缩饲料	≤15		
6	铬（以 Cr 计）的允许量（毫克/千克）	皮革蛋白粉	≤200	GB/T 13088	
7	汞（以 Hg 计）的允许量（毫克/千克）	鱼粉	≤0.5	GB/T 13081	
		石粉	≤0.1		
8	镉（以 Cd 计）的允许量（毫克/千克）	米糠	≤1.0	GB/T 13082	
		鱼粉	≤2.0		
		石粉	≤0.75		
9	氰化物（以 HCN 计）的允许量（毫克/千克）	木薯干	≤100	GB/T 13084	
		胡麻饼、粕	≤350		
10	亚硝酸盐（以 $NaNO_2$ 计）的允许量（毫克/千克）	鱼粉	≤60	GB/T 13085	

（续）

序号	卫生指标项目	产品名称	指标	试验方法	备 注
11	游离棉酚的允许量（毫克/千克）	棉子饼、粕	≤1 200	GB/T 13086	
12	异硫氰酸酯（以丙烯基异硫氰酸酯计）的允许量（毫克/千克）	菜子饼、粕	≤4 000	GB/T 13087	
13	六六六的允许量（毫克/千克）	米糠	≤0.05	GB/T 13090	
		小麦麸			
		大豆饼、粕			
		鱼粉			
14	滴滴涕的允许量（毫克/千克）	米糠	≤0.02	GB/T 13090	
		小麦麸			
		大豆饼、粕			
		鱼粉			
15	沙门氏杆菌	饲料	不得检出	GB/T 13091	
16	细菌总数的允许量（每克产品中，细菌总数×10^6个）	鱼粉	<2	GB/T 13093	限量饲用：2～5 禁用：>5

注：1. 所列允许量均以干物质含量为88%的饲料为基础计算。

2. 浓缩饲料、添加剂预混合饲料添加比例与本标准备注不同时，其卫生指标允许量可进行折算。

第六章

蛋鸭安全高效饲养管理

科学合理的饲养管理是鸭安全生产的关键环节，不同日龄，其生长发育、营养需要、对环境的适应性等各异，因此对不同生长阶段应采取不同的饲养管理措施。根据蛋鸭生长发育的规律和不同的生理特点，通常将 0～4 周龄的鸭称为雏鸭，这个阶段称为育雏期；5～16 周龄的鸭或 5～18 周龄的鸭称为青年鸭或育成鸭，这个阶段称为育成期；17 或 19 周龄以上的鸭称为成年鸭（产蛋鸭和种用鸭），这个阶段称为产蛋期或种用期。不同生产阶段有不同的饲养管理要求。

第一节　雏鸭的饲养管理

雏鸭饲养的成败直接影响鸭场生产计划的完成、蛋鸭的生长发育以及今后种鸭的产蛋量和蛋的品质。

刚出壳的雏鸭体质弱，绒毛少，体温调节能力差，对外界环境的适应性差，加上该阶段又是雏鸭生长发育最快的基础阶段，若饲养管理不善，容易引起疾病，造成死亡。因此，从出雏起，就必须创造适宜的环境，精心地进行饲养管理。

一、雏鸭的选择

1. 选择在同一时间内出壳、绒毛整洁、毛色正常、大小均匀、眼大有神、行动活泼、脐带愈合良好、体膘丰满、尾端不下垂的壮雏。在挑选种鸭时，还要特别注意雏鸭要符合本品种特征。凡是腹大而紧、脐带愈合不好、绒毛参差不齐、畸形、精神不振、软弱无力的不应入选。

2. 根据本地的自然饲养条件和采用的饲养方式选择蛋鸭品种。圈养可以引进高产的蛋鸭品种。放牧要根据自然放牧条件确定品种，在农田水网地区，要选觅食能力强、善于在稻田之间穿行的小型蛋鸭，如绍鸭、攸县麻鸭等；在丘陵山区，要选善于在山地爬行的小型蛋鸭，如连城白鸭、山麻鸭等；在湖泊地区，湖泊较浅的可以选中、小型蛋鸭，若放牧的湖泊较深可选用善潜水的鸭；在海滩地区，则要选耐盐水的金定鸭、莆田黑鸭，其他鸭种很难适应。

二、育雏季节的选择

采用关养或圈养方式，依靠人工饲养管理，原则上一年四季均可饲养，但最好避开盛夏或严冬进入产蛋高峰期；而全期或部分靠放牧觅食，就要根据自然条件和农田茬口来安排育雏的最佳时期，这不仅关系到成活率的高低，还影响饲养成本和经济效益的大小。

1. 春鸭 从春分到立夏、甚至到小满之间，即3月下旬至5月份饲养的雏鸭都称为春鸭，而清明至谷雨前，即4月20日前饲养的春鸭为早春鸭。这个时期育雏要注意保温，育雏期一过，天气日趋变暖，自然饲料丰富，又正值春耕播种阶段，放牧场地很多，雏鸭可以充分觅食水生动植物，如蚯蚓、螺蛳以及各种水草和麦田的落谷。春鸭不但生长快、饲料省，而且开产早，能在当年产生效益。

2. 夏鸭 从芒种至立秋前，即从6月上旬至8月上旬饲养的雏鸭，称为夏鸭。这个时期气温高，雨水多，气候潮湿，农作物生长旺盛，雏鸭育雏期短，不需要什么保温，可节省育雏保温费用。6月上、中旬饲养的夏鸭，早期可以放牧于秧稻田，帮助稻田中耕锄草，可充分利用早稻收割后的落谷，节省部分饲料，而且开产早，进入冬季即可达到产蛋高峰，当年可产生效益。但是，夏鸭的前期气温闷热，管理较困难，要注意防潮湿、防暑和防病工作。开产前要注意补充光照。

3. 秋鸭　从立秋至白露，即从8月中旬至9月饲养的雏鸭称为秋鸭。此期秋高气爽，气温由高到低逐渐下降，是育雏的好季节。秋鸭可以充分利用杂交稻和晚稻的稻茬地放牧，放牧时间长，可以节省很多饲料，故成本较低。但是，秋鸭的育成期正值寒冬，气温低，天然饲料少，放牧场地少，因此要注意防寒和适当补料。过了冬天，日照逐渐变长，对促进性成熟有利，但仍然要注意光照的补充，促进早开产，开产后的种蛋可提供一年生产用的雏鸭。我国长江中下游大部分地区都利用秋鸭作为种鸭。

三、育雏方式

目前，大多数采用地面平养育雏，在饲养量大的鸭场，也可采用网养和立体笼养的育雏方法。笼养育雏有许多优点：可提高单位面积的饲养量；有利于防疫卫生，提高育雏成活率；可以节省燃料，同时可提高管理定额，减轻艰苦的放牧劳动，节约垫料，便于集约化。

四、育雏的环境条件

1. 温度　温度是育雏成功与否的关键。雏鸭的保温期一般为3周。温度过低会影响雏鸭采食和运动，严重时挤压成堆，死亡率增高；温度过高，雏鸭群远离热源，紧靠墙边，张嘴喘气，受热以后，雏鸭行走不稳，体弱不健壮，抗病力差；温度适宜，雏鸭精神活泼，羽毛光滑整齐，伸腿伸腰，三五成群，静卧无声，或有规律地吃食饮水，排泄粪便。每隔 10 分钟"叫群"运动一次，这是温度适宜雏鸭感到舒适的反应。育雏温度见表6-1。

表 6-1　鸭的育雏温度

日龄	育雏室温度（℃）	育雏器温度（℃）
1～7	25	30～25
8～14	20	25～20
15～21	15	20～15
22～28	15	—

3 周龄以后，雏鸭已有一定的抗寒能力，如气温达到 15℃ 左右，就可以不再加温。

夏鸭，在 15～20 日龄可以完全脱温。春鸭或秋鸭，外温低，保温期长，需养至 15～20 日龄才开始逐步脱温，25～30 日龄才可以完全脱温。脱温时要注意天气的变化，在完全脱温的头 2～3 天，如遇到气温突然下降，也要适当增加温度，待气温回升时，再完全脱温。

2. 密度　蛋用雏鸭的饲养密度见表 6-2。

表 6-2　蛋用型雏鸭平面饲养的密度（只/米²）

日龄	1～10	11～20	21～30
夏季	30～35	25～30	20～25
冬季	35～40	30～35	20～25

3. 光照　第一周龄，每昼夜光照可达 20～23 小时，光照强度可大些。第二周龄开始，逐步降低光照强度，缩短光照时间。第三周龄起，要区别不同情况，如上半年育雏，白天利用自然日照，夜间以较暗的灯光通宵照明，只在喂料时用较亮的灯光照半小时；如下半年育雏，由于日照时间短，可在傍晚适当增加 1～

2 小时光照，其余时间仍用较暗的灯光通宵照明。

五、雏鸭饲养管理要点

1. 挑选雏鸭 要选择在同一时间出壳、绒毛整洁、毛色正常、大小均匀、眼大有神、行动活泼、脐带愈合好、体膘丰满的雏鸭，还要特别注意雏鸭要符合本品种特征。

2. 适时开水与开食

（1）开水 雏鸭在开食前首次下水活动和饮水俗称"开水"或"潮口"。开水能促进雏鸭的新陈代谢，刺激食欲，增进健康，提高生活力，因此，雏鸭必须先饮水后开食。

开水的时间应根据雏鸭的动态决定，一般在雏鸭干毛后能行走，并有啄食行为时（约出壳后 24～26 小时）进行。

开水的方法视气温和鸭群规模而定。早春气候寒冷，可在室内用水盆盛水 1 厘米深，水中加入适当的葡萄糖或维生素 C，将雏鸭放入水盆中嬉水 3～5 分钟，让它熟悉水性，饮些葡萄糖或维生素 C，以利排泄胎粪，促进生长，预防疾病。天气暖和时，将每只鸭篮装雏鸭 50～60 只，轻轻浸入水中少许，以水淹盖到雏鸭脚背为准，勿使腹部绒毛浸湿，让雏鸭饮水、排粪、嬉水 3～5 分钟，然后提出水面，放在干草上，让其理干绒毛。大群饲养时，可分批开水。天气炎热，雏鸭数量多，来不及分批开水时，可将溶有维生素 C 的水喷在雏鸭身上，让其互相吸吮绒毛上的水珠。在盆内或塘边开水时，要避免浸湿绒毛。喷水时也不要把绒毛喷得过湿，以成水珠而不滴水为度，防止雏鸭受冻感冒。

（2）开食 雏鸭第一次喂食称为"开食"。开水后，让雏鸭理干绒毛。当雏鸭在鸭篮里兜圈子寻找食物，以手试之，有伸头张嘴啄食的表现时，即应开食，一般在开水后 2 小时左右进行，也可在开水后就接着开食。在工厂化笼养雏鸭时，饮水和开食应同时进行。

开食饲料大多用蒸煮的大米或碎米，也可用碎玉米、碎大麦、碎小麦和小米。开食时，将饲料均匀地撒在竹席或塑料布上，随吃随撒，引逗雏鸭觅食认食。对不会吃食的雏鸭，要注意调教。现代化养鸭业多用食槽盛装碎粒料开食和饲喂。食垫或食槽旁边要设饮水处，让雏鸭边吃食边饮水，防止饲料粘嘴和影响吞咽，以促进食欲，帮助采食。吃食后，将雏鸭缓慢赶到运动场上，让其理毛休息，待毛干后，再赶入育雏室，捉入鸭篮内。由于雏鸭消化机能还未健全，开食时只能吃六、七成饱，以后喂量逐渐增加，3日龄后即可喂饱。

3. 适时"开青"、"开荤" "开青"即开始喂给青绿饲料。饲养量少的养鸭户为了节约维生素添加剂的支出，往往补充青饲料来弥补维生素的不足。青料一般在雏鸭"开食"后3～4天喂。雏鸭可吃的青饲料种类很多，如各种水草、青菜、苦荬菜等。一般将青饲料切碎单独喂给，也可拌在饲料中喂，以单独喂最好，以免雏鸭先挑食青饲料，影响精饲料的采食量。

"开荤"即给雏鸭开始饲喂动物性蛋白质饲料，即给雏鸭饲喂新鲜的"荤食"（如小鱼、小虾、黄鳝、泥鳅、螺蛳、蚯蚓等）。一般在5日龄左右就可"开荤"，先以黄鳝、泥鳅为主，日龄稍大些以小鱼、螺蛳为主。

4. 放水和放牧 放水要从小开始训练，开始的头5天可与"开水"结合起来，若用水盆给水，可以逐步提高水的深度，然后将水由室内逐步转到室外，即逐步过渡，连续几天雏鸭就习惯下水了。若是人工控制下水，就必须掌握先喂料后下水，且要等待雏鸭全部吃饱后才放水。待雏鸭习惯在陆上运动场活动后，就要引诱雏鸭逐步到水上运动场或水塘中任意饮水、游嬉。开始时可以引3～5只雏鸭先下水，然后逐步扩大下水鸭群，以达到全部自然地下水，千万不能硬赶下水。雏鸭下水的时间，开始每次10～20分钟，逐步延长，随着适应水上生活，次数也可逐步增加。下水的雏鸭上岸后，要让其在背风且温暖的地方理毛，使身上的湿毛尽快干燥后，进育雏室休息，千万不能让湿毛雏鸭进育雏室休息。

5. 及时分群　雏鸭分群是提高成活率的重要环节。雏鸭在"开水"前，可根据出雏的迟早和强弱分开饲养。笼养的雏鸭，将弱雏放在笼的上层、温度较高的地方。平养的要根据保温形式来进行，健雏放在近门口的育雏室，弱雏放在一幢鸭舍中温度最高处。

第二次分群是在"开食"后 3 天左右，可逐只检查，将吃食少或不吃食的放在一起饲养，适当增加饲喂次数，并比其他雏鸭的环境温度提高 1～2℃，同时，查看是否存在疾病。此外，可根据雏鸭各阶段的体重和羽毛生长情况分群，各品种都有自己的标准和生长发育规律，各阶段可以抽称 5％～10％的雏鸭体重，结合羽毛生长情况，未达到标准的要适当增加饲喂量，超过标准的要适当减少部分饲料的饲喂。

第二节　育成鸭的饲养管理

一、育成鸭的特点

1. 体重增长快　以绍鸭为例，28 日龄以后体重的绝对增长加快，42～44 日龄达到高峰，56 日龄起逐渐降低，然后趋于平稳增长，至 16 周龄的体重已接近成年体重。

2. 羽毛生长迅速　以绍鸭为例，育雏期结束时，雏鸭身上还掩盖着绒毛，棕红色麻雀羽毛才将要长出，而到 42～44 日龄时胸腹部羽毛已长齐，平整光滑，达到"滑底"，48～52 日龄青年鸭已达"三面光"，52～56 日龄已长出主翼羽，81～91 日龄蛋鸭腹部已第二次换好新羽毛，102 日龄蛋鸭全身羽毛已长齐，两翅主翼羽已"交翅"。

3. 性器官发育快 10 周龄后，在第二次换羽期间，卵巢上的卵泡也在快速长大，12 周龄后，性器官的发育尤其迅速。为了保证青年鸭的骨骼和肌肉的充分生长，必须严格控制青年鸭过早性成熟，这对提高产蛋性能是十分必要的。

4. 适应性强 青年鸭随着日龄的增长，体温调节能力增强，对外界气温变化的适应能力也随之加强。同时，由于羽毛的着生，御寒能力也逐步加强。因此，青年鸭可以在常温下，甚至可以在露天饲养。

随着青年鸭体重的增长，消化器官也随之增大，贮存饲料的容积增大，消化能力增强。此期的青年鸭杂食性强，可以充分利用天然动植物性饲料。

充分利用青年鸭的生理特点，加强饲养管理，提高生活力，使生长期发育整齐，为产蛋期的稳产、高产打下良好基础。

二、育成鸭的饲养方式

根据我国的自然条件和经济条件，以及所饲养的品种，育成鸭的饲养方式主要有以下几种。

1. 放牧饲养 育成鸭的放牧饲养是我国传统的饲养方式。大规模生产时采用放牧饲养的方式已越来越少。

2. 全舍饲饲养 育成鸭的整个饲养过程始终在鸭舍内进行称为全舍饲圈养或关养。鸭舍内采用厚垫草（料）饲养，或是网状地面饲养，或是栅条地面饲养。由于吃料、饮水、运动和休息全在鸭舍内进行，因此，饲养管理较放牧饲养方式严格。舍内必须设置饮水和排水系统。采用垫料饲养的，垫料要厚，要经常翻松，必要时要翻晒，以保持垫料干燥。地下水位高的地区不宜采用厚垫料饲料，可选用网状地面或栅条地面饲养，这两种地面要比鸭舍地面高 60 厘米以上，鸭舍地面用水泥铺成，并有一定的坡度（每米落差 6~10 厘米），便于清除鸭粪。网状地面最好用涂塑铁丝网，网眼为 24 毫米×12 毫米，栅条地面可用宽 20～25 毫米，厚 5～8 毫米的木板条或 25 毫米宽的竹片，或者是用竹子制成相距 15 毫米空隙的栅状地面，这些结构都要制成组装式，以便拆卸、冲洗和消毒。

全舍饲饲养方式的优点是可以人为地控制饲养环境，有利于科学养鸭，达到稳产、高产、安全的目的；由于集中饲养，便于向集约化生产过渡，同时可以增加饲养量，提高劳动效率。但此法饲养成本较高。

3. 半舍饲饲养 鸭群饲养在鸭舍、陆上运动场和水上运动场，不外出放牧。吃食、饮水可设在舍内，也可设在舍外，一般不设饮水系统，饲养管理不如全舍饲那样严格。其优点与全舍饲一样，便于科学饲养管理。这种饲养方式一般与鱼塘结合在一起，形成一个良性循环。它是当前我国养鸭生产中采用的主要方式之一。

三、育成鸭的饲养管理

1. 饲料与营养 育成期与其他时期相比，营养水平宜低不宜高，饲料宜粗不宜精，目的是使育成鸭得到充分锻炼，使蛋鸭长好骨架。因此，代谢能只能为 11.10～11.30 兆焦/千克，蛋白质为 15%～18%。尽量用青绿饲料代替精饲料和维生素添加剂，青绿饲料约占整个饲料量的 30%～50%。

2. 限制饲喂 放牧鸭群由于运动量大，能量消耗也较大，且每天都要不停地找食吃，整个过程就是很好地限喂过程，补料不足时，要注意限制补充（饲喂）量。而全舍和半舍养鸭则要重视限制饲喂，否则会造成不良的后果。

限制饲喂一般从 8 周龄开始，到 16～18 周龄结束。当鸭的体重符合本品种的各阶段体重时，可不需要限喂。

养鸭场可根据饲养方式、管理方法、蛋鸭品种、饲养季节和环境条件等，确定采用哪种方法限制饲喂。不管采用哪种限喂方法，限喂前必须称重，每两周抽样称重一次，整个限制饲喂过程是由称重—分群—调节喂料量（营养需要）三个环节组成，最后将体重控制在标准范围。表6-3是小型蛋鸭育成期各周龄的体重和饲喂量，供参考。

表6-3 小型蛋鸭育成期各周龄的体重和饲喂量

周龄	体重（克）	平均喂料量（克/天·只）
5	550	80
6	750	90
7	800	100
8	850	105
9	950	110
10	1 050	115
11	1 100	120
12	1 250	125
13	1 300	130
14	1 350	135
15	1 400	140
16	1 400	140
17	1 400	140
18	1 400	140

3. 分群与密度 分群可以使鸭群生长发育一致，便于管理。在育成期分群的另一原因是，育成鸭对外界环境十分敏感，尤其是在长血管时期，饲养密度较高时，互相挤动会引起鸭群骚动，使刚生长的羽毛轴受伤出血，甚至互相践踏，导致生长发育停滞，影响今后的产蛋。因而，育成鸭要按体重大小、强弱和公母分群饲养，一般放牧时每群为500～1 000只，而舍饲鸭每栏200～300只。其饲养密度，因品种、周龄而异。5～8周龄，每平方米养15只左右，9～12周龄，每平方米养12只左右，13周

龄起每平方米养 10 只左右。

4. 光照　光照是控制性成熟的方法之一。育成鸭的光照时间宜短不宜长。有条件的鸭场，育成鸭于 8 周龄起，每天光照 8～10 小时，光照强度为 5 勒克斯。

5. 放牧

（1）选择放牧场所　早春在浅水塘、小河、小港放牧，让鸭觅食螺蛳、鱼虾、草根等水生生物。春耕开始后在翻耕的田内放牧，觅取田里的草籽、草根和蚯蚓、昆虫等天然动植物饲料。水稻栽插之前，将鸭放牧在麦田，充分觅食遗落的麦粒。稻田插秧后 2 周左右，至水稻成熟期前这一段时间，可在稻田放牧。由于鸭在稻田中觅食害虫，不但节省了饲料，还增加了野生动物性蛋白的摄取量，待水稻收割后再放牧，可让鸭觅食落地稻粒和草籽。

（2）放牧前的采食调教　在放牧青年鸭之前，首先要让其学会采食各种食物（包括螺蛳和稻谷等）。

采食螺蛳的调教方法：先将螺蛳放入开水锅里煮一会儿，使螺肉稍微收缩（肉色发白），然后放到轧螺机上轧一下，将硬壳轧碎，去掉大片的硬壳，再把螺肉和细螺壳捞起，放在浅水盆内，让鸭子自由采食，或将少量螺肉拌入粉料中，待鸭群处于饥饿状态时喂给，引诱其采食。待螺肉喂过几次后，改成只将螺蛳轧碎后连壳投喂。轧碎的连壳螺蛳喂过几次后，就直接喂给过筛的小螺蛳，如此便可以培养鸭子采食整只螺蛳的习惯。

采食稻谷的调教先将稻谷洗净后，加水于锅里用猛火煮一下，直至米粒从谷壳里爆开，再放在冷水中浸凉。然后将饥饿的鸭群围起来，垫上喂料的塑料布，饲养员提着料桶进入鸭群先走几圈，引诱鸭子产生强烈的采食感，然后在空的塑料布上撒几把煮过的稻谷，当鸭看到谷壳中有白色的米粒，立刻便去啄食，但谷壳不易剥离，由于饥不择食，自然就吃下去。必须注意，第一次不要撒得太多，既要撒得均匀，又要撒得少，逐步添加，以后就会越吃越多。

此外，青年鸭放牧以前，还要调教其吃落谷的方法，先将喂料用的塑料布抽去一半，有意将一部分稻谷撒到地上，让鸭采食。这样喂过几次后，将喂料用的塑料布抽去，将稻谷全部撒在地上，鸭子便会主动在稻田寻找落谷，采食。

（3）放牧信号调教　放牧鸭群，必须要训练鸭群能听懂各种指令。因此，要用固定的信号和动作进行训练，使鸭群建立起听指挥的条件反射。较为通用的口令是："来—来—来"呼鸭来集合吃料；"嘘—嘘—嘘"呼鸭慢走；"咳—咳—咳"大声吆喝，表示警告。

常用的指挥信号是：

前进——牧鸭人将放牧竿平靠地上时，钝端在前，尖端在后；

停止前进——牧鸭人将放牧竿横握在手中，立于鸭群前面；

转弯——向左转弯时，牧鸭人将放牧竿的尖端在右方不断挥动，竿梢指向左方。向右转弯时，将放牧竿的尖端在左方不断挥动，竿梢指向右方；

停下采食——将放牧竿插在田的四方，表示在这个范围内活动，经过训练的鸭群，就会停下来安心采食。

（4）放牧的方法　青年鸭的觅食能力很强，是鸭一生中最适宜放牧的时期，但不同的放牧场地，采用不同的放牧方式，收效往往不同，最常见的放牧方法有3种。

①一条龙放牧法　这种放牧法一般由2～3人管理，由最有经验的牧鸭人在前面领路，另有两名助手在后方的左右侧压阵，使鸭群形成5～10层次，缓慢前进，把稻田的落谷和昆虫吃干净。这种放牧法适于将要翻耕、泥巴稀而不硬的落谷田，宜在下午进行。

②满天星放牧法　即将鸭群驱赶到放牧地区后，不是有秩序地前进，而是让其散开来，自由采食，先将具有迁徙性的活昆虫吃掉，适当"闯群"，留下大部分遗粒，以后再放。这种放牧法

适于干田块，或近期不会翻耕的田块，宜在上午进行。

③定时放牧法　青年鸭的生活有一定的规律性。在一天的放牧过程中，要出现 3～4 次积极采食的高潮，3～4 次集中休息和浮游。根据这一规律，在放牧时，不要让鸭群整天泡在田里或水上，而要根据季节和放牧条件采取定时放牧法。春天至秋初，一般每天采食 4 次，即早晨采食 2 小时，9：00～11：00 采食 1～2 小时，下午 2：30～3：30 采食 1 小时，傍晚前，采食 2 小时。秋后至初春，气候寒冷。能觅的食物极少，日照少，一般每日分早、中、晚采食 3 次，饲养员要选择好放牧场地，把天然饲料丰富的地方留作采食高潮时放牧。由于鸭群经过休息，体力充沛，又处在较饥饿状态，所以一进入牧地，立即低头采食，对饲料的选择性降低，能在短时间内吃饱肚子，然后再下水浮游、洗澡，在阴凉的草地上休息。这样有利于饲料的消化吸收。

（5）放牧路线的选择　每次放牧，路线远近要适当，鸭龄从小到大，路线由近到远，逐步锻炼，不能使鸭过度疲劳；往返路线尽可能固定，便于管理。过河过江时，要选择水浅的地方；上下河岸，应选择坡度小，场面宽广之处，以免拥挤践踏。在水里浮游，应逆水放牧，便于觅食；在有风天气放牧，应逆风前进，以免鸭毛被风吹开，使鸭体受凉。每次放牧途中，都要选择 1～2 个可避风雨的阴凉地方，在中午炎热或遇雷阵雨时，都要把鸭赶回阴凉处休息。

（6）放牧饲养的管理要点

①对于活动能力强、善于觅食的青年鸭，在放牧的时候，若遇天然饵料丰富、活动场地又好的牧地，要注意控制它们整天奔波、不肯休息的毛病，让其适当休息，以免消耗过大，影响生长发育；对能吃能睡的青年鸭，在每次吃饱后，就要注意让它们洗澡、理毛，然后入舍睡觉，促使其快速生长。

②冬季气候寒冷，外出放牧能觅的食物极少，必须适当补喂精料和青绿饲料以及鱼粉或者配合饲料，以满足青年鸭快速生长

的营养需要。

第三节 产蛋鸭和种鸭的饲养管理

一、产蛋鸭的特点

我国蛋鸭品种的最大特点是无就巢性，蛋鸭的产蛋量高，90%以上产蛋率可维持20周左右，整个主产期的产蛋率基本稳定在80%以上。蛋鸭的这种产蛋能力，需要大量的营养物质。因此，进入产蛋期的母鸭代谢旺盛，为满足代谢的需要，蛋鸭表现出很强的觅食能力，尤其是放牧的鸭群。产蛋鸭的另一个特点是性情温驯，生活和产蛋的规律性很强，在正常情况下，产蛋时间总是在凌晨的1：00～2：00。

鉴于蛋鸭在产蛋期的这些特点，在饲养上要求高饲料营养水平，在管理上，要创造最稳定的饲养条件，才能保证蛋鸭高产稳产。

二、产蛋鸭的环境要求

1. 饲养方式 产蛋鸭的饲养方式包括放牧、全舍饲、半舍饲三种。半舍饲方式最常见，其饲养密度为7只/米^2。

2. 温度 鸭对外界环境温度的变化有一定的适应范围，成年鸭适宜的环境温度是5～27℃。由于禽类没有汗腺，当环境温度超过30℃时，体热散发较慢，采食量减少，正常的生理机能受到干扰，蛋重降低、蛋壳变薄，产蛋量下降，饲料利用率降低，种蛋的受精率和孵化率下降，严重时会引起中暑死亡；如环境温度过低，为了维持鸭的体温，就要多消耗能量，降低饲料利用率，当温度继续下降，在0℃以下时，鸭体的正常生活受阻，产蛋率明显下降。产蛋鸭最适宜的环境温度是15～20℃，此时期的饲料利用率、产蛋率都处于最佳状态。

3. 光照 在育成期，控制光照时间，目的是防止育成鸭过早性成熟；进入产蛋期后，要逐步增加光照时间，提高光照强度，促使性器官发育，适时开产；进入产蛋高峰期后，要稳定光照时间和光照强度，使蛋鸭持续高产。

光照一般分为自然光照和人工光照两种。开放式鸭舍一般使用自然光照加人工光照，而封闭式鸭舍则采用人工光照。

光照时间从 17～19 周龄就可以开始逐步延长，到 22 周龄，达到 16～17 小时为止，以后维持不变。在整个产蛋期光照时间不能缩短，更不能忽长忽短。光照时间的延长可以采用等时递增，即每天增加 15～20 分钟，产蛋期的光照强度有 5 勒克斯即可，即每平方米鸭舍 1.3 瓦。当灯泡离地面 2 米时，一个 25 瓦的灯泡，就可满足 18 米^2 鸭舍的光照。

蛋鸭的光照制度参见表 6-4，光照时间各阶段有互相跨越的范围。

表 6-4 蛋鸭的光照时间和光照强度

周龄	光照时间	光照强度
1	24 小时	8～10 勒克斯
2～7	23 小时	5 勒克斯，另 1 小时为朦胧光照
8～16 或 8～18	8～10 小时或自然光照	晚间朦胧光照
17～22 或 19～22	每天均匀递增，直至 16 小时	5 勒克斯，晚间朦胧光照
23 以后	稳定在 16 小时，临淘汰前 4 周可增加到 17 小时	5 勒克斯，晚间朦胧光照

三、产蛋期的划分和饲养管理要点

根据绍鸭、金定鸭和咔叽·康贝尔鸭产蛋性能的测定，150 日龄时产蛋率可达 50%，至 200 日龄可达 90% 以上，在正常饲养管理条件下，高产鸭群产蛋高峰期可维持到 450 日龄左右，以后逐渐下降。因此，蛋鸭的产蛋期可分为以下四个阶段：150～200 日龄为产蛋初期；201～300 日龄为产蛋前期；301～400 日龄为产蛋中期；401～500 日龄为产蛋后期。

1. 产蛋初期和前期的饲养管理 当母鸭适龄开产后，产蛋量逐日增加，日粮营养水平逐步提高。特别是粗蛋白质要随产蛋率的递增而调整，并注意能量蛋白比，使鸭群尽快达到产蛋高峰；达到高峰期后要稳定饲料种类和营养水平，使产蛋高峰期尽可能保持长久。此期自由采食，白天喂料 3 次，晚上 9：00～10：00 给料 1 次，光照时间逐渐增加，达到产蛋高峰期光照应保持 16～17 小时。在 201～300 日龄期内，每月应空腹抽测母鸭的体重，如超过或低于此时期的标准体重 5% 以上，应检查原因，并调整日粮的营养水平。

2. 产蛋中期的饲养管理 因鸭群已进入产蛋高峰期并持续100 多天，体力消耗较大，对环境条件的变化敏感，如不精心饲养管理，难以保持高峰产蛋率，甚至引起换羽停产。这是蛋鸭最难养好的阶段。此期内的营养水平要在前期的基础上适当提高，日粮中粗蛋白质的含量应达 20%。并注意钙量的添加，日粮含钙量过高会影响适口性，可在粉料中添加 1%～2% 的颗粒状贝壳粉，也可在舍内单独放置碎贝壳片，供其自由采食，并适量喂给青绿饲料或添加多种维生素。光照时间保持 16～17 小时。在日常管理中要注意观察蛋重、蛋壳质量有无明显变化，产蛋时间是否集中，精神状态是否良好，洗浴后羽毛是否沾湿等，以便及时采取有效措施。

3. 产蛋后期的饲养管理 蛋鸭群经长期持续产蛋之后，产蛋率将会不断下降。此期饲养管理的主要目标是尽量减缓鸭群产蛋率的下降幅度。如果饲养管理得当，鸭群的平均产蛋率仍可保持 75%～80%。此时应按鸭群的体重和产蛋率的变化调整日粮营养水平和给料量。如果鸭群体重增加，应将日粮中的能量水平适当下调，或适量增加青绿饲料，或控制采食量。如果鸭群产蛋率仍维持在 80%左右，而体重有所下降，则应增加动物性蛋白质的含量。如果产蛋率已下降到 60%左右，则应及早淘汰。

四、种鸭的饲养管理

我国蛋鸭产区习惯从秋鸭（8 月下旬至 9 月孵出的雏鸭）中选留种鸭。秋鸭留种正好满足次年春孵旺季对种蛋的需要。同时在产蛋盛期的气温和日照等环境条件最有利于高产稳产。由于市场需求和生产方式的改变，常年留种常年饲养的方式越来越多地被采用。种鸭饲养管理的主要目标是获得尽可能多的合格种蛋，能孵化出品质优良的雏鸭。

1. 严格选择，养好公鸭　留种公鸭须经过育雏期、育成期和性成熟初期三个阶段的选择，以保证用于配种的公鸭生长发育良好，体格强壮，性器官发育健全，精液品质优良。在育成期公母鸭最好分群饲养，公鸭采用放牧为主的饲养方式，让其多活动，多锻炼。在配种前 20 天放入母鸭群中。因公鸭比母鸭性成熟迟，为了提高种蛋的受精率，种公鸭应早于母鸭 1～2 个月孵出。种公鸭一般利用一年后淘汰。

2. 适合的公母性比　我国麻鸭类型的蛋鸭品种，体型小而灵活，性欲旺盛，配种性能极佳。在早春和冬季，公母性比为 1：20，夏、秋季公母性比可提高到 1：30。这种配比的受精率可达 90%以上。在配种季节，应随时观察公鸭配种表现，发现伤残的公鸭应及时调出补充。

3. 日常管理　在管理上要特别注意舍内垫草的干燥和清洁，及时翻晒和更换；每日早晨及时收集种蛋，并尽快进行消毒入蛋库（室）；气候良好的天气，应尽量早放鸭，迟收鸭；保持环境的安静，避免惊群、骚乱；气温低的季节注意舍内避风保温，气温高的季节，特别是我国南方梅雨季节要注意通风降温。

五、人工强制换羽

人工强制换羽可以调控产蛋季节，缩短休产时间，提高种蛋品质。

1. 时期的选择 家禽自然换羽多在秋季发生，人工强制换羽时期的选择主要以市场对鸭的需求来决定。每年的 2～8 月份是全年孵化的旺季，又是种鸭的产蛋盛期，因此，一般不采取强制换羽，以免影响种蛋的供应。秋末冬初家禽自然换羽速度慢，停产期达 3～4 个月，此时对种鸭群采取强制换羽，可使换羽休产期缩短在两个月以内，可为次年春季孵化提供优质种蛋，由于羽的长成，提高了种鸭越冬的抗寒能力，降低生产成本。

2. 强制换羽的方法 人工强制换羽的具体做法是：第 1 天将鸭关进遮光鸭舍，停食、停水；第 2 天仅在上午喂 1 次水；第 3 天给足够的饮水；第 4 天开始给少量粗薄的饲料，每只鸭给糠麸类饲料 100 克，1 次或 2 次吃完，但应有足够的吃食面积，给以足够的饮水；第 7～12 天所喂的糠麸类饲料增加至 125 克，另给少量的青绿饲料，分上、下午 2 次喂给。10 天内不让鸭群出圈、不放牧。10 天后，每隔 3 天让鸭洗浴 1 次，促使其自己摘羽。

从停食后第 15～20 天鸭开始换羽，一般先换小羽，后换大羽。为使其大、小羽同时脱换，缩短整个换羽期，可用人工方法将鸭的主翼羽、副翼羽和尾羽依次拔掉。拔羽必须在羽根干枯，已经"脱壳"（羽轴与毛囊脱离），易脱而不出血时进行。过早或过晚都会影响鸭的体重和新羽的生长。拔羽要选择在晴天上午进行，集中劳力，把所有未脱落的翼羽和主尾羽沿着该羽毛尖端方向，用瞬时力逐一拔除，拔羽完毕后，第一天可让鸭群下水，随即对鸭群进行恢复饲养。

实行人工拔羽时，必须掌握好适当的时间。由于限制了给料和供水，营养缺乏而导致鸭的喙、趾、蹼等处色素由浓黄色变为淡黄色，最后近于苍白色，这就表示再过 2～3 天即可拔羽。

当关在舍内的蛋鸭在停止喂饲后，体内所积贮的脂肪、蛋白质等营养物质被分解，以维持生理活动的需要。因此鸭消瘦，两翅上的肌肉也随之"收缩"，此时就可实施拔羽。但还应注意观察羽管根部的"脱壳"情况。鸭的两翅肌肉"收缩"后，翼羽的羽根部分会出现长 3～4 毫米的浅色管根痕迹，有的羽管根还出现干涸或收缩状态。当观察到这些状态时，即是羽管根部"脱壳"，这是拔羽最适宜的时间。如果以上现象未出现而勉强拔羽，就会损伤蛋鸭身体，拔羽操作也比较困难，而且以后新羽的生长也迟缓。

3. 恢复期的饲养管理　在强制换羽后期要加强饲养管理。喂料由少到多，质量由粗到精，逐步过渡到正常。拔羽后第二天开始放牧和洗浴，牧地应由近到远，放牧时间由短到长。拔羽后5 天内避免烈日暴晒，保护毛囊组织，利于新羽毛的生长。在拔羽后的 20 天左右开始恢复蛋鸭的正常饲养管理。一般在拔羽后的 30～40 天蛋鸭开始产蛋。如果饲养管理得好，蛋鸭可再产9～10 个月的蛋。

4. 人工强制换羽期间应注意的问题　人工强制换羽前，先要对鸭群进行个体检查，及早淘汰病、瘦、弱的鸭，以免在人工强制换羽的过程中造成过多的死亡，而产生不必要的经济损失。在人工强制换羽前 1～2 周，对未进行各种防疫注射的鸭群要补注鸭瘟、禽霍乱等疫苗，并进行驱虫、除虱，以适应人工强制换羽所造成的应激，并保持下一个产蛋年鸭群的健康。

恢复正常的饲料和饮水供给后，尤其要注意添加富含蛋氨酸、胱氨酸等含硫氨基酸的动物性蛋白质饲料，增加鱼粉、羽毛粉等的供给。还应该在日粮中增加一些维生素和微量元素，特别是适当补充含钙较多的矿物质（如贝壳等）。在恢复给料和饮水时，应该适当增加食槽和水槽，饲料喂量应逐渐增添，少食多餐，不能让鸭自由采食。应该特别注意做好饲养管理和防病工作。在整个人工强制换羽期间对鸭群要适当减少光照，以免导致恢复期的延长。

六、不同季节的管理要点和操作规程

1. 春季饲养管理

（1）首先要保证蛋鸭吃饱吃好，饲料蛋白质应达 20％左右，适当添加钙质和青饲料，并加强放牧，提早放牧，适当延长放牧时间。同时，要科学选择放牧的场地，即早春放浅水塘、小河、小港，让鸭觅食螺蛳、鱼虾、草根等水生生物，在蛋鸭补充天然饵料的同时，也增强了蛋鸭的体质，对维持蛋鸭高产蛋率有利。

（2）初春若有寒流，应加强保温工作。晚春季节，气候多变，偶尔会出现早热天气，或连续阴雨，因此要保持鸭舍内干燥、通风，搞好清洁卫生工作，定期消毒。如逢阴雨天，要适当改变操作规程，舍内垫料不要蓄积过厚，要定期清理。

2. 梅雨季节饲养管理
春末夏初，我国南方各省大都进入梅雨季节，常常阴雨连绵，温度高、湿度大，有些低洼地带常出现积水。这时蛋鸭饲养的重点应抓好防霉、通风，立即采取以下措施：

（1）敞开鸭舍门窗，保证通风充分，及时排出鸭舍内的污浊空气，高温高湿时，要防止氨中毒。

（2）勤换垫草，疏通排水沟，保持运动场干燥。

（3）严防饲料发霉变质。

（4）定期消毒鸭舍。

（5）及时修复围栏、鸭滩、运动场。

3. 盛夏季节饲养管理
6 月底至 8 月份，是一年中最热的时期，此期蛋鸭饲养管理的重点是防暑降温。主要采取以下措施：

（1）将鸭舍屋顶刷白或种植丝瓜、南瓜，让藤蔓爬上屋顶，隔热降温，在运动场（鸭滩）搭凉棚，或让丝瓜、南瓜的藤蔓爬上去遮阴。

（2）敞开鸭舍门窗，加速空气流通，有条件时可装排风扇或吊扇，通风降温。

（3）早放鸭，晚关鸭，增加中午休息时间和下水次数，傍晚不要赶鸭入舍，夜间让鸭露天乘凉，但需在运动场中央或四周点灯照明，防止鼠害。

（4）保证饮水供应。

（5）多喂水草等青饲料，同时要提高精饲料中的蛋白质含量，饲料要现拌现吃，以防腐败变质。

（6）适当疏散鸭群，降低饲养密度。

（7）防止雷阵雨袭击鸭群，雷雨前要赶鸭入舍。

（8）鸭舍及运动场要勤打扫，水槽、料槽要清洗，保持清洁。

4. 秋季饲养管理　9、10 月份，正是冷暖空气交替之际，气候变化无常，而且蛋鸭经过大半年的产蛋，身体疲劳，此时饲养的重点是：

（1）补充人工光照，使每日光照时间（自然光照加人工光照）不少于 16 小时。

（2）尽量保持鸭舍内小气候变化幅度不大。

（3）适当增加营养，补充动物性蛋白质饲料。

（4）适当补充无机盐饲料。

（5）操作规程和饲养环境尽量保持稳定。

5. 冬季饲养管理　冬季气候寒冷，日照时间短。一般来说，产蛋率会下降，为使蛋鸭在冬季高产稳产，主要应采取以下综合技术：

（1）**加强防寒保温**　鸭舍要检修，要求门窗关上后能防寒保暖，打开后能通风换气，或在鸭舍门口悬挂草帘保温；深层垫草要保温，即在鸭舍内墙四周产蛋区垫一层稍厚（5～10 厘米）的软草，每天早晨收蛋后，将蛋窝内的旧草撒铺在鸭舍内，晚上鸭群入舍前再添些新草作产蛋窝，垫草逐渐积累，数日清除一次，既保温、又省力；鸭群活动场地的西北面，最好架设 2 米以上高度的挡风屏障，如筑高墙等，以达到挡风保温之目的。

（2）及时调整日粮　在加强放牧的同时，适当补充植物性饲料；为抵御寒冷的气候，在鸭的饲料中应增加玉米等能量饲料的比例，同时降低蛋白质饲料的含量，一般情况下，冬季蛋鸭精料中代谢能要在 11.92 兆焦/千克以上，粗蛋白质含量 19%，钙 2.7%～3.0%，有效磷 0.5%～0.6%，赖氨酸 0.8%，蛋氨酸 0.28%，食盐 0.35%；并适当供给青绿多汁饲料，保证蛋鸭各种维生素的正常供给，必要时可添加蛋禽用多种维生素添加剂，每 50 千克饲料中加入 5～7 克，以代替青饲料，同时还应适当增加饲喂量。

（3）补充光照　冬天日照时间短，应补充光照，试验证明，冬季补充光照可提高蛋鸭产蛋率 20%～50%。

（4）搞好"噪鸭"　由于冬季鸭饲喂谷类饲料较多，加之鸭群活动减少，易造成体内脂肪积聚过多，过于肥胖，导致产蛋率下降。因此，冬季一般把关在棚内饲养的鸭群，轻声吆喝，缓缓驱赶，在棚内作圆圈运动，即为"噪鸭"，每天至少"噪鸭"6 次，每次转 4～5 圈即可，这样不仅可以增加运动量、健壮身躯，而且还可提高冬季产蛋率。另外，还可以提高鸭的御寒能力，避免直接下水着凉感冒。待到适量转圈运动后，有 80% 以上的鸭发出强烈的叫声，就开棚放水。

（5）正确放水　鸭子放水应尽量赶在气候比较温暖的河滩、塘坝、水渠避风晒太阳，活动一下。不可在空旷的田野和水塘停留过久，免得受冻而停止产蛋。因此，每天的放水时间不要超过 4 小时，要做到迟放早归。

（6）抓好春雏，分群饲养　一般情况下，蛋鸭的开产时间为 24 周龄左右，按此推算，要使鸭在冬季达到产蛋高峰期，获得较好的经济效益，应采取以下措施：必须抓好春雏，春天育雏，气温适宜，易于饲养；在入秋 8~9 月份，可加强蛋鸭人工换羽；新、老鸭要分群饲养，新鸭喜动，老鸭喜静，新、老混合饲养，新鸭会把老鸭吵得心神不安而影响产蛋，当老鸭超过 500 日龄时，产蛋率低，应及时淘汰。

(7) 促使发"性" 蛋鸭的性欲越强，其产蛋量越高。因此，除种鸭要按 5％留足公鸭外，蛋鸭中也要留 2％~5％的公鸭。

(8) 避免应激 蛋鸭在冬天要饮温水，避免因饮冷水产生应激反应而使产蛋量降低；蛋鸭对环境空气污染应激敏感，当蛋鸭放水时应打开所有门窗，并勤垫勤扫，以饲养员进入鸭舍无刺鼻气味的感觉为宜。

第七章

蛋鸭安全生产新技术

近年来，随着人民消费需求的改变和科技投入的加大，科技工作者十分重视养殖新技术的研发，并取得显著进展，如蛋鸭笼养技术，这些养殖新技术不仅推动了养殖技术的提升，而且提高了产品质量安全水平，目前在养殖业具有很高的推广价值。

第一节　蛋鸭的笼养技术

蛋鸭传统的养殖方式比较粗放，如圈养、散养、放牧或半放牧等方式，集约化程度低，并且存在地域限制、管理不便和不适

图 7-1　蛋鸭笼养现场

于规模化生产需要，因此，为适应集约化、规模化生产，蛋鸭笼养技术越来越受到重视，从而为蛋鸭生产开辟了一条新的养殖途径，这在生产实践中具有极其重要的意义（图7-1）。

一、蛋鸭笼养的优点

1. 提高单位面积鸭舍利用效率和劳动生产率　笼养不需要运动场和水面，采用双列式3、4层笼养方式，蛋鸭笼养占地面积小，可以充分利用空间，单位面积鸭舍的饲养量较地面平养大幅度增加，从而提高了鸭舍的利用效率。由于简化了饲养管理操作程序，降低了劳动强度，劳动生产效率得到有效提高，每个饲养员管理鸭子的数量可增加1倍以上。

2. 有利于疫病的预防和控制　笼养蛋鸭的生产过程在鸭舍内进行，鸭子隔绝了与外界环境的直接接触，有效降低了生产期间与外界环境病原微生物接触感染机会，尤其是对以某些飞禽候鸟为传染源进行传播的疫病（如禽流感）；其次，笼养鸭由于活动空间有限，防疫所需时间短，可避免惊群漏防现象发生，减少免疫应激；再次，笼养蛋鸭可避免饮水器、食槽被粪便污染，减少传染病的发生，即使个别发病的蛋鸭也能够及时发现并得到有效治疗或淘汰，可有效降低大群感染疫病的风险。

3. 提高饲养经济效益　笼养蛋鸭由于不易发生抢食现象而采食均匀，使鸭群体重均匀、开产整齐，又因活动范围小，减少运动量和体力消耗，而降低了饲料消耗。其次，笼养鸭个体健康和生产性能状况信息能得到及时反馈，有利于淘汰不良个体，使鸭群产蛋率大幅度提高。

4. 有利于环境保护和清洁生产　传统平养方式由于缺乏严格的管理和社会行为的约束，加上集中处理废弃物的能力较弱，导致单位面积承载量过大，加剧环境的污染。笼养过程中，由于鸭子处于相对封闭的环境中，养殖过程中的污染源仅局限于养殖场地，所产生的代谢排泄物便于收集，经适当处理可合理利用或达标排放，不会对环境造成污染或危害，有利于实现清洁生产，减少蛋品污染及传染病的发生率。笼养蛋鸭刚产下的鸭蛋，由于斜坡和重力作用滚到集蛋框中，脱离了与鸭子的直接接触，且笼子底部与鸭蛋直接接触面比较干净，降低了鸭蛋污染程度，较完整地保存蛋壳外膜，有利于延长鸭蛋的保鲜和保质期，改善鸭蛋外观，减少蛋制品加工过程的洗蛋工艺，增强鸭蛋的市场竞争力。

二、蛋鸭笼养主要技术措施

1. 鸭舍场址的选择与建设　鸭舍要求建在通风良好，采光条件较好的地方，并配置电灯辅助照明。产蛋鸭舍的建设与产蛋鸡舍形式相同，必须具有良好的通风、采光与保温性能，也可用蛋鸡舍进行改建。一般每幢产蛋舍面积为 $150\sim200$ 米^2，饲养量控制在约 2 000 只为好，便于防疫与管理。调整电灯位置，每 20米^2 装一个 25 瓦的灯泡。

2. 鸭笼构造　鸭笼可用竹片或铁丝网构建成木笼或铁笼，由直径 4 厘米以上的木杆做支架，通常制成梯架式双层重叠鸭笼。每组鸭笼前高 37 厘米、后高 32 厘米、长 190 厘米、宽 35厘米。料槽安装在前面，底板片顺势向外延伸 20 厘米为集蛋槽，笼底面离地 $45\sim50$ 厘米，坡度 $4.2°$，使鸭蛋能顺利滚入集蛋槽。上下笼要错开，不要重叠，应相隔 20 厘米。每笼饲养成鸭 $1\sim3$只，配自动饮水乳头 1 个。

3. 品种选择　笼养蛋鸭要选择体型小、成熟早、耗料少、产蛋多、适应性强的品种，如绍鸭、金定鸭、荆江鸭、咔叽·康贝尔鸭等。为了提高经济效益，要选择健壮、无病、大小整齐的青年鸭进行笼养。这样，鸭上笼后，经半个多月的适应期即可陆续产蛋，每年春、秋两季为高产期。成年母鸭第 1 年产蛋率最高，第2年留优去劣，淘汰更新50%，第3年全部更新。

4. 育雏期饲养技术 一般采用网上育雏，室温保持30℃左右，湿度60%，3天后每天降2℃，一直降到22～23℃。室内要求光照充足，通风良好，白天自然光照，夜间每30米²用两个15瓦灯泡照明。雏鸭在入育雏室内休息1小时后可潮口，可饮用5%葡萄糖水或糖水，潮口后改为普通水，潮口后1～2小时即可开食，将料拌湿，每昼夜喂5次，全天保持饮水器有水。

5. 育成期饲养技术 笼养蛋鸭采用全重叠式或多层笼，每层4笼，每笼4只蛋鸭，可干喂，也可湿喂，一天喂4次，饮水5次。饲料量每天递增2.5克，一直到60日龄为止，每只鸭150克，以后始终维持这个水平，80日龄时，注射鸭瘟疫苗，120日龄时注射禽霍乱菌苗，进入产蛋高峰期尽量避免蛋鸭打针。

鸭育成期在冬季白天可利用自然光照，遇阴天光线不足时适当用电灯辅助照用，夜间通宵弱光照明，每30米²鸭舍装1个15瓦灯泡。夏季舍内温度不能高于30℃，每两天清粪便1次；冬季舍内温度为20℃，最低不低于7℃，冬季注意通风，以无粪便刺激气味为标准，每3天清粪便1次。

6. 产蛋期的饲养管理

（1）上笼 75～80日龄左右上笼饲养。每个笼位放1～3只鸭子。上笼选择晴好天气，白天进行。刚上笼鸭表现为很不安宁，会惊群，此时要保持环境安静，减少其他人员出入，及时将逃逸的鸭子归位。

（2）吃料与饮水的调教 投料前先在食槽中放水，自由饮水约半小时后，将水放掉，再放入饲料。饲料先用25%～30%的水拌湿，均匀铺在食槽中。开始几天每天少量多餐，笼养的适应期一般需要2周左右时间，等正常后每天的投料次数固定为每天早、中、晚3次。

（3）体重控制 上笼后，根据鸭子的体重将全群鸭进行大致上的分组，体重偏小组的投料量适当增加，这样可以改善整个鸭群的均匀度，使开产均匀，并缩短到达高峰期的时间间隔。这也是笼养的优点之一，圈养不可能采用这样的技术措施。

（4）光照　开始以自然光照为主，夜间在舍内留有弱光，使鸭群处于安静状态。产蛋期早晚要进行人工补光。光照以每 20 米² 配备 1 只 25 瓦白炽灯，调整灯泡的高度，尽量使室内采光均匀。补光以每周 15 分钟的方式渐进增加，直到延长到每天 15～16 小时为止，并固定下来。

（5）卫生　按免疫程序要求注射各种疫苗。每天观察鸭群的采食、饮水、粪便及精神状态，发现异常及时治疗与隔离。每周进行一次环境与空气消毒。定期在饲料或饮水中添加抗生素与消毒药，定期清粪。

（6）通风换气　夏天时增设通风与喷淋设备，降低舍温。产蛋期的最佳温度为 15～20℃。冬天注意冷风的直接吹入，减少换气量，以舍内空气不过于浑浊为原则，换气选择在中午时进行。

（7）饲料　笼养后因失去了一切觅食机会，要特别注意饲粮的营养全面与均衡，微量元素与维生素的添加量要比圈养方式提高 20%～30%，以提高机体的健康水平，确保高产需要。每周添喂沙砾 1 次。与圈养相比，在饲料能量指标上，可适当调低。随气温变化投料量也应进行调整，冬天气温每下降 1℃，增加投料 2 克。饲料原料须保证新鲜与卫生，避免霉变原料。

笼养蛋鸭比平养蛋鸭能提早达到产蛋高峰期。在笼养蛋鸭的饲养过程中，常出现一定数量的软壳蛋和薄壳蛋，在产蛋进入高峰期前尤为突出，因此高峰期中应对笼养鸭实行单独补钙，钙料最好用蛋壳粉，次之用贝壳粉、骨粉。补饲时间在下午至夜间熄灯前均可。补饲数量根据软壳蛋及薄壳蛋所占的比例而定，一般以软壳蛋和薄壳蛋基本消失为合适，通常每 100 只鸭每次补充量以 0.5 千克为宜。

（8）捡蛋　鸭子的产蛋时间多集中于夜间，所以早晨首先的工作是集蛋，白天也须定时将零星蛋加以收集，尽量减少破蛋的发生。

（9）高峰期喂料　产蛋达到高峰期前 3 周开始，投料由前期的 3 次改为 4 次。最后一次尽量往后推迟，投料量也适当增加，最好是在晚 8：00 以后，这对产蛋率与蛋重的提高很有帮助。

7. 笼养蛋鸭疾病预防

（1）驱虫　蛋鸭上笼 20 天驱 1 次蛔虫，如利用第二年产蛋高峰，则在停产换羽期间驱蛔虫、鸭虱各 1 次。

（2）免疫　疫苗种类的选择应根据本地、本场的具体情况而定。进入产蛋高峰期尽量避免打针。

（3）鸭病防治　在饲养场进门口应建有消毒设施，每排饲养舍入口处设消毒池。春、夏、秋每两天清粪便 1 次；冬季注意通风，以无粪便刺激气味为标准，每 3 天清粪便 1 次。每周用氯毒杀舍内外消毒 1 次。笼养蛋鸭与外界较少接触，减少了病菌、病毒感染机会，同时可避免饮水器、食槽被粪便污染，不易发生传染病。但要注意蛋鸭脱肛和软脚病的防治。在进入产蛋高峰期前要给蛋鸭服用中药汤，补充元气。在产蛋期要适当驱赶蛋鸭走动，预防鸭软脚。

三、笼养方式存在的问题以及注意事项

1. 笼养方式存在的问题

（1）应激反应现象　笼养限制了鸭的活动，使鸭长期处于应激状态。在夏天高温季节，如没配备降温设施，热应激反应严重，中暑时常发生。另外笼养蛋鸭的饲养管理操作都是在与鸭子距离较近的情况下进行的，难免会对鸭子产生不良影响。

（2）容易导致软脚病　笼养鸭因长期在鸭笼中饲养，活动空间受到限制，鸭子大部分时间伏着休息，活动少，易导致软脚病等脚部问题。

（3）鸭羽毛零乱，外观差　鸭子上笼以后，由于断绝与水的直接接触或受到活动空间的限制，梳理羽毛的行为大大减少，加上鸭子与笼壁及鸭与鸭之间接触摩擦机会大大增加，影响了羽毛色泽和鸭子的外观。

（4）发生卡头、卡脖子、卡翅现象　由于必要的饲喂、捡蛋等饲养管理工作由饲养员来操作，饲养员在操作时与鸭子的近距离接触会使鸭子产生躲避反应，笼具设计不良时常会发生卡头、卡脖子、卡翅现象，对鸭子造成直接伤害，增加鸭子的淘汰数量。

（5）增加养殖成本　笼养时需要特制鸭笼等设施，使养鸭的成本（笼和槽）一次性投资增加，如仅饲养1年，经济效益不如平养可观，若多年利用的话，成本会大大降低。

2. 蛋鸭笼养的注意事项

（1）笼养技术目前已较为成熟，但受到设备设施投入较大等因素的制约，在生产上的应用尚不普及，若没有养蛋鸡与蛋鸭经验的饲养者，最好是从小批量开始试养，并能得到有经验人员的指导。

（2）鸭笼的改造到位与否直接影响生产性能。料槽的好坏直接关系到饲料的浪费与否，集蛋架关系到破蛋率的高低，这两个组件一定要改造到位。

（3）饲料的配制上营养要充足全面，并随着产蛋量、气温的变动及时进行调整，要增加复合多维等添加剂的用量。

（4）饲养管理上特别要精细，尤其是刚上笼时的调教阶段。

第二节　稻鸭共作技术

稻鸭共作技术是指将雏鸭放入稻田，利用雏鸭旺盛的杂食性，吃掉稻田内的杂草和害虫；利用鸭不间断地活动刺激水稻生长，达到中耕浑水效果；同时鸭的粪便又可以作为肥料，最后实现水稻和鸭的双丰收。在稻田有限的空间里生产无公害、安全的大米和鸭肉，所以稻鸭共作技术是一种种养复合、生态型的综合农业技术。稻鸭共作技术与中国传统稻田养鸭的最大区别在于：

将雏鸭放入稻田后，直到水
稻抽穗为止，无论白天和夜
晚，鸭一直生活在稻田里，
稻和鸭构成一个相互依赖、
共同生长的复合生态农业
体系。

　　日本流行的稻鸭共作技
术始于 1991 年，日本鹿儿
岛市桂川町的有机水稻种植
农户首先进行稻鸭共作试
验，并获得了成功。随后仅
用了 10 年时间，稻鸭共作
技术就从其发源地九州地区
开始，逐渐扩大，遍及日本
全国各地。2000 年，稻鸭共
作技术从日本引进，在江苏

图 7-2　稻鸭共作现场

省丹阳市试点和推广。据江苏省镇江市外国专家局统计显示，截
至 2008 年，镇江已在丹阳市建立起稻鸭共作核心基地 5 000
亩*，示范基地 60 000 亩；稻鸭共作技术已从丹阳推广到全省、
辐射到全国，辐射推广面积达 60 余万亩（图 7-2）。

一、稻鸭共作的优点

　　1. 除草　根据鸭的特性，喜欢吃禾本科以外的植物和水面
浮生杂草，但有时也吃幼嫩的禾本科植物。同时，鸭在稻田里的
活动过程中，它的嘴和脚还能起到除草的作用。鸭能非常干净地
除去稻田中的杂草，是农民的好帮手。

---

　　* 亩为非法定计量单位，1公顷＝15亩。

2. 除虫　鸭非常喜欢吃昆虫类和水生小动物，能基本消灭掉稻田里的稻飞虱、稻椿象、稻象甲、稻纵卷叶螟等害虫。这种除虫效果与使用杀虫剂有相同的功效。

3. 增肥　稻鸭共作时期内，一只鸭排泄在稻田里的粪便约10千克，相当于：氮47克，磷70克，钾31克。每50米^{2}放养1只鸭，所排泄的粪便足够稻田的追肥了。

4. 中耕浑水　鸭在稻田里不停地活动和游泳，产生中耕浑水效果。水的搅拌使空气中的氧更容易溶解于水中，促进水稻的生长；泥土的搅拌产生浑水效果，会抑制杂草的发芽。稻作生产中，自古就有"浑水稻子好收成"的说法。

5. 促进稻株发育　鸭在稻株间不停地活动，鸭嘴不断地在水稻植株上寻找食物，这种刺激能促进植株开张和分蘖，促使水稻植株发育成矮而壮的扇形健康株型，增强抵御强风的能力。

二、稻鸭共作的主要技术措施

1. 品种选择　稻鸭共作是以种植优质稻为核心，家鸭野养为特点的种养结合的生态型农业生产模式。稻鸭共作不进行化学除草，不使用化肥、农药，是一种有机种稻方式，对水稻品种的要求与高产栽培完全不同，应根据当地的生态环境和地理环境等条件，选择耐瘠高产、丰产性好、品质优良、生态适应性好、综合性状较好、市场前景广阔的水稻品种，特别要选用株型集散适中、分蘖力强、抗性好、成穗率高、熟期适中、稻米品质好的品种，尽量避免二化螟、三化螟危害。

稻鸭共作的鸭子在稻田野外放养，活动于稻株间，起到稻田除草、捕虫、中耕等作用，且饲喂次数少，不同于圈养和工厂化养殖，这就要求选择个体中小型、适应性广、抗逆性强、生活力好、活动时间长、活动量大、嗜食野生生物和肉质优良的蛋肉兼用型、蛋用型或杂交型鸭，如高邮鸭、家鸭×野鸭。

2. 水稻栽培　稻鸭共作水稻育秧应采用长秧龄、育大苗方式，适宜秧龄为 30 天左右，叶龄为 6～7 叶，单株带蘖 3 个左右。稻鸭共作水稻的插植密度，既要考虑有利于鸭子在稻间穿行活动，又要兼顾到水稻高产高效。因此，稻鸭共作水稻移栽密度与常规种稻方式不同，不仅行距要扩大，而且株距也应适当放宽，适宜行距为 25～30 厘米、株距为 20 厘米左右。这种栽插密度和行株距配制方式，不仅有利于水稻高产，而且也有利于鸭在稻株间穿行活动，稻鸭共作的优点能更好地发挥。

3. 稻田放鸭与管理

（1）**鸭苗孵化与育雏**　根据水稻播种期、插秧期及鸭子放养期确定鸭子的开孵期，鸭子的孵化期为（28±1）天，下田前有 7～10 天育雏期，也就是鸭子从开始孵化到放入稻田相隔 35～38 天。孵出的鸭苗待毛干后，在育雏场所集中进行适温育雏，1 日龄的雏鸭室温为 28～26℃，2～7 日龄为 26～24℃，8～10 日龄为 24～22℃，室内湿度为 65%～70%，尽早饮水喂食，用全价饲料加少量米粒饲喂，同时做好育雏场所和用具的消毒工作。3 日龄时做好鸭苗病毒性肝炎、鸭瘟的接种防疫。天气晴朗时，3 天后可放出进行户外活动。

（2）**鸭苗驯水**　选择在气温 15℃以上的晴天上午 9：00～11：00，对日龄为 3 天及以上的雏鸭，在水深 15～20 厘米的水池进行驯水锻炼。首次驯水时间在 30 分钟左右，并让鸭苗在阳光照射下自行梳理羽毛。此后随着日龄的增加逐步延长驯水活动时间，直到雏鸭能在水中活动自如，达到出水毛干，3～5 天即可完成驯水工作。

（3）**放鸭时间和数量**　移栽水稻后 7～10 天放鸭，机插水稻于插后 15～18 天放鸭，机直播稻于播后 20～22 天或秧苗 3 叶左右放鸭。鸭在稻丛间的放养密度，既要考虑稻田天然饲料能保证鸭的生育需要，又要考虑取得较好的经济效益。放养密度过低，稻田资源未能充分利用，除草、除虫效果一般；放养密度过高，水稻生长受到影响。一般每亩放养 15～20 只鸭子，这种放养密度既有利于避免鸭子过于群集而踩伤前期稻苗，又有利于鸭子分布到固定范围稻株间各个角落寻找食物，达到较均匀地控制田间杂草和害虫。放鸭前注射鸭瘟疫苗和禽流感疫苗。放鸭后为满足鸭子取食，每亩可放养绿萍 100～200 千克，放萍后每隔 15 天可追施畜禽粪水 300～500 千克/亩（忌施人粪尿）、过磷酸钙 1.5～2.0 千克/亩，以保证绿萍的生长量略大于鸭子的消耗量。

（4）鸭子管理 为防天敌袭击和鸭子逃逸，稻田四周在放鸭前用网孔 2 厘米×2 厘米的尼龙网围好，网高 70～80 厘米，每隔 2～3 米用竹竿打桩，尼龙网的上下边用尼龙绳作纲绳，将网拉直。为给鸭子提供栖息和躲避风雨的场所，在稻田边用石棉瓦、竹竿等搭建一个 3～4 米^2 的简易鸭棚，在搭建鸭棚的田角建一个 10～20 米^2 雏鸭初放区，隔 3 米打 1 根竹桩，将围网固定在竹桩上，网高 70～80 厘米。

放鸭前，在鸭棚地面上铺以干稻草或稻壳。雏鸭放养时在鸭棚附近铺上数个 1 米^2 编织袋，放上雏鸭饲料，并将雏鸭先放养在初放区活动 2～3 天，使其尽早适应新环境，自动吃食和下水游嬉。此后可将鸭子放入大田，但初放区周围不要拆除，以便回收鸭子时使用。

鸭子放入稻田的前 2 周内，需要投喂适量配合饲料，2 周后以喂小麦、玉米和稻谷等为主，随着鸭子的自行觅食，喂食次数由最初的 3 次/天逐渐降为 2 次/天、1 次/天，每只鸭子的喂食量也逐渐减少，从 150 克/天降至 50 克/天。水稻抽穗前 2 周，适当增加饲料用量，以便鸭子育肥，具体次数、数量可根据鸭的大小、稻田杂草和水田可食生物数量来确定。为培养鸭子唤之即来的习性，每次喂料时，可用喇叭对鸭子进行调教，建立条件反射，驯化雏鸭汇集取食，便于对鸭群观察和管理。

鸭病的防制和饲料的合理使用，需在畜牧兽医部门的指导下进行。

4. 水肥管理

（1）合理施肥　增加有机生物肥的用量，仅靠秸秆还田和饼肥不能满足水稻植株生长的需要。肥料采用一次性施足基肥的简易施肥法，基肥选用饼肥或畜禽粪有机肥，移栽前10天每亩施入饼肥200～300千克或畜禽粪500千克左右，干施入土后上水沤制，插秧前平整稻田。施足基肥后不再追施任何化肥，而是以鸭排泄物作追肥。鸭粪含氮、磷、钾，养分齐全，是一种高效有机肥，及时排入农田分解，被水稻吸收利用，减少了畜禽规模养殖造成的粪便污染，节约了成本，保护了生态环境。

（2）科学用水　鸭属水禽，在稻间觅食活动期间，田面一定要有水层。秧苗移栽后一直进行水层灌溉，一般不进行搁田。稻鸭共作的水层深度以鸭脚刚好能触到泥土为宜，随着鸭子的成长，稻田水层深度应逐渐增加。放鸭初期以3～5厘米水层为宜，既可防止天敌袭击，又可保证鸭子游嬉；放鸭中后期，为保证鸭子在稻田正常活动，以5～8厘米水层为宜，水过深则影响鸭子活动效果；水稻抽穗、鸭子收回后，立即排掉田间水层，采取浅湿灌溉，注重养根保叶、活熟到老，在水稻收割前5～7天断水。有效分蘖临界叶龄期结束时可进行搁田，采用分片搁田或把鸭子赶到8～10厘米水层的沟渠临时饮水的办法，搁田时间为3～4天。机直播水稻，播种至3叶前保持田间湿润、无水层，3叶以后进行稻鸭共作的水分管理，抽穗后实行干干湿湿管理。

5. 稻田病虫草害防治

（1）杂草　机直播稻田由于播种与放鸭相隔时间较长，杂草发生量大，需在播种后进行1次化除，于播种后3～4天，用丁草胺75毫升/亩＋恶草灵75毫升/亩或丁草胺150毫升/亩＋苄磺隆20克/亩对水50千克/亩喷雾除草。移栽水稻和机插水稻不需要使用除草剂控草。

（2）病虫害　稻鸭共作期间的稻田病虫害防治以鸭子的活动和捕食为主，一般不用化学药剂防治，有少量发生时，坚持以生物防治和使用苦参碱、井冈霉素等生物农药防治为主，2～3公顷安装一盏频振式灭虫灯，以便诱虫杀虫。

稻鸭共作期间和抽穗后如果稻田稻纵卷叶螟、螟虫、稻飞虱和稻瘟病、稻曲病、纹枯病等病虫害发生量超过控制标准，可选用锐劲特等符合农药合理使用标准的低毒、高效、低残留的无公害化学农药有重点地进行防治。共作期间稻田喷洒农药，须将鸭子赶到附近的沟渠中暂时喂养，3～4天后鸭子才可回田。

6. 鸭子捕捉和水稻收获　水稻抽穗时，将鸭从稻田中捕捉收回，水稻在黄熟期露水干后及时收获、扬净、晾晒和贮藏。

第三节　蛋鸭旱地平养结合间歇喷淋技术

一、蛋鸭旱地平养结合间歇喷淋技术简介

喷淋是近几年兴起的一种养殖技术，分为从上而下喷淋和从下而上喷淋2种模式，但后者效果更好。由上而下喷淋使鸭的背部羽毛得以清洁，但腹部羽毛容易板结，影响外观。由下往上的喷淋方式使鸭腹部和背部的羽毛都比较干净。生产性能测定显示，喷淋组与非喷淋组相比，母鸭死淘率和每只母鸭耗料显著下降，产蛋数、产蛋总量、平均产蛋率、平

图7-3　蛋鸭旱地平养结合间歇喷淋现场

均蛋重以及料蛋比显著提高。该技术目前仍处于试验阶段，从试验结果来看，具有较大的推广潜力（图7-3）。

二、蛋鸭旱地平养结合间歇喷淋技术的主要技术措施

1. 配备设施

（1）旱地运动场和产蛋间　鸭舍设舍内产蛋间和旱地运动场，地面铺水泥。产蛋间用谷壳或木屑作垫料。旱地运动场向外侧倾斜，坡度为2‰～3‰。旱地运动场与舍内产蛋间的面积比例为1～1.5：1。

（2）产蛋箱　开产前，在产蛋间沿墙放置产蛋箱，每个产蛋箱长40厘米、宽30厘米。每4～5只蛋鸭设1个产蛋箱。

（3）饮水器　采用钟式饮水器、普拉松饮水器或专供鸭用的乳头式饮水器。

育雏期（0～28日龄）每80～100只需直径15厘米普拉松自动饮水器1个，育成期（29日龄～开产前2周）每50～60只需直径20厘米普拉松自动饮水器1个，产蛋期（开产后）每40～50只鸭应有直径35厘米自动饮水器1个，悬挂高度以鸭子正好够着为准。

（4）饲料桶　在产蛋间或旱地运动场有檐处设吊挂式料桶。

育雏期每80～100只需直径25厘米料桶1个，育成期每40～50只配直径30厘米的料桶1个，产蛋期每40～50只鸭配直径35厘米料桶1个，悬挂高度以鸭子正好够着为准。

（5）间歇喷淋设施　在旱地运动场外缘平行于鸭舍纵向铺设宽度80～100厘米的排水沟，排水沟内径500毫米，斜度0.5%。上盖活动漏缝格栅，格栅网眼以鸭掌不陷落为准。格栅上方80～100厘米铺设直径1.5厘米间歇喷淋管，喷淋管朝天一侧每隔15～20厘米安装孔径1毫米的喷水孔，保持喷淋管内约

1.5 个大气压的水压，使喷淋水形成水花。喷淋用水和旱地运动场冲洗用水经排水沟汇集无害化处理。

雏鸭每 25～35 只设置一个喷水孔；育成鸭（29 日龄～开产前 2 周）每 15～20 只设置 1 个喷水孔；产蛋鸭（开产后）每 10～12 只设置 1 个喷水孔。

（6）无害化处理设施　应设有粪便污水和病死鸭尸体无害化处理设施。喷淋用水和旱地运动场的冲洗水经排水沟汇入沼气池，每 100 只成鸭需要建沼气池 1 米^3，或经无害化处理达标排放。

2. 饲养管理要点

（1）产蛋间饲养密度　每平方米产蛋间饲养 1～14 日龄雏鸭 25～35 只；15～28 日龄雏鸭 15～25 只，育成鸭 8～14 只，产蛋鸭（开产后）7～8 只。

（2）喷淋程序　蛋鸭旱地平养结合间歇喷淋程序见表 7 - 1。

表 7 - 1　蛋鸭旱地平养结合间歇喷淋程序

季节	每天喷淋次数	每次喷淋时间（分）
冬季	9：00～10：00；15：00～16：00　共 2 次	20～30
春秋季	8：00～9：00；12：00～13：00；16：00～17：00　共 3 次	30
夏季	8：00～9：00；11：00～12：00；14：00～15：00；17：00～18：00　共 4 次	30～40

（3）鸭蛋收集　初产期要及时拾起窝外蛋，将蛋放进产蛋箱。保持蛋箱和产蛋间垫料清洁，保证鸭蛋壳不受粪便污染。

第四节　蛋鸭生物床养鸭技术

如今低碳养殖越来越受到人们的认可，以低排放为特点的生物床养殖技术也受到人们极大关注。生物床养鸭技术因为成本低、技术成熟、操作简单和使用效果好等优点被广大的养殖户肯定与接受（图7-4）。

图7-4　蛋鸭生物床养鸭现场

一、蛋鸭生物床制作技术

1. 生物床的制作步骤

（1）生物床垫料的准备　生物床垫料成分一般比例为：稻壳（或干燥的玉米秸秆、花生壳及树叶）60%～70%，锯末30%～40%，米糠1%。

（2）生物床的制备　按每立方米垫料添加0.1～0.2千克生物发酵菌剂。菌剂先用5千克水（最好是红糖水）稀释搅匀，再与米糠混匀，调节物料水分为35%～40%（以用手握物料成团不滴水，松手能散开为宜）。再将物料堆积，用彩条布或麻布袋盖严。2～3天后，在物料快速升温到60～70℃时翻堆，以使物料发酵完全。4～5天后，即可将物料铺开温度达50℃时使用。制作时，应有专门的技术人员指导操作。

（3）生物床的厚度　蛋鸭生物床的垫料适宜厚度在30～40

厘米，过低不利于发酵，过高造成垫料浪费。

2. 蛋鸭生物床制作过程中的注意事项

（1）鸭粪不能发酵垫料　有的公司在制作生物垫料时用鸭粪发酵锯末、稻壳等垫料，这是相当不安全的。因为垫料在发酵的过程中发酵时间短，温度低，不足以杀死有害菌。如果用的是病鸭的鸭粪，会将病传染给生物床上的健康鸭。

（2）蛋鸭生物床垫料制作时不掺土，效果更好　由于鸭只有戏水的本性，导致饮水点附近湿度很大，垫料中掺土，鸭身上会裹满泥巴，这是管理和技术不当双重错误导致的结果。一方面，有的公司做生物床为降低成本，在生物床上放很多黄土或红土；另一方面，养鸭户管理不当，不及时翻动垫料，饮水点附近的垫料积水变质腐败，鸭只嬉戏脏水，导致鸭只毛羽特别是腹部的羽毛、皮肤被污染，甚至皮肤出现小红点。经有关专家的调查，不放土的效果要大大好于放土的效果。

二、蛋鸭生物床饲养管理技术

1. 蛋鸭的饲养管理

（1）0～7日龄的雏鸭饲养方法同常规养鸭，只需在专门的育雏室育雏，注射鸭肝炎疫苗，用抗生素消炎，清肠。

（2）8～42日龄的蛋鸭在生物床上饲养，饲喂同其他模式。

（3）防止热应激的发生。蛋鸭的饲养密度：夏、秋季节应以4只/米^{2}为宜，春、冬季节以6～7只/米^{2}为宜。如夏季高温、高湿，饲养密度应适当降低，同时应封闭鸭舍，人工制造鸭只适宜的小环境气候，即把垫料的厚度降到30厘米左右，采用通风与水帘或冷风机等降温。

2. 疫病防控

（1）发现有病、弱鸭，应及时隔离，防止病源扩散。

（2）按正规程序进行疫苗的免疫注射。

（3）生物床垫料不能消毒，但生物发酵床以外、鸭舍四周及道路等需按程序消毒。

（4）生物床养鸭是一种新技术，经常会有很多人去参观。由于生物床不能消毒，因此要坚持对出入人员进行洗澡、更衣、换鞋、消毒等预防程序。

3. 生物床的维护

（1）8～15 日龄每隔 3～4 天翻动生物床垫料 1 次。

（2）16～42 日龄每隔 2～3 天翻动生物床垫料 2 次。

（3）生物床应保持适宜的湿度，保持物料水分 35%～40%（以用手握物料成团不滴水，置之地面能散开为宜）。

（4）生物床菌种和垫料要及时补充。生物床一般可使用 2 年以上，但使用一段时间后，垫料被生物菌消耗，导致生物床床面降低，此时需补充垫料和菌种；通常 30 天左右补充一些菌种。

（5）蛋鸭进入生物床养殖后，严禁使用抗生素和磺胺类药物。如果使用了上述药物，必须在停药后补充液体生物发酵菌剂（在专业人员指导下进行），以保证生物床的效果。

（6）饲养过程中，为促进鸭只生长及防止疾病发生，由专业技术人员指导在饲料中加入适量益生菌，严禁用生物床垫料或用发酵菌直接饲喂鸭，必须用专门的饲用生物菌剂按说明书要求添加到饲料或饮水中。

（7）两批鸭之间生物床要重新发酵。每批蛋鸭出栏后，将垫料中掺入适量的锯末、米糠（或玉米粉）和生物床专用菌种重新堆积发酵后，再进行下一批蛋鸭的饲养。

（8）如生物床发霉变黑，或者被水长时间浸泡，该生物床菌种活性降低甚至消失，不能发挥降解、转化鸭只粪便的功能。必须彻底清除干净，堆积发酵用于制肥，再重新按上述方法制作生物床垫料。

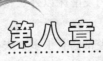

第八章

蛋鸭场生物安全体系的建立

第一节　蛋鸭生物安全概述

一、鸭生物安全概况

生物安全体系是现代蛋鸭生产中保护和提高群体健康水平的新理念，是控制鸭病发生的有效预防体系，是最基本的也是最重要的兽医管理准则。其中心思想是严格地隔离、消毒和防疫。建立起防止病原入侵的多层屏障，预防细菌、病毒、寄生虫等病原体进入鸭群，从而抑制、降低和消除病原体所形成的危害。对于种鸭场而言，生物安全体系也是保障种鸭生产和育种工作的基础。

贯彻生物安全措施，增强养鸭场员工的生物安全意识，建立和健全符合我国市场经济要求并能与国际接轨的兽医行政法规体系，严格实施和执行《中华人民共和国动物防疫法》，进一步完善我国家禽疫病防疫体系、政策、法规，充分发挥各级职能部门对重要疫病的防控作用；同时加大执法力度，禁止病死鸭销售并流入市场，以彻底消灭环境中的病原体；确保生物安全措施的真正落实，减少或避免鸭群重大疫病的发生和流行。

二、鸭病的防制原则

鸭病的防制，应贯彻养、防、检、治的方针，坚持预防为主，养重于防，防重于治的原则。为了确保鸭群机体的健康，建筑布局合理的鸭场、创造鸭群舒适的环境，科学地调配饲料营养，正确地使用药物，建立健全防疫卫生制度，预防免疫接种疫苗以及严格检疫等一系列综合性防制措施，预防和控制鸭病的发生和流行。

1. 养鸭场布局合理化　　合理的鸭场布局和鸭群舒适的环境是保障养鸭生产健康发展的先决条件，也是提高鸭非特异性抵抗力的基础和预防鸭病的基本要素。养鸭场要选在远离公路交通主干道和村庄以及其他畜禽养殖场、屠宰加工厂等区域。鸭场应建立在地势较高、干燥，便于排水、通风，水源充足，水质良好，供电有保障的地方；同时，鸭场周围应建有围墙或防疫隔离带。养鸭场生活区与生产区应分开，鸭场内各鸭舍应设置独立的病死鸭污物桶（有盖），养鸭场的净道和粪道要分开，饲料、雏鸭从净道进入鸭舍，淘汰鸭和鸭粪及其垫料从粪道运出。集中堆放鸭粪的发酵池和化尸池，应远离鸭舍 500 米以上。有条件的鸭场尤其是种鸭场应配备焚尸炉，患传染疫病的病死鸭应进行焚烧，以彻底消灭发生在养鸭场的传染病源。

此外，要确保鸭群正常的生长发育，就要给鸭群创造一个舒适的饲养环境，这也是科学养鸭的必备条件。因此，鸭舍（育雏室）建筑的布局和结构必须合理，要因地制宜、因不同日龄的鸭而异，建筑的鸭舍要采光、通风良好。适当地通风可以保持鸭舍（包括育雏室）内的空气新鲜，以减少和避免有害气体对鸭的侵害，夏季通风还有助于降温，预防中暑发生。鸭舍（育雏室）特别是饲养肉用仔鸭的鸭舍，若通风不良，则容易引发如大肠杆菌病、鸭疫里默氏杆菌病、曲霉菌病等呼吸道传染病和缺氧引起的腹水综合征等疾病。

2. 鸭场卫生管理制度化

（1）**严格执行卫生管理制度**　　养鸭场的工作人员必须严格执行卫生管理制度，在进入工作区前，所有的工作人员都应穿戴清洁的工作衣、帽、鞋，在消毒间紫外线消毒 10 分钟再经消毒池进入各自的工作区，鸭舍和孵化室的工作人员要严格控制交叉往来，禁止无关人员进入规定区域，禁止携带食品进入工作区。绝不允许工作人员把工作衣、帽、鞋或靴子穿回家。

养鸭场应谢绝参观。外来人员和非生产人员不得随意进入饲养区，外来车辆及用具等也不允许随意进入养鸭场，凡进入场内的车辆和人员及用具等必须进行严格地消毒，以避免将外界的病原体带进养鸭场。

(2) 环境卫生是预防鸭病的重要环节　鸭场的饲养环境及卫生状况是直接影响疾病发生和流行的重要因素。如雏鸭的曲霉菌病、球虫病就与垫草、垫料霉变潮湿有关。因此，在鸭群饲养过程中，尤其对于幼鸭，鸭舍地面必须保持干燥，注意防湿，并定时清理鸭粪和及时更换垫草、垫料，垫过的稻草要进行焚烧，不能晒后重复使用。清除的粪便和污物需堆积发酵，进行无害化处理，以减少病原体的污染。

此外，养鸭场还应做好经常性的杀虫灭鼠工作。蚊、蝇、蠓和双翅类吸血昆虫是住白细胞虫和疟原虫等多种传染病和寄生虫病的传染媒介，鼠类也是许多鸭传染病如番鸭细小病毒病、新城疫、禽副伤寒等的传播媒介和传染源，如在发生新城疫鸭舍内的老鼠可带毒几个月，它们在偷吃饲料时常以其排泄物污染饲料和食槽，传染疫病。因此，清除鸭舍周围的垃圾和杂草、杂物，用物理和化学药物的方法杀虫灭鼠，在预防和扑灭鸭传染病和寄生虫病方面具有重要意义。

3. 鸭场免疫程序有效化

(1) 强化疫苗接种，做好基础免疫工作　对健康的鸭群免疫接种是激发鸭群机体内产生特异性抵抗力，使原来对某些传染病易感的鸭群转变为不易感群的一种有效的防病方法。有计划、有目的地对鸭群进行免疫接种是防控和扑灭鸭传染病的重要措施之一。在高致病性禽流感、鸭瘟等重大疫病的预防措施中，免疫接种更具有关键性的作用。对于幼龄鸭而言，由于其免疫器官尚未发育完全，对疫苗产生的免疫应答低下，进行1～2次疫苗接种，免疫抗体往往不能达到理想的水平。因此，像高致病性禽流感油乳剂灭活疫苗，种鸭产蛋前最好免疫3次。

（2）加强免疫监测与检疫，净化种鸭群　鸭群免疫接种疫苗后，应按计划定期进行抗体水平检测，了解鸭群高致病性禽流感等疫病的抗体水平，有利于进一步为鸭群制定科学而合理的免疫程序。与此同时，要定期对鸭舍内空气含菌量和霉菌毒素进行检测，以掌握和了解高致病性疫病的种类和发生规律。商品鸭疫病问题的源头是在种鸭群，因此，特别要加强对种鸭群的检疫和净化，包括禽淋巴白血病等垂直传播疫病，净化淘汰阳性鸭，从根本上减少垂直传播疾病。

三、鸭场突发疫病的应急处理

对于养鸭场尤其种鸭场鸭群突发如高致病性禽流感等重大疫病，应依据《中华人民共和国动物防疫法》、《中华人民共和国重大动物疫情应急条例》、《国家突发重大动物疫情应急条例预案》等有关的法律法规采取应急处理方案。

1. 疫情报告　养鸭场如发生鸭群发病急、传播迅速、病死率高等异常情况，应及时向当地动物防疫监督机构报告。当地动物防疫监督机构在接到疫情报告或了解疑似疫情后，应立即委派相关人员到现场进行初步调查核实并采集样品，符合有关流行病学和临床指标或病理指标规定的，确认为临床怀疑疫情。

一旦养鸭场鸭群被确认为疑似疫情时，应在2小时内将情况逐级上报到省级动物防疫监督机构和同级兽医行政部门，并立即将样品或病料送往省级动物防疫监督机构实验室进行诊断；而对于高致病性禽流感等重大疫病，省级动物防疫监督机构仅能进行疑似诊断。省级动物防疫监督机构确认为高致病性禽流感等重大疫病疑似疫情时，必须委派专人将病料送往国家有关参考实验室作病毒分离鉴定，进行最终确诊；确诊后应立即上报同级人民政府和国务院兽医行政管理部门，国务院兽医行政管理部门根据最终确诊结果，确认疫情。

2. 疫情的处置　对于临床疑似疫情的养鸭场发病鸭群，应实施隔离、监控，禁止活鸭、鸭产品及有关的物品移动，并对养鸭场内、外环境实施严格的消毒措施。

当确认为疑似疫情时，应立即扑杀疑似鸭群，并对扑杀鸭、病死鸭及其产品进行无害化处理，对养鸭场内、外环境实施严格地消毒，养鸭场和鸭舍的污染物或可疑污染物也要进行无害化处理，对遭受污染的场所和设施进行彻底消毒，限制发病养鸭场周边 3 公里的鸭等家禽及其产品移动，禁止销售。

一旦重大疫情确诊后则启动相应的应急预案处置。立即划定疫点（发病鸭场所在的区域）、疫区（发病鸭场周边 3 公里区域）、受威胁区（疫区向外延伸 5 公里的区域），并报请同级人民政府对疫区实行封锁。同时，采取相应的措施，扑杀疫点和疫区内鸭和其他所有的家禽，并进行无害化处理，同时销毁相应的鸭等禽类产品；禁止鸭等禽类进出疫区及禽类产品运出疫区；对鸭等禽类排泄物、被污染饲料、垫料、污水等按国家规定标准进行无害化处理；对所有与鸭等禽类接触过的物品、交通工具、用具、鸭舍及场地进行彻底消毒。对受威胁区域所有易感禽类进行紧急强制免疫，建立完整的免疫档案，对所有的禽类进行疫情监测，掌握疫情动态。并关闭疫点及周边 13 公里内所有家禽及其产品交易市场。与此同时，追踪调查疫点内（发病鸭场）在发病期间及发病前 21 天售出的所有鸭只及其产品，并销毁处理。按照重大疫病流行病学调查规范，对疫情进行溯源和扩散风险分析。

第二节　鸭场消毒制度

养鸭场尤其是种鸭场以及孵化室，应具备必要的消毒设施，并且建立严格而切实可行的卫生消毒制度，定期对孵化室、孵化器、鸭舍、饲养场的地面、土壤、粪便、污物及其用具等进行消毒，杀灭污染环境的病原体，切断传染源和传染途径，阻止疾病的传播蔓延。

一、鸭场的消毒制度和消毒设施

种鸭场或是具有适度规模的商品养鸭场，在出口处应设紫外线消毒间和消毒池。鸭场及孵化室的工作人员和饲养人员在进入饲养区前，必须在消毒间更换清洁的工作衣、鞋（防护胶鞋）、帽，有条件的种鸭场要淋浴更衣。穿戴整齐后，利用紫外线消毒10分钟，再经消毒池进入养鸭场饲养区内。各鸭舍门前出入口还应设消毒槽，消毒池和消毒槽上面要有顶棚，以避免雨水稀释消毒液而失去消毒作用。在鸭舍内还应放置消毒缸（盆），饲养员在喂料前，先将洗干净的双手放在盛有消毒液的消毒缸（盆）内浸泡消毒几分钟。

消毒池和消毒槽的消毒液常用2％烧碱水或20％石灰乳以及其他消毒剂配成的消毒液，而浸泡双手的消毒液通常用0.1％新洁尔灭或0.05％百毒杀溶液。消毒池、消毒槽及消毒缸（盆）的消毒液要定期更换，以免时间长，引起失效。养鸭场通往各鸭舍的路道也要安排人员每天用消毒药剂进行喷洒。鸭舍的用具必须存放在饲养人员各自管理的鸭舍内，不准相互通用，同时饲养人员也不能随便相互串舍。

二、鸭场消毒的种类

1. 种蛋的消毒　消灭入孵种蛋的病原体是种鸭场卫生消毒的重要环节，是种鸭场消灭鸭群感染某些细菌性传染病，尤其是沙门氏菌病的一项十分重要的措施。由于种蛋产出前后或种蛋在运输、传送过程中，蛋壳常可能被病原体污染，因此，在产出后及入孵前均应进行消毒。对于收集的种蛋要求清洁干净，被粪便污染的蛋，不能留作种用。种蛋收集后放置在蛋盘或蛋架上。具体消毒方法详见第四章、四（一）。

2. 孵化室及孵化器的消毒　孵化室是孵化、出雏和雏鸭存放的场所。在孵化室，尤其是不具规模的孵化室，收集的入孵蛋来源于养鸭户饲养的种鸭，由于各养鸭户饲养管理水平以及种鸭的年龄和免疫力存在着差异，孵化室及孵化器如有病原存在，致病原就可能传染给蛋壳不洁的入孵蛋引起胚胎疾病或传染给出壳的新生雏鸭，引起雏鸭的早期感染。一些饲养量小的养殖户前来购买苗鸭，自备的装雏箱或筐及垫草等，若正遭受病原污染，亦会使孵化室的环境受到污染。如某一炕苗鸭感染了雏鸭肝炎病毒，若不进行清除消毒，那么，随着孵化次数的增加，孵化器污染的程度也愈大。具体消毒方法见第四章第三节、三。

3. 鸭舍的消毒　应采用"全进全出"制，每批鸭出栏后，鸭舍均要进行彻底地清扫消毒。鸭舍内一切设备、通道、运动场的表面，特别是角落和隐蔽部要刮扫干净，做到没有积尘和积垢。鸭舍内的水槽、食槽、料桶及所有可移动的设备用具等能拆装的要全部拆卸，进行清洗消毒，并放在舍外日晒。鸭舍的天花板、墙壁和地面，在清除污垢积尘后要用高压水龙头冲洗，再用5%漂白粉或0.5%氨水等消毒药液高压冲洗消毒。待鸭舍内干燥后，墙壁重新粉刷，拆卸的所有设备也重新进行安装复位，接着密闭鸭舍门窗，应用甲醛熏蒸消毒（消毒方法同前）。在熏蒸消毒后，鸭舍至少空闲1～2周，在使用前两天必须打开门窗，排除熏蒸的残余气体，以避免对鸭的眼、鼻及呼吸道黏膜产生强烈的刺激。鸭舍的消毒，在生产实践中还应结合鸭舍的具体情况在不同的时期进行定期消毒和临时性消毒，包括鸭舍的鸭群发生传染病时的带鸭消毒。带鸭消毒常采用对鸭体无伤害和刺激作用的消毒药物如百毒杀等在鸭舍的地面、空间等进行喷雾消毒。此外，养鸭场及通往各鸭舍的路道也要每天用消毒药剂进行喷洒消毒。

三、鸭场常用的消毒方法

养鸭场常用的消毒方法有3种，即物理消毒法、化学消毒法和生物热消毒法。

1. 物理消毒法 清扫、洗刷、日晒、通风、干燥及火焰消毒等是简单有效的物理消毒方法，是种鸭场和养鸭专业户使用最普遍的一种消毒方法。孵化室、种鸭场鸭舍和饲养场地的垫草、垫料、粪便、饲料残渣等通过清除和洗刷就能使污染环境的大量病原体被清除掉，从而减少病原体对鸭污染的机会。但机械性清除一般不能达到彻底消毒的目的，还必须配合其他消毒方法。

太阳射出的紫外线对病原体具有较强的杀灭作用，一般病毒和非芽孢性病原菌在阳光的直射下几分钟至几个小时即可被杀死，故洗刷过的所有用具和供雏鸭所需用的垫草、垫料等，使用前均要放在阳光下暴晒、消毒；作为饲料用的谷物也要晒干以防霉变，因为灼热的阳光会使其水分蒸发而干燥，也同样具有杀菌作用。

通风亦具有消毒的意义，良好的通风，对于保持鸭体的健康、羽毛整洁和生长速度具有重要作用。通风虽不能杀死病原体，但可以在短期内使鸭舍内空气交换，减少病原体的数量。

火焰高温烧灼可以达到彻底消毒的目的。被鸭瘟、雏鸭病毒性肝炎、高致病性禽流感等烈性传染病病菌污染的垫草、粪便以及病死鸭的尸体均可用焚烧的方法进行消毒。

2. 化学消毒法 应用化学消毒剂进行消毒是种鸭场使用最广泛的一种方法。化学消毒剂的种类较多，如氢氧化钠（钾）、石灰乳、煤酚皂溶液、百毒杀、漂白粉、农福、氨水、过氧乙酸、甲醛、新洁尔灭等多种化学药品都可以作为化学消毒剂。而消毒的效果如何，则取决于消毒剂的种类、药液的浓度、作用的时间和病原体的抵抗力以及所处的环境等，因此，在选择时应当根据消毒剂的作用特点，选用对该病原体杀灭力强又不损害消毒的物体，毒性小，易溶于水，在消毒的环境中比较稳定以及价廉易得和使用方便的化学消毒剂。

3. 生物热消毒法 生物热消毒也是种鸭场常用的一种方法。生物热消毒是将鸭粪、垫草及其污物运到远离鸭饲养场所的地方堆积，在堆积过程中，利用微生物发酵产热，使温度达到70℃以上，经过一段时间（25～30天）就可以杀死病毒、病菌（芽孢除外）、寄生虫卵等病原体而达到消毒的目的。

此外，在有条件的养鸭场尤其是规模化养鸭场可建沼气池，将鸭粪、垫草及污物全部送入沼气池内进行发酵处理，不仅可以杀灭病原体，净化环境，而且可以获得生物能源——沼气，同时发酵后的粪渣、沼气液也是种植业良好的有机肥料，有利于养殖业与种植业有机地结合，形成养鸭业安全生产、鸭粪及废弃物的无害化处理并综合利用的良性生态循环。

四、鸭场常用的环境消毒药

环境消毒药是指在短时间内能迅速杀灭周围环境中病原微生物的药物。应用环境消毒药，消灭鸭生长环境中（养鸭场、鸭舍、孵化室、运输车辆及周围环境）的病原体，切断各种传播病原体的途径，预防各种传染病，对保证鸭的成活率和正常生长、繁殖，具有重要的作用和实际价值。现仅介绍养鸭生产中常用的一些环境消毒药。

1. 苯酚（石炭酸）

（1）性状 本品为无色或微红色针状结晶或结晶性块，有特臭、引湿性；溶于水和有机溶剂，水溶液显弱酸性，遇光或在空气中色渐变深。

（2）作用与用途 0.1%～1%溶液有抑菌作用；1%～2%溶液有杀菌和杀真菌作用；5%溶液可在48小时内杀死炭疽芽孢。苯酚的杀菌效果与温度呈正相关。碱性环境、脂类、皂类等能减弱其杀菌作用。

（3）剂量与用法 配成2%～5%溶液用于器具、鸭舍、排泄物和污物等消毒。

2. 复合酚（菌毒敌、农乐）

（1）性状 本品为深红色或褐色黏稠液体，有特臭，易溶于水。

（2）作用与用途 为我国生产的一种兽医专用消毒剂，为取代酚的复合制剂，是由苯酚（41%～49%）和醋酸（22%～26%）加十二烷基苯磺酸等配制而成的水溶性混合物。可杀灭细菌、霉菌和病毒，也可杀灭动物寄生虫卵。主要用于鸭舍、器具、排泄物和车辆等消毒，药效可维持7天。

（3）剂量与用法 复合酚溶液（含酚41%～49%），用水稀释300倍用于预防性喷雾消毒。稀释100～200倍用于疫病发生时的喷雾消毒，稀释用水的温度不宜低于8℃。

（4）注意事项

①本品不宜与其他消毒药（特别是碱性消毒药）配伍使用。

②高浓度对皮肤、黏膜有刺激，应注意防护。

3. 甲酚皂溶液（煤酚皂溶液、来苏儿）

（1）性状 本品为黄棕色至红棕色的黏稠液体，带甲酚的臭气。本品能与乙醇混合成澄清液体。

（2）作用与用途　含甲酚 5%，抗菌作用比苯酚强 3～10 倍，消毒用药液浓度较低，故较苯酚相对安全。可杀灭一般繁殖型病原菌，对芽孢无效，对病毒作用不可靠。是酚类中最常用的消毒药。

（3）剂量与用法　50%甲酚皂溶液，配成 10%溶液用于排泄物和废弃的染菌材料消毒。配成 3%～5%溶液用于鸭舍、场地、器械、器具及其他物品消毒。

4. 漂白粉（含氯石灰）

（1）性状　本品为灰白色颗粒性粉末，有氯臭，在水中部分溶解，水溶液遇石蕊试纸显碱性反应，随即将试纸漂白。

（2）作用与用途　卤素类消毒药。由氯通入消石灰制得，为次氯酸钙、氯化钙和氢氧化钙的混合物。本品含有效氯（有杀菌能力的氯）不少于 25%。通过氯化和氧化作用而呈现强大的杀菌、杀芽孢和杀病毒作用。药效在酸性环境中增强，在碱性环境中减弱。用于饮水消毒和鸭舍、场地、运输车辆、排泄物及污物等的消毒。

（3）剂量与用法　每升水加 16～32 毫克漂白粉用于饮水消毒。配成 5%～20%混悬液喷洒或干粉撒布于鸭舍等场所消毒。

（4）注意事项

①对皮肤和黏膜有刺激作用，消毒人员应注意防护。

②不可与易燃、易爆物放一起。

③溶液不稳定，宜现用现配。

5. 雅好生（复合碘溶液）

（1）性状　本品是由碘、碘化物及磷酸和适量的佐剂配制而成，为红棕色黏稠液体，通常含活性碘 1%～3%。

（2）作用与用途　复合碘溶液为碘消毒剂。对病毒、细菌、芽孢有较强的杀灭作用，可用于鸭舍、场地、器具、车辆、污染物的消毒。

（3）剂量与用法　1%～3%溶液用于消毒鸭舍、养鸭场地，

0.5%～1%溶液用于消毒器具。

（4）注意事项

①对金属用品有一定的腐蚀性。

②宜现用现配。

6. 碘伏（聚维酮碘）

（1）性状　本品为碘与聚乙烯吡咯烷酮的络合物，为棕红色液体，具有亲水、亲脂两重性。

（2）作用与用途　本品为碘消毒剂。对细菌、病毒均有较好的杀灭作用，杀菌作用持久，腐蚀性和刺激性较小，水溶液相对较稳定。可用于鸭舍、场地、车辆、污染物的消毒。

（3）剂量与用法　应用0.015%水溶液（以有效碘计）用于环境、器具等的消毒。

7. 二氧化氯

（1）性状　本品在常态下为黄至红黄色气体，具氯臭；较易溶于水，但不产生次氯酸；溶于碱和硫酸溶液。固态二氧化氯为黄红色晶体，液态二氧化氯为红棕色。

（2）作用与用途　本品为高效无机含氯化合物类消毒药。其杀菌依赖于氧化作用，其氧化能力较氯强2.5倍，可杀灭细菌的繁殖体及芽孢、病毒、真菌及其孢子，同时具有去污、除臭、漂白等功能。广泛用于鸭舍、饮水等的消毒。

（3）剂量与用法　1∶800浓度用于活动场所（定期）消毒。疫情期浓度为1∶400。1∶8 000浓度用于饮水消毒。1∶400浓度用于种蛋消毒。

（4）注意事项

①本品不宜在阳光下或易燃、易爆环境中配制操作。

②不宜使用金属器皿配制。

8. 二氯异氰尿酸钠（优氯净、消毒灵）

（1）性状　本品为白色晶粉，有浓厚的氯臭。易溶于水，溶液呈弱酸性。水溶液稳定性较差，在20℃左右下，一周内有效氯约丧失 20％；在紫外线作用下更加速其有效氯的丧失。

（2）作用与用途 本品为高效有机氯类消毒药，含有效氯约 60％。对繁殖型细菌和芽孢、病毒、真菌孢子均有较强的杀灭作用，同时具有去污、除臭、漂白功能。主要用于鸭舍、排泄物和水等的消毒。0.5％～1％水溶液用于杀灭细菌和病毒，5％～10％水溶液用于杀灭芽孢。可采用喷洒、浸泡和擦拭方法消毒，也可用其干粉直接处理排泄物或其他污染物品。

（3）剂量与用法 每平方米常温 10～20 毫克干粉，气温低于 0℃时 50 毫克干粉用于鸭舍消毒。每升水 4 毫克用于饮水消毒，作用 30 分钟。

（4）注意事项 同漂白粉。

9. 甲醛溶液（福尔马林、蚁醛）

（1）性状 本品为无色或几乎无色的澄明液体，有刺激性特臭；能与水或乙醇任意混合。

（2）作用与用途 本品为醛类消毒防腐药。有极强的还原活性，不仅能杀死繁殖型细菌，也能杀死芽孢以及抵抗力强的结核杆菌、病毒及真菌等。主要用于鸭舍、房屋、仓库及器械的熏蒸消毒和标本、尸体的防腐；亦用于胃肠道制酵。

（3）剂量与用法 熏蒸消毒，每立方米 15～30 毫升甲醛溶液加水 20 毫升，加热蒸发，或 15～30 毫升甲醛溶液加 15 克高锰酸钾氧化蒸发，消毒 4～10 小时后打开门窗通风，为消除甲醛味，每立方米 2～5 毫升浓氨水加热蒸发，使甲醛变成无刺激性的六亚甲四胺。配成 5％的甲醛溶液喷雾用于鸭舍内、外及环境消毒。配成 2％溶液用于器具喷洒消毒。

（4）注意事项

①本品刺激性大，消毒时注意人和鸭群防护。

②熏蒸消毒时室温不能低于 15℃，相对湿度为 60％～80％。

10. 戊二醛

（1）性状 本品为无色油状液体，味苦，有微弱的甲醛臭，挥发性较低。可与水或醇作任何比例的混溶，溶液呈弱酸性。

（2）作用与用途　本品为醛类消毒防腐药。对繁殖型革兰氏阳性和革兰氏阴性细菌作用迅速，对耐酸菌、芽孢及某些霉菌和病毒也有作用。消毒作用快而强。用于鸭舍及器具的消毒。

（3）剂量与用法　20％戊二醛溶液，配成2％碱性溶液喷洒、浸泡消毒，消毒15～20分钟或放置至干。配成10％溶液用于密闭空间内表面熏蒸消毒，每立方米1.06毫升密闭过夜。

（4）注意事项

①避免接触皮肤和黏膜，如接触后应及时用水冲洗干净。

②使用过程中，不应使用金属器具。

11. 高锰酸钾（过锰酸钾、PP粉）

（1）性状　本品为深紫色结晶，无臭，易溶于水（1∶15），溶液呈粉红色至暗红色，宜现用现配，放置过久，逐渐还原至棕色而失效。

（2）作用与用途　本品为强氧化剂，遇有机物（或加热加碱）可放出初生态氧而显现杀菌、除臭和解毒作用。抗菌作用较过氧化氢溶液强，0.1％水溶液能杀死多数繁殖型细菌。本品在酸性环境中杀菌作用增强。低浓度时对组织有收敛作用，高浓度时有刺激和腐蚀作用。此外，常利用高锰酸钾的氧化性能来加速福尔马林蒸发而进行空气消毒。

（3）剂量与用法　1％水溶液用于皮肤、黏膜创面的冲洗及饮水消毒；2％～5％的水溶液用于杀死芽孢及污物桶的洗涤。

（4）注意事项

①高锰酸钾水溶液遇到如酒精等有机物即失效，遇氨及其制剂即产生沉淀，也忌禁与还原剂如碘、糖、甘油等研合。

②本品应密闭保存。

12. 癸甲溴铵（百毒杀）

（1）性状　本品为无色或微黄色的黏稠性液体，振荡时有泡沫产生。

（2）作用与用途　本品为双链季胺类消毒药。对繁殖型细菌作用较好，高浓度对病毒、霉菌也有杀灭作用。用于鸭舍、器皿、饮水、种蛋、孵化室等的消毒。

（3）剂量与用法　10％、50％癸甲溴氨溶液，配成 0.015％～0.05％溶液喷洒鸭舍、器具。0.002 5％～0.005％溶液用于饮水消毒。

（4）注意事项

①癸甲溴氨溶液规格不一，应用时应以有效成分计算用量。

②本品为外用药物，不能内服。

13. 过氧乙酸（过乙酸）

（1）性状　本品为无色透明液体，呈弱酸性，有刺激性酸味，易挥发，易溶于水和有机溶剂，不稳定，遇热或有机物、重金属离子、强碱等易分解。

（2）作用与用途　过氧乙酸兼具酸和氧化剂特性，是一种高效灭菌剂，其气体和溶液均具较强的杀菌作用，并较一般的酸或氧化剂作用强。作用产生快，能杀死细菌、真菌、病毒和芽孢，在低温下仍有杀菌和抗芽孢能力。

（3）剂量与用法　18％～20％过氧乙酸溶液，临用前配制0.5％溶液喷雾消毒鸭舍，喷雾后关闭门窗1～2小时。2％溶液8毫升/米^{3}喷雾用于芽孢污染的表面。3％～5％溶液加热用于鸭舍、仓库等空间熏蒸消毒。

（4）注意事项

①本品易分解，消毒用溶液需新鲜配制，每天需更换1～2次。

②本品作用与温度有关系，气温低于10℃时，应延长消毒时间。

14. 氢氧化钠（苛性钠、烧碱、火碱）

（1）性状　本品为白色不透明固体。吸湿性强，露置空气中会逐渐溶解而成溶液状态。

（2）作用与用途　本品为碱类消毒防腐药，杀菌力强，能杀死繁殖型细菌、细菌芽孢和病毒。用于鸭场消毒池、鸭舍的消毒。

（3）剂量与用法　用2%热水溶液喷洒消毒被病毒、细菌污染的鸭舍、饲槽、运输车船。3%～5%热水溶液喷洒消毒芽孢污染地面。

（4）注意事项

①对组织有刺激性、腐蚀性，高浓度能损坏织物和铝制品。

②消毒鸭舍前应先驱出鸭群，隔6～12小时用水冲洗后，方可让鸭进入。

③本品易从空气中吸收CO_2，渐变成碳酸钠，应密闭保存。

15. 氧化钙（生石灰）

（1）性状　本品为白色的块或粉。生石灰易从空气中吸收二氧化碳形成碳酸钙而失效。

（2）作用与用途　本品为碱类消毒防腐药，加水后生成氢氧化钙（俗称熟石灰或消石灰），具强碱性。因氢氧化钙的水溶性小，故仅能杀死繁殖型细菌，而对细菌芽孢和结核杆菌无效。用石灰乳涂刷鸭舍墙壁、地面等，也可直接将石灰撒于阴湿地面、粪池周围和污水沟等处。为防疫，养鸭场门口常放置浸透20%石灰乳的湿草进行鞋底消毒。

（3）剂量与用法　配成10%～20%石灰乳消毒鸭舍墙壁、地面等，每千克生石灰加水350毫升或磨成粉末后撒布消毒粪池周围和阴湿地面。

第三节　兽药的安全使用

兽药是保障鸭群赖以健康生存的物质基础。兽药的临床安全应用，改善了鸭的生存条件，控制了鸭病的发生和流行，但是，任何兽药的作用都具有两重性，它既能够对鸭的疾病产生抗病作用，又可能对鸭的机体产生有害或不良反应。在养鸭生产中如何选择和合理安全地使用临床药物，是值得关注的问题。

一、鸭病临床药物的选择

预防控制鸭病，除了选择作用强、毒副作用小的药物以外，还要根据鸭的特性、年龄、饲养规模和饲养方式以及疫病流行的特点，严格按照适应证选用药物。

但是，任何一种药物或同一类型药物的长期使用或使用过量，容易对鸭产生耐药性或不良反应。因此，在选择使用药物预防时，应根据药物特性和临床实际需要，对于细菌性传染病，有条件的要进行细菌培养，同时还要对分离的菌株做药敏试验，以便更好地筛选具有针对性的和高度敏感的抗菌药物。

二、兽药安全使用的准则

应用药物尤其是抗菌药物或抗寄生虫药物对控制鸭的传染病和寄生虫病发挥了巨大的作用，解决了养鸭生产中的一些实际问题，为了更好地发挥药物的作用，降低药物的毒副作用，减少细菌耐药性的产生，提高药物的疗效，必须注意掌握临床用药的原则，切实可行而又合理安全地使用临床药物。

1. 明确诊断，制订临床用药方案 在养鸭生产实践中，由于养鸭场的饲养规模、饲养方式、饲养量、饲养的品种和管理措施不同，以及所处的气候、环境、条件和自然资源的差异，一个养鸭场有时能同时并发或继发几种疾病，其致病因素复杂，疾病表现的形式也不完全相同，有的可能是病毒性传染病与细菌性传染病或寄生虫病等疾病并发，或者多种病毒性传染病或细菌性传染病等疾病相继发生，或是可能所遇及的临床病例是非典型的等等。要克服临床用药在疾病防制过程中的盲目性，力求准确地诊断疾病，务必对所发生的疾病要有充分地了解和认识，就是我们在兽医临床工作中通常采用的病史和流行病学调查，通过对发病鸭群的观察了解，根据疾病的流行特点，结合临床诊断、病理学诊断，以及实验室诊断等检验结果，进行综合分析，建立正确的诊断。任何临床药物合理应用的先决条件都来源于正确的诊断，在明确诊断的基础上，根据患病鸭群的具体病情，制订科学合理的临床用药方案。

2. 科学用药，避免毒性反应　在生产实践中，科学准确地应用药物，是发挥药物疗效的重要前提。应用药物安全可靠，避免毒性反应，是临床合理用药的原则。在对鸭的临床用药过程中，必须严格掌握和控制药物的剂量、浓度及疗程，有些药物如果用药剂量大、浓度高、疗程长，就会产生毒性反应。在兽医临床上，用药剂量过大不一定能增加疗效，相反可能会造成对机体的严重损害。不能滥用药物，尤其不能滥用抗菌药物，同时避免同类抗菌药物或具有相同毒副作用的药物联合使用，如氨基糖苷类药物最好不要与头孢菌素类药物同时使用，否则会增加肾脏毒性。不同日龄的鸭对同一药物的反应不一，老龄鸭肝、肾功能减退，而幼龄鸭肾功能不全，对药物较敏感，均易引起毒性反应。此外，用药时还应注意药物的配伍禁忌以及药物的代谢。总之，在临床用药过程中，要认真观察药效和毒副作用，根据实际情况，及时地调整用药方案。

3. 对因、对症应用药物　在临床实践中，要根据鸭群的具体病情对因、对症应用药物治疗，以取得最佳的疗效。

对因应用药物就是针对疾病产生的原因进行治疗。消除病因，对于防制鸭病尤其是防制鸭的传染病和寄生虫病具有重要的意义。如应用抗菌素及抗寄生虫药物等杀灭或抑制细菌和寄生虫都是对因用药治疗。

疾病的发生和发展是极其复杂的，所以，有时还需对症应用药物治疗，即针对疾病表现的症状应用药物进行治疗，以达到减轻、改善或消除病症的目的。

4. 综合应用辅助药物 在鸭病防制工作中，既要针对病因、病症合理用药，还要根据药物，尤其是抗微生物或寄生虫药物产生的不良反应，综合应用其他药物，特别是维生素类药物辅助治疗，常会使抗病药物的毒副作用降低。

无论是抗病药物产生维生素不足的原因，还是疾病本身继发的因素，在鸭病临床上综合应用维生素等辅助药物治疗，会有利于发病鸭群的机体得到迅速康复，达到标本兼治的目的。

5. 临床药物的联合应用 在鸭病的临床实践中，合理地联合应用临床药物，可以增强药物的疗效。对于抗菌药物而言，正确地联合应用可起到扩大抗菌谱，增强疗效，减少用量，减少和延缓耐药菌株的作用，可降低和避免抗菌药物的毒副作用。

但是，如果盲目地、不合理地联合用药，不仅不能达到预期的效果，反而会导致不良反应的发生率增加，容易产生二重感染和增加耐药菌株，影响正确诊断和及时治疗。

6. 预防药物残留 有害于人类健康的动物性食品中的药物残留问题，是一项不可忽视的重要内容。鸭蛋和鸭肉食品与人们的生活息息相关，应当高度重视。

药物残留对人体健康的影响主要表现为变态反应与过敏反应、细菌的耐药性、致畸作用、致突变作用以及致癌作用等。为防止动物食品中的药物残留对公共卫生及人体健康造成危害，我国农业部已颁布了《动物性食品中兽药最高残留限量》，规定了食品动物的休药期和允许残留量以及应用限制，使市场出售的鸭及其制品成为有利于人类健康的绿色食品。

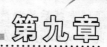

第九章

鸭病的临床诊断与实验室检验技术

要准确地诊断鸭群各种不同类型的疾病，更好地制订合理而有效的防控措施，就必须掌握鸭病诊断的基本方法和要点。

第一节　鸭病的临床诊断

一、鸭病诊断的基本方法

对于出现临床表现的鸭群，利用人的感官直接对它们进行客观地观察和检查，结合流行病学调查，即构成了临床诊断鸭病的基本方法。主要包括问诊、视诊、触诊、听诊和嗅诊。

1. 问诊　问诊即向饲养者询问了解与鸭病相关的内容，遇到群发病还要深入现场进行流行病学调查，为诊断鸭病提供可靠的依据。询问调查应从以下诸方面进行。

（1）了解鸭群的来源　全面了解鸭群的来源可以分析鸭群发病的因素。主要询问发病鸭群是自繁自养的还是从外地购进的，发病鸭所在地区目前或过去有无发生过疫情，输出的地区有无发生疫情等。

（2）了解疫病发生的时间和经过　由此可以推测该病属哪一类，是急性还是慢性。像急性传染病和某些中毒病的特征是突然发生，疾病的经过常较严重。

（3）了解疾病的主要表现　如食欲不振或废绝、下痢、打喷嚏、瘫痪、麻痹、抽搐等，由此可推断疾病大致所属的范畴。

（4）了解发病后的病情和临床症状是逐渐扩大加重还是缩小减轻　由此可以分析疾病发展的趋势。

（5）了解鸭群发病后的治疗情况　了解鸭群发病后用何种药物治疗，用药剂量、方法、次数及疗效，均可为诊断提供有价值的参考。

（6）了解邻近鸭舍或同一鸭舍中，鸭群是否同时发生类似疾病　据此可推断该病是群发，还是单个发生以及有无传染性。

（7）了解疾病传播速度　如果疾病在短时间内迅速传播，造成流行或疾病在短期内发生并出现死亡，则提示可能是急性传染病或某些中毒病，若是在较长时间内不断地相继发生，则应考虑为传染病或寄生虫病。

（8）了解发病率、病死率和有无年龄差别　这些情况的了解对一些疾病的鉴别诊断起着重要的作用。

（9）了解鸭群患病的同时，还要了解其他畜禽是否也有发病　通过了解，可推断该疫病传播流行的危害性。

（10）了解病史和既往史　了解鸭群的病史和既往史重点应放在流行病学调查。鸭群曾患过什么病，有无传染病和寄生虫病的因素，其发病的经过和结果如何，有无季节性和流行性，原疾病与本次患病有无相同之处，还要了解本次疾病发生和发展的规律以及发病的区域范围及其临床表现。通过了解来分析本次疾病与过去疾病的联系。

（11）了解鸭舍的构造、地理位置和饲养设施　通过了解，有助于分析某些疾病发生的原因。鸭舍是鸭生活、休息和产蛋的场所，鸭舍的安排合理与否，直接关系到鸭群的正常生长发育和生产性能的正常发挥。其建筑结构、地理位置、采光通风设施等均与某些疾病的发生有一定的关系。如鸭舍缺乏阳光，寒冷潮湿，常成为鸭呼吸道疾病的致病条件；而且鸭采光不足容易缺乏维生素 D，影响钙磷的吸收，以致引发多种疾病，造成鸭生长发育受阻。

（12）了解鸭群的饲养方式、饲养密度以及饲养管理和环境卫生状况　这些情况的了解可以帮助分析致病的原因。如散养鸭群容易发生寄生虫病和中毒病；网上平养的鸭群容易发生营养代谢病；饲养管理不善、鸭舍卫生环境差、通风不良，容易引发鸭群呼吸道传染病。饮水槽有污垢，饲料槽不洁，常成为鸭群大肠杆菌病和沙门氏菌病的致病条件。地面平养、饲养密度大、环境不卫生、垫料潮湿容易感染雏鸭球虫病、葡萄球菌病和曲霉菌病等。

（13）了解鸭群的生产性能　对于鸭群生产性能的了解，有助于区别疾病发生的种类。生产性能方面对产蛋母鸭而言，主要了解其产蛋率是否下降，下降的幅度如何，是否出现畸形蛋。如果产蛋率急剧下降，应首先考虑鸭是否感染新城疫或鸭出血性卵巢炎等传染病；其次考虑是否有突然改变饲料营养或其他应激因素。如果是一般性产蛋率下降，即产蛋下降的幅度不大，且出现软壳蛋、砂壳蛋，则应考虑细菌性传染病，如鸭副伤寒、鸭大肠杆菌病等。或是某些寄生虫病和营养代谢病，如鸭前殖吸虫病、鸭维生素D缺乏与钙磷代谢障碍等。对于肉鸭，主要了解肉鸭的生长速度，如果鸭群发育增重显著缓慢，除饲养标准和饲养条件外，还应考虑某些疾病因素。

（14）了解饲料的种类、组成、质量、调制方法及贮存情况这些情况的了解常为某些营养代谢病、消化系统疾病或中毒病以及寄生虫病提供病因性诊断的启示。如对产蛋种鸭长期喂单一的饲料或某些营养物质缺乏或不足的饲料，常常是雏鸭营养不良的根本原因，多会引起佝偻病、白肌病、维生素缺乏症等营养代谢紊乱性疾病，并容易继发感染一些传染病，或种蛋出现受精率、孵化率下降。对鸭群饲喂水草、浮萍容易引发绦虫病和吸虫病。饲料调制方法不当或是饲料贮存不当，常常是鸭群中毒的致病条件。

（15）了解防疫情况及实际效果　防疫制度及执行的情况如何，养鸭场有无消毒设施，病死鸭尸体的处理等等，这些都有助于分析疫情。对预防接种，应着重了解高致病性禽流感、鸭瘟、雏鸭病毒性肝炎、禽霍乱等主要传染病的预防接种情况，包括接种时间、方法和密度，并查明疫苗的来源、运输及保管方法等，便于防疫情况的分析及诊断。

2. 视诊　视诊是观察病鸭在自然状态下的行为的一种诊断方法。

（1）观察鸭群的整体状态　如鸭群的营养状况、生长发育的速度、肌肉的丰满度以及体质的强弱等。

（2）观察精神状况、体态、姿势和运动的行为等　如精神是否委靡，敏感性是否增高，体躯是否匀称，两翼是否下垂，行走是否迟缓，站立姿势及两肢外形和位置正常与否，关节是否肿胀，运动是否协调以及有无神经症状等病理性异常行为。

（3）观察羽毛、皮肤、喙、脚蹼以及眼睛等处有无异常　如羽毛有无光泽、是否蓬松或脱落、断裂，有无寄生虫，肛门周围的羽毛是否清洁或被稀粪污染。眼睑或喙部、鼻部有无疣状物或小结痂，瞳孔是否缩小或散大，羽毛覆盖处的皮肤状况如何，皮肤衍生物（包括喙、或脚蹼等部位）的色泽情况，有无创伤、炎症、出血肿胀及肿瘤等。

（4）观察鸭群的食道膨大部等部位的形态性状　如是否空虚紧缩或饱满下垂，腹部的形状大小，有无异常膨大或下垂；肛门、泄殖腔黏膜的色泽、完整性、紧张度、湿润程度及有无异物等。

（5）观察某些生理活动有无异常　如呼吸动作有无喘息、呼吸困难、喷嚏、咳嗽，采食、吞咽有无异常，嘴角有无流涎，鼻腔是否清洁，有无鼻液或异物，有无结膜炎、角膜炎、晶状体浑浊，以及排粪状况（颜色、粪量、有无未消化谷料等）。

3. 触诊　触诊是以手或者借助简单的检查用具接触鸭的体

表及某些器官，根据感觉有无异常来判断疾病的一种诊断方法。一般用于检查皮肤表面的温度（鸭正常体温为 $41\sim41.5℃$）和局部变化（肿物）的温度、大小、内容物性状、弹性、软硬度、疼痛反应等。

如用手触摸鸭的头部来感觉鸭的体温是否正常。

又如产蛋母鸭的肿物位于腹下，且内容物不定，一般经按压可还纳，则提示疑似有疝（赫尔尼亚）。触诊鸭的食道膨大部内容物坚硬，则提示与食道膨大部阻塞有关。关节肿大，且有热痛感，则提示关节有炎症。

用手触摸鸭的胸部可以感觉其营养状况。生长发育良好的鸭，胸部较平，肌肉丰满；而胸骨如刀脊状，肌肉脊薄的，则提示可能患有慢性消耗性疾病、慢性寄生虫病或慢性传染病等。

用手指伸进泄殖腔内可以检查产蛋母鸭有无产蛋及有无蛋滞留现象，临床上主要用于产蛋鸭难产的检查。

4. 听诊　听诊是直接通过人的耳朵听声来感觉判断鸭体内部有无异常的一种诊断方法。主要听取鸭在呼吸时是否有异常声音，如有甩鼻音、喘鸣音，即呼嘶、呼噜、嘎嘎等异常粗厉的呼吸音或啰音，则提示呼吸道有炎症。有时临床上还可以通过听鸭的叫声来判断鸭的健康状况。

5. 嗅诊　嗅诊是通过人的鼻子嗅闻鸭舍内及周围的环境有无刺鼻的有害气味，鸭的饲料、垫料、分泌物、排泄物有无异常的气味来评析鸭的饲养管理、环境卫生状况，为诊断鸭的群发性疾病提供可靠的依据。如鸭舍氨味较浓，提示有可能鸭群患呼吸道疾病或肠道疾病；饲料、垫料有霉味则提示鸭可能患曲霉菌病；粪便带有腥臭味则提示可能患球虫病等。

二、鸭病的临床体征诊断要点

鸭病的临床体征诊断要点的掌握，常可为诊断鸭病提供重要的依据。即通过掌握鸭群的主要临床症状及表现的基本特征来诊断疾病，从而缩小疾病可能存在的范围。临床诊断要点包括以下具体内容。

1. 营养状况 健康鸭群整体生长发育基本均匀一致。如果整群生长发育及增重显著缓慢，则可能是饲料营养配合不全面或者因饲养管理不善所致的营养缺乏症。若出现大小不匀，则表明鸭群可能有慢性消耗性疾病存在，如结核病、淋巴白血病和其他肿瘤疾病，以及内、外寄生虫病等。

2. 精神状态 健康鸭精神活泼，昂头翘尾，站立有神，目光伶俐，敏感性强，翅膀收缩有力，紧贴体躯，行走有力，采食敏捷，食欲旺盛。

(1) 精神委靡，食欲废绝，反应迟钝，缩颈垂翅，离群独处，闭目呆立或卧伏，尾羽下垂，体温高 见于某些急性、热性传染病，如雏鸭病毒性肝炎、鸭瘟、急性禽霍乱等。

(2) 精神差，食欲不振，体温正常或偏高 见于某些慢性传染病和寄生虫病以及某些营养代谢病，如慢性鸭瘟、慢性鸭副伤寒、成年鸭曲霉菌病、鸭膜壳绦虫病、鸭棘口吸虫病、鸭次睾吸虫病、鸭球虫病以及维生素 E—硒缺乏症等。

(3) 精神极度委顿、体温下降、缩颈闭目、蹲卧伏地、不愿站立 见于濒死期的病鸭。

3. 运动行为 健康鸭活动自在，姿势优美。若出现运动障碍、姿势异常，则见于某些传染病、寄生虫病、营养代谢病、创伤以及濒死前全身衰竭。

(1) 行走摇晃，步态不稳 见于明显的急性传染病和寄生虫病等，如鸭瘟、雏鸭病毒性肝炎、番鸭细小病毒病、鸭球虫病以及严重的鸭膜壳绦虫病、鸭棘口吸虫病、鸭次睾吸虫病、鸭前殖吸虫病等。

(2) 两肢行走无力，常呈蹲伏姿势 见于鸭佝偻病或骨软症。若行走时有痛感，出现跛行则见于葡萄球菌或链球菌引起的关节炎及痛风等。

（3）运步摇晃，两肢呈不同程度的"O"型或"X"型外观或呈劈叉状或是运动失调倒向一侧　见于雏鸭的营养代谢病，如缺乏维生素D或钙磷代谢障碍引起的佝偻病和锰、胆碱、叶酸、生物素等缺乏引起的滑腱症以及氟中毒引起的骨质疏松等。

（4）两肢交叉行走或运动失调，跗关节着地　常见于雏鸭的维生素E和维生素D缺乏症，亦见于鸭疫里默氏杆菌病、雏鸭脑炎型曲霉菌病等。

（5）两肢不能站立，仰头蹲伏呈观星姿势　见于雏鸭维生素B_1缺乏症。

（6）两肢麻痹或趾爪蜷缩、瘫痪、不能站立　见于雏鸭维生素B_2缺乏症。

（7）企鹅样立起或行走　见于鸭淀粉样变性病（鸭大肝病），也偶见于鸭卵黄性腹膜炎和肉鸭腹水综合征。

4. 呼吸动作　健康鸭呼吸频率为20～35次/分，如果呼吸浅表，呼吸频率增加，常见于某些热性传染病、寄生虫病、肺部疾患、胸腔积液以及鸭舍内有害气体产生对呼吸道的刺激等。也可见于鸭群活动频繁或气温升高时的正常生理变化。

（1）气喘、咳嗽、出现气管啰音　见于鸭大肠杆菌病、鸭疫里默氏杆菌病、鸭支原体病、鸭曲霉菌病以及氨气过浓所致的疾病等，亦可见于慢性禽霍乱和维生素A缺乏症等。

（2）气喘、呼吸困难　见于某些严重的传染病、寄生虫病和营养代谢病以及鸭濒死期和呼吸停止前的变化。如雏鸭霉菌性肺炎等。

5. 神经症状　由于致病因素的影响，使鸭的脑部及中枢神经和外周神经干发生损伤和炎症或机能障碍，所出现的中枢神经机能紊乱。见于某些传染病、寄生虫病和营养代谢病以及某些中毒病。

（1）头颈弯曲、共济失调　见于雏鸭病毒性肝炎、雏鸭霉菌性脑炎、脑炎型鸭疫里默氏杆菌病、鸭四棱线虫病、维生素 A 缺乏症等，也可见于高致病性禽流感等。

（2）头颈向后屈曲、角弓反张　见于雏鸭病毒性肝炎、维生素 B$_1$ 缺乏症等。

（3）头颈震颤、共济失调　见于高致病性禽流感和某些中毒病等。

6. 声音　健康鸭叫声响亮，而患病鸭叫声无力。声音异常见于某些传染病和寄生虫病以及其他营养消耗性疾病的晚期病例等。

（1）叫声嘶哑　见于慢性鸭瘟、鸭结核病、鸭副伤寒、鸭四棱线虫病和鸭绦虫病、鸭棘口吸虫病以及鸭前殖吸虫病等。

（2）叫声停止、张口无音　见于濒死期的鸭。

7. 羽毛　羽毛是鸭皮肤特有的衍生物，具有保湿、散热、防水及防止外界损伤的作用。羽毛状态的病理改变是患病的重要标志。健康的成年鸭羽毛整洁、匀称、光滑、发亮。病鸭羽毛逆立蓬松、污秽、缺乏光泽、易于污染，提前或延迟换毛，常见于营养不良及慢性消耗性疾病。

（1）羽毛蓬松、污秽、无光泽　见于慢性传染病、寄生虫病和营养代谢病。如鸭大肠杆菌病、鸭副伤寒、慢性禽霍乱、鸭瘟、鸭绦虫病、吸虫病以及维生素缺乏症等。

（2）羽毛稀少或脱色　见于叶酸缺乏症和烟酸缺乏症，也可见于维生素 D 缺乏症和泛酸缺乏症等。

（3）羽毛松乱或脱落　见于 B 族维生素缺乏症和含硫氨基酸不平衡等。头颈部和背部羽毛或肛门周围羽毛脱落，是鸭群患异食癖病使鸭相互啄羽的结果。头颈部羽毛脱落也可见于泛酸缺乏症。羽毛脱落还可见于 70～80 日龄鸭群正常换羽引起的掉毛。

（4）羽毛蓬松、竖立　见于鸭热性传染疫病引起的高热、寒颤。

（5）羽毛变脆、断裂或脱落　见于鸭体外寄生虫病和某些营养缺乏症，如羽螨、羽毛虱等。

8. 头颈部

（1）头部肿大　见于鸭瘟，也可见于高致病性禽流感等。

（2）头部皮下胶冻样水肿　见于肉用雏鸭维生素 E—硒缺乏症，也可见于慢性禽霍乱以及高致病性禽流感等。

（3）下颌窦及颌下水肿　见于鸭疫里默氏杆菌病等。

（4）头颈部肿大　见于因注射油乳剂灭活疫苗不当所致。也偶尔见于外伤感染引起的炎性肿胀。

（5）头颈部皮下气肿　见于雏鸭因颈部气囊或锁骨间气囊破裂，气体积聚于皮下所致。

9. 喙

（1）喙色泽淡　常见于某些慢性传染病和寄生虫病以及营养代谢病，如鸭绦虫病、鸭四棱线虫病、鸭球虫病、鸭棘口吸虫病和鸭前殖吸虫病以及维生素 E—硒缺乏症等。

（2）喙尖色泽发紫　常见于雏鸭病毒性肝炎、番鸭细小病毒病、禽霍乱、鸭卵黄性腹膜炎等，也可见于高致病性禽流感和维生素 E 缺乏症等。

（3）喙变形上翘　见于白羽肉鸭的感光过敏症，亦可见于电镀厂废水引起鸭的中毒综合征等。

（4）喙变软、易扭曲　见于缺钙、缺磷或缺乏维生素 D 引起幼鸭的佝偻病和成年鸭的软骨症，也可见于腹泻或肠道寄生虫感染所致的钙磷吸收障碍和氟中毒等。

10. 眼睛　鸭眼睛的神态，眼结膜及虹膜的色泽，角膜的透明度，瞳孔大小和结膜有无异物等常常是衡量鸭健康的标志。健康鸭眼睛清洁、明亮有神，通常眼结膜呈淡红色、虹膜呈橙黄色、角膜透明，瞳孔大小适中。若发现眼睑下垂或肿胀、流泪、或有分泌物、眼结膜和虹膜色泽改变、角膜浑浊等异常表现均属病态。

（1）眼睑肿胀、流泪　常见于鸭疫里默氏杆菌病、慢性禽霍乱、鸭支原体病、鸭瘟、大肠杆菌性眼炎以及其他细菌或霉菌引起的眼结膜炎，也可见于高致病性禽流感、鸭嗜眼吸虫病、维生素 A 缺乏症等。

(2) 眼睑肿胀、瞬膜下形成球状干酪样物质　常见于雏鸭霉菌性眼炎。眼结膜肿胀隆起，内有不易剥离的豆腐渣样渗出物，可见于雏鸭大肠杆菌病。眼结膜内积有黄白色凝块则见于雏鸭维生素 A 缺乏症。

(3) 眶下窦肿胀，内有黏液性分泌物或干酪样物质　见于鸭疫里默氏杆菌病、慢性禽霍乱和鸭衣原体病。

(4) 眼结膜充血、潮红　见于急性、热性传染病的初期，如鸭瘟、高致病性禽流感、禽霍乱等。也可见于鸭嗜眼吸虫病。

(5) 眼结膜充血或眼内出血　见于急性禽霍乱和高致病性禽流感等。也偶见于眼睛外伤。

(6) 眼结膜有黏性或脓性分泌物　见于雏鸭大肠杆菌病、鸭疫里默氏杆菌病、鸭瘟、鸭衣原体病、鸭副伤寒等。眼内有黏液性分泌物流出，使眼睑变成粒状，则见于雏鸭生物素及泛酸缺乏症等。

(7) 眼结膜有出血斑点　见于高致病性禽流感、鸭瘟（伴有眼结膜贫血）等。

(8) 眼结膜苍白　见于慢性传染病和严重的寄生虫病，如禽结核病、淋巴白血病、鸭膜壳绦虫病、鸭棘口吸虫病、鸭次睾吸虫病、鸭前殖吸虫病、鸭四棱线虫病以及鸭球虫病等。也可见于某些中毒病，如磺胺类药物中毒等。

(9) 眼球下陷　常见于某些传染病、寄生虫病等因腹泻引起的机体脱水所致，如鸭瘟、鸭疫里默氏杆菌病、鸭副伤寒、产蛋鸭卵黄性腹膜炎以及鸭膜壳绦虫病、鸭棘口吸虫病、鸭次睾吸虫病、鸭前殖吸虫病以及某些中毒病等。

(10) 角膜浑浊、流泪　常见于鸭舍氨气过浓引起灼伤。也可见于高致病性禽流感和维生素 A 缺乏症等。

（11）角膜浑浊、形成溃疡　见于慢性鸭瘟和鸭嗜眼吸虫病。

（12）瞳孔缩小　常见于有机磷农药中毒。

（13）瞳孔散大　见于阿托品中毒。也可见于濒死期的病鸭。

11. 鼻腔

（1）鼻腔有黏液性或浆液性分泌物　见于鸭疫里默氏杆菌病、雏鸭大肠杆菌病、鸭瘟、鸭支原体病、雏鸭曲霉菌病、慢性禽霍乱和高致病性禽流感等。

（2）鼻腔内有牛奶样或豆腐渣样物质　见于维生素 A 缺乏症、鸭疫里默氏杆菌病等。

12. 口腔　鸭口腔的温度、湿度和黏膜色泽、上腭等发生的变化，常是判断鸭健康与否的标志。健康鸭口腔湿润、黏膜呈灰红色、口腔温度适宜、口腔及上腭沟等无异物。

（1）口腔温度增高、干燥　见于急性、热性传染病及口腔炎症，如雏鸭病毒性肝炎、番鸭细小病毒病、高致病性禽流感、鸭瘟、烟酸缺乏症、霉菌性口炎等。

（2）口腔温度过低　见于慢性传染病和寄生虫病以及慢性中毒等所致的严重贫血。也可见于濒死期的鸭。

（3）口腔黏液及唾液分泌增多　见于口腔炎症、呼吸道疾病、急性败血症和某些农药中毒等，如鸭疫里默氏杆菌病、禽霍乱、有机磷农药中毒以及鸭采食有蚜虫或蝶类幼虫寄生的蔬菜或牧草等引起的口腔炎症等。

（4）口腔流涎　见于放养鸭误食喷洒有机磷农药的蔬菜、牧草及谷物引起的中毒。也见于鸭过量服用氨基糖苷类药物、氟喹诺酮类药物、磺胺类药物引起的中毒。

（5）口腔流出水样浑浊液体　常见于鸭东方杯叶吸虫病、鸭瘟等疾病。也可见于鸭因营养缺乏采食干青草过量引起肌胃阻塞而导致食道膨大部液体返流所致。

（6）口腔流血或口角流血　见于某些中毒病、寄生虫病和营养代谢病，如敌鼠钠盐中毒、住白细胞虫病以及脂肪肝综合征导致的肝脏破裂等。也偶尔见于某些传染病，如高致病性禽流感等。或者口腔炎症、口角外伤引起的出血。

（7）口腔内有刺鼻气味　见于散养鸭群有机磷或其他农药中毒，如有机磷农药中毒具有刺鼻的大蒜气味。

（8）口腔黏膜有黄白色隆起的小结节　见于雏鸭维生素 A 缺乏症和烟酸缺乏症等。

（9）口腔黏膜形成黄白色干酪样假膜或溃疡　见于鸭白色念珠菌病（霉菌性口炎）。

（10）口腔上腭内有淡黄色干酪样物质　见于雏鸭维生素 A 缺乏症和鸭疫里默氏杆菌感染等。

（11）口腔外部嘴角形成黄白色假膜　见于鸭等家禽因白色念珠菌感染所致的霉菌性口炎即鹅口疮。

13. 腹围

（1）腹围增大　见于鸭尤其是肉鸭的腹水综合征、产蛋鸭卵黄性腹膜炎和雏鸭的卵黄囊炎。有时亦可见于产蛋母鸭腹底壁赫尔尼亚、产蛋母鸭的卵巢腺癌等。

（2）腹围缩小　见于慢性传染病和寄生虫病，如禽结核病、慢性鸭瘟、鸭膜壳绦虫病、鸭棘口吸虫病、鸭次睾吸虫病、鸭前殖吸虫病、鸭四棱线虫病以及鸭球虫病等。

14. 关节

（1）关节肿胀、有热痛感、关节囊内化脓或有炎性渗出物　常见于关节周围皮肤擦伤引起鸭葡萄球菌、链球菌或大肠杆菌感染，或见于慢性禽霍乱和鸭疫里默氏杆菌病。关节肿胀、化脓并沿肌腱扩散，则见于滑膜支原体感染所致。关节肿胀、关节囊内有黏液性分泌物也可见于病毒性关节炎。

（2）胫跗关节肿大、畸形、长骨粗短、质地坚硬　见于雏鸭缺锰及缺乏生物素等引起的骨短粗症。

（3）跗趾关节和趾间关节肿大（非炎性）　见于某些营养代谢病，如钙磷代谢障碍和维生素 D 缺乏症等。

（4）关节肿大、触之硬实、关节腔内有多量黏稠的尿酸盐沉积物　见于饲料中蛋白质含量过高或其他因素等引起的关节型痛风。

15. 脚蹼

（1）脚蹼皮肤干燥　常见于 B 族维生素缺乏症和传染病、寄生虫病等引起慢性腹泻所致。也可见于内脏型痛风。

（2）脚蹼皮肤发紫或者有出血点　常见于雏鸭病毒性肝炎、番鸭细小病毒病、高致病性禽流感、鸭瘟、急性禽霍乱、雏鸭维生素 E 缺乏症以及产蛋鸭卵黄性腹膜炎等。

（3）脚蹼趾爪卷曲、麻痹　见于雏鸭维生素 B_2 缺乏症和幼鸭严重的绦虫病。也可见于成年鸭维生素 A 缺乏症等。

（4）脚下部及脚趾皮肤结痂干裂或脱落　见于雏鸭泛酸缺乏症等。

（5）脚蹼变形结痂　见于散养白羽肉鸭的感光过敏症。也可见于化学污染所致的畸形。

（6）脚掌枕部及趾枕部组织增生或肿胀、化脓　见于葡萄球菌感染、链球菌等细菌引起脚趾脓肿。

（7）趾骨软、易折　见于缺磷、缺钙或缺乏维生素 D 引起的佝偻病或骨软症。也可见于氟中毒引起的骨质疏松。

16. 肛门和泄殖腔　鸭肛门是粪道、尿道和生殖道的共同开口。肛门内是泄殖腔，是直肠最后的扩大部分。健康产蛋母鸭肛门呈白色，湿润而松弛；低产或休产期母鸭，肛门色泽淡黄，干燥而紧缩。若出现异常，则是疾病的标志。

（1）肛门周围有炎症、坏死和结痂病灶　见于雏鸭泛酸缺乏症。

（2）肛门肿胀、周围覆盖有多量黏液状的蛋白分泌物　见于产蛋鸭的前殖吸虫病。也可见于产蛋鸭卵黄性腹膜炎。肛门肿胀、有石灰样或奶油样粪便封肛，则见于鸭蛋白质代谢障碍——痛风。

（3）**肛门周围有稀粪沾污** 见于雏鸭病毒性肝炎、番鸭细小病毒病、鸭瘟、鸭副伤寒、鸭疫里默氏杆菌病、鸭大肠杆菌病以及寄生虫病等引起的腹泻。

（4）**肛门突出或外翻，黏膜充血，肿胀变色** 见于高产母鸭或难产母鸭强烈努责引起的泄殖腔脱垂；或见于严重的泄殖腔炎可引起肛门外翻，泄殖腔脱垂；也可见于鸭异食癖啄肛所致。

（5）**泄殖腔黏膜充血或有出血点** 见于某些传染病和寄生虫病引起的泄殖腔炎症，如鸭瘟、禽霍乱和鸭前殖吸虫病等。

（6）**泄殖腔黏膜出血，有假膜结痂或形成溃疡** 见于典型的鸭瘟。泄殖腔黏膜坏死、溃疡，也偶见于成年鸭葡萄球菌病。

（7）**泄殖腔黏膜充血、肿胀、发红或发紫以及肛门周围组织溃烂脱落** 见于鸭隐孢子虫病、鸭前殖吸虫病和慢性泄殖腔炎等。

17. 粪便 粪便是饲料在消化道内经消化、吸收后通过肛门排出体外的残渣。营养适当，消化正常的健康青年鸭和成年鸭排出的粪便呈棕灰色，软硬适中，形状多呈圆柱状或条状；而尚未开食的雏鸭排出的胎粪为白色和深绿色稀薄液体。若粪便出现异常，则与某些疾病有关。

（1）**大便拉稀** 见于细菌、霉菌、病毒和寄生虫等引起的腹泻，如鸭大肠杆菌病、鸭疫里默氏杆菌病、鸭副伤寒、雏鸭病毒性肝炎、番鸭细小病毒病、鸭瘟、霉菌性肠炎以及鸭东方杯叶吸虫病、鸭膜壳绦虫病、鸭棘口吸虫病、鸭次睾吸虫病、鸭前殖吸虫病、鸭四棱线虫病等。也可见于某些营养代谢病和中毒病，如维生素E缺乏症、有机磷农药中毒、鸭采食有蚜虫、蝶类幼虫寄生的蔬菜、牧草引起的中毒等。

（2）**粪便稀、混有黏稠、半透明的蛋白或蛋黄** 见于产蛋鸭卵黄性腹膜炎、输卵管炎和前殖吸虫病。

（3）**粪便稀、呈灰白色，并混有白色米粒样物质（绦虫节片）** 见于鸭绦虫病。

（4）粪便稀、并混有暗红色或紫色血黏液　见于雏鸭球虫病、鸭四棱线虫病，有时也可见于禽霍乱、鸭副伤寒和出血性肠炎等。

（5）粪便呈血水样　见于雏鸭球虫病和磺胺类药物中毒。有时也可见于散养鸭误食被农药或鼠药污染的谷物引起的中毒，如呋喃丹中毒和敌鼠钠盐中毒等。

（6）粪便稀、呈青绿色或黄绿色　见于雏鸭病毒性肝炎、番鸭细小病毒病、鸭副伤寒、鸭大肠杆菌病、鸭次睾吸虫病、鸭膜壳绦虫病、鸭棘口吸虫病等，也可见于鸭疫里默氏杆菌病、慢性禽霍乱、高致病性禽流感、鸭瘟等。

（7）粪便软、排出量多、周围带水　见于饲料配合不当引起的消化不良，如饲料中麸皮或豆饼量高或长期缺乏沙砾和食盐等。

（8）粪便稀、多为黏液状，并混有小气泡　常见于雏鸭维生素 B_2 缺乏症。也可见于鸭舍过于潮湿或感冒受凉，引起肠内容物发酵产气所致。

（9）粪便呈乳白色奶油状　常见于鸭尤其是雏鸭内脏型痛风病。也可见于雏鸭维生素 A 缺乏症以及钙、磷比例失调或使用磺胺药过量所致。

（10）粪便稀、呈水样白色　见于关养鸭由于缺料处于饥饿状态，或鸭舍闷热时饮水量较多所致。

18. 鸭蛋

（1）薄壳蛋　常见于产蛋鸭的饲料日粮中钙含量不足或钙、磷比例失调，或环境急性应激等因素，影响蛋壳腺碳酸钙沉积功能所致，如鸭骨软症以及热应激综合征。也可见于某些传染病和其他营养代谢病，如鸭大肠杆菌病、鸭副伤寒、鸭瘟等以及锰缺乏或过量引起。

（2）软壳蛋　通常上述薄壳蛋产生的因素都有可能导致软壳蛋的出现。也可见于产蛋鸭缺锌所致。

（3）血壳蛋　见于蛋体过大或产道狭窄引起蛋壳表面附有片带状血迹，通常多见于刚开产的母鸭。也可见于蛋壳腺黏膜弥漫性出血所致。

（4）裂纹蛋（蛋壳骨质层表面可见明显裂缝）　见于某些营养代谢病，如矿物质锰或磷缺乏症。

（5）沙皮蛋（子宫内分泌物的钙质未得到酸化而以颗粒状沉积于蛋表面）　见于营养代谢病，如产蛋鸭缺锌使碳酸酐酶活性降低，导致蛋壳钙沉积不全不匀，或钙过量而磷不足时，蛋壳上发生白垩状物沉积，使蛋壳两端粗糙所致。也可见于某些病毒性传染病，如产蛋鸭感染新城疫等。有时还见于母鸭产蛋时受到急性应激，使蛋在子宫内滞留时间长，蛋壳表面额外沉积多余的"溅钙"。

（6）皱纹蛋（即蛋壳有皱褶）　见于微量元素铜缺乏症。铜的缺乏，使蛋壳膜缺乏完整性、均匀性，在钙化过程中导致蛋壳起皱褶。

（7）血斑蛋　见于产蛋鸭饲料日粮中维生素 K 不足或苄丙酮豆素等维生素 K 类似物过量影响血凝机制，引起卵巢破裂出血，血块随卵子下行被蛋白包围所致。也偶见于产蛋鸭出血性卵巢炎。

（8）肉斑蛋　见于大肠杆菌、沙门氏菌等引起的输卵管炎。由于输卵管感染发炎，在鸭蛋形成过程中，蛋白中混入其少量脱落黏膜所致。

（9）小黄蛋（即蛋黄体较正常蛋黄小）　见于饲料中黄曲霉毒素超标，影响肝脏对蛋黄前体物的转运和阻滞了卵泡的成熟所致。

（10）粉皮蛋（即蛋壳颜色变淡或呈苍白色）　见于产蛋鸭感染新城疫或高致病性禽流感等病毒病引起的。也可见于受营养或环境因素应激后，影响蛋壳腺分泌色素卵嘌呤的功能所致。

（11）无壳蛋　见于大肠杆菌或沙门氏菌所致的产蛋鸭卵黄

性腹膜炎。也可见于产蛋鸭内服四环素类药物，与血钙结合形成难溶的钙盐排出体外，从而影响蛋壳的形成。有时也见于母鸭产蛋时急性应激所致。

（12）双黄蛋　见于食欲旺盛的高产母鸭，尤其是放养的高邮麻鸭，这是由于两个蛋黄同时从卵巢下行，也同时通过输卵管被蛋白壳膜和蛋壳包上，而形成体积特别大的双黄蛋。

（13）双壳蛋（即具有两层蛋壳的蛋）　见于母鸭产蛋时受惊后输卵管发生逆蠕动，蛋又退回蛋壳分泌部，刺激蛋壳腺再次分泌出一层蛋壳，而成为双壳蛋。

三、临床剖检病变诊断要点

鸭病的临床剖检诊断即临床病理学诊断，是目前兽医临床上常用的一种诊断方法，也是兽医工作中力求准确诊断鸭病所采取的一个重要手段。有不少常见的鸭病，通过对濒死期的病鸭或刚死的鸭进行剖检，根据一些疾病侵害鸭的机体后，某些器官或部位形成的特征性病理变化，结合鸭病流行的特点和生前的临床表现，一般即可作出初步诊断或确实诊断。

1. 皮肤　鸭的皮肤常为白色、松而薄并且容易与肌肉分离。剖检时要注意观察皮肤的色泽及有无坏死、溃疡、结痂或肿瘤等。

（1）皮肤苍白　见于各种因素引起的内出血，如脂肪肝综合征、鸭副伤寒以及所致的肝脏破裂。

（2）皮肤呈暗紫色或有出血斑点　见于各种败血性传染病，如禽霍乱、高致病性禽流感、雏鸭病毒性肝炎、番鸭细小病毒病等。也可见于放养鸭误食被农药或鼠药污染的谷物引起的急性中毒的病例。

（3）胸、腹部皮肤呈暗紫色或淡绿色、皮下呈胶冻样水肿　见于雏鸭尤其是肉用雏鸭的维生素 E 或硒缺乏症。皮下水肿或皮下呈胶冻样水肿，还可见于鸭葡萄球菌病和高致病性禽流感。

（4）皮下出血　见于某些传染病，如高致病性禽流感、禽霍乱、鸭败血型大肠杆菌病等。

（5）胸部皮肤出现水疱、皮下化脓或坏死　见于竹床上饲养的鸭尤其是肉鸭皮肤外伤引起葡萄球菌或链球菌感染所致的胸骨囊肿。

2. 肌肉

（1）肌肉苍白　见于各种原因引起的内出血，如脂肪肝综合征、住白细胞虫病等。

（2）肌肉出血　见于维生素 E 或硒缺乏症、维生素 K 缺乏症。也可见于禽霍乱等。腿部肌肉出血还可见于钙、磷缺乏症引起雏鸭运动障碍所致。

（3）肌肉出血、伴有坏死　见于鸭维生素 E 或硒缺乏症。也可见于住白细胞虫病。

（4）肌肉坏死　见于鸭维生素 E 缺乏症。也可见于葡萄球菌、链球菌等感染性炎症所致的坏死。还可见于肌肉注射油乳剂苗不当所致的局部肌肉坏死。

（5）肌肉表面有尿酸盐结晶　见于内脏型痛风。

3. 胸腺

（1）胸腺肿大出血　见于某些急性传染病，如禽霍乱、败血性大肠杆菌病、鸭瘟等，也可见于住白细胞虫病。

（2）胸腺肿大、伴有坏死　见于住白细胞虫病。

（3）胸腺出现玉米大的肿胀　见于成年鸭的结核病。

（4）胸腺形成肿瘤　见于鸭淋巴白血病。

（5）胸腺萎缩　可见于鸭蛋白质营养缺乏症和严重的内寄生虫感染以及慢性消耗性疾病。

4. 喉头、气管、支气管

（1）喉头、气管出血　见于高致病性禽流感等，也可见于鸭舟形吸虫病。

（2）喉头、气管有黏液性渗出物　见于雏鸭曲霉菌病、高致病性禽流感、支原体病、鸭瘟等。也可见于住白细胞虫病以及鸭舍环境卫生差、氨气过浓所致的大肠杆菌并发症。

（3）喉头、气管有出血性黏液　见于高致病性禽流感。

（4）喉头、气管、支气管内有寄生虫　见于鸭感染舟形嗜气管吸虫（寄生在喉头、气管内）。

5. 肺

（1）肺淤血、水肿　见于急性传染病，如鸭疫里默氏杆菌病、鸭败血型大肠杆菌、禽霍乱、高致病性禽流感等。也可见于住白细胞虫病以及棉子饼中毒等。

（2）肺实质器官有淡黄色小结节　见于雏鸭的曲霉菌病。肺实质器官有淡黄色或灰白色结节也可见于成年鸭的结核病。

（3）肺部表面有灰黑色或淡绿色霉斑　见于青年鸭或成年鸭的曲霉菌病。

（4）肺实质性器官出现肉芽肿　见于雏鸭大肠杆菌病。也可见于感染气囊螨。

（5）肺实质器官有出血凝块　见于磺胺类药物中毒和住白细胞虫病等。

6. 气囊

（1）气囊混浊、有纤维素渗出、囊壁增厚　见于鸭疫里默氏杆菌病、鸭大肠杆菌病、支原体病、鸭副伤寒等，也可见于链球菌病、隐孢子虫病等。

（2）气囊有淡黄色纤维素渗出或结节　见于雏鸭的曲霉菌病。

（3）气囊上有白色小点　见于气囊螨感染。

7. 胸腔

（1）胸腔积液　见于肉用仔鸭腹水综合征和敌鼠钠盐中毒。

（2）胸腔有血凝块　见于磺胺类药物中毒和住白细胞虫病等。

8. 心包

(1) 心包积液或含有纤维蛋白　见于鸭疫里默氏杆菌病、鸭大肠杆菌病、禽霍乱、支原体病、雏鸭维生素 E—硒缺乏症等，也可见于鸭瘟、住白细胞虫病。还可见于食盐中毒、氟乙酰胺中毒等。

(2) 心包膜有纤维素渗出　见于鸭疫里默氏杆菌病、鸭大肠杆菌病、支原体病等。

(3) 心包膜有大量的尿酸盐沉着　见于鸭内脏型痛风。

9. 心肌

(1) 心冠脂肪出血或心内外膜有出血斑点　见于禽霍乱、高致病性禽流感、鸭瘟、鸭败血型大肠杆菌病等急性传染病。也可见于食盐中毒、磺胺类药物中毒、棉子饼中毒和氟乙酰胺中毒等。

(2) 心肌表面附有大量的白色尿酸盐结晶、心肌与心包膜黏连　见于蛋白质过量或其他因素引起的鸭内脏型痛风。

(3) 心肌变性或呈条纹状坏死　见于维生素 E—硒缺乏症和高致病性禽流感等。

(4) 心肌有灰白色坏死或有小结节或肉芽肿样病变　见于鸭副伤寒、鸭大肠杆菌病、维生素 E—硒缺乏症、住白细胞虫病等。

(5) 心肌缩小、心肌脂肪消耗或心冠脂肪变成透明胶冻样　见于慢性传染病或严重的寄生虫感染导致的心肌严重营养不良，如鸭结核病、淋巴白血病、慢性鸭副伤寒以及严重的绦虫病等。

10. 腹腔

(1) 腹腔内有淡黄色或暗红色腹水及纤维素渗出　见于肉用仔鸭的腹水综合征、鸭大肠杆菌病，也可见于鸭副伤寒、住白细胞虫病、卵巢腺癌等。

(2) 腹腔内有血液或凝血块　见于各种原因引起的急性肝破裂所致的出血，如鸭脂肪肝综合征、鸭副伤寒等。腹腔内有出血凝块，也可见于磺胺类药物中毒和住白细胞虫病等。

（3）腹腔有淡黄色黏稠的渗出物附着在内脏表面　见于产蛋母鸭卵黄破裂引起的卵黄性腹膜炎，其病原大多为大肠杆菌，有时也见于沙门氏菌和巴氏杆菌以及前殖吸虫等；卵黄性腹膜炎还可见产蛋母鸭感染新城疫病毒所致。

（4）腹腔器官表面有许多菜花样增生物或大小不等的结节　见于鸭的肿瘤病变，如禽淋巴白血病、卵巢腺癌，也可见于成年鸭结核病和鸭大肠杆菌肉芽肿。

（5）腹腔器官表面有一种石灰状的物质沉着　见于具有特征性病变的鸭内脏型痛风。

11. 肝脏

（1）肝脏肿大、表面有灰白色斑纹或大小不等的肿瘤结节　见于鸭淋巴性白血病（有些病例的肝脏重量比正常的增加2～3倍）、禽网状内皮组织增殖症。

（2）肝脏肿大、淤血、表面有广泛密集的点状灰白色坏死灶　见于急性禽霍乱。

（3）肝脏肿大、淤血、表面有散在的灰白色或灰黄色坏死灶　常见于鸭大肠杆菌病、鸭副伤寒、鸭疫里默氏杆菌病、链球菌病等，也可见于高致病性禽流感、鸭瘟等。

（4）肝脏肿大并出现肉芽肿　常见于鸭球虫病和大肠杆菌所致的肉芽肿等。

（5）肝脏肿大、有血斑点　见于雏鸭病毒性肝炎、禽霍乱、磺胺类药物中毒等，也可见于鸭次睾吸虫病、高致病性禽流感、中暑、雏鸭的应激综合征以及鸭瘟的早期病变等。

（6）肝脏肿大、表面有纤维素膜覆盖　见于鸭大肠杆菌病、鸭疫里默氏杆菌病以及肉用仔鸭的腹水综合征等，也可见于鸭衣原体病等。

（7）肝脏肿大、呈青铜色或墨绿色（一般同时伴有坏死小点）　见于鸭大肠杆菌病、鸭副伤寒，也可见于葡萄球菌病、链球菌病等，或成年鸭淀粉样变性病（肝脏质地较硬）等。

（8）肝脏肿大、硬化、呈黄色、表面粗糙不平或有白色针尖状病灶　见于慢性黄曲霉毒素中毒。

（9）肝脏肿大、有结节状增生病灶　见于成年鸭的肝癌。

（10）肝脏肿大、呈淡黄色或土黄色、质地柔软易碎　见于鸭脂肪肝综合征（切面多有油腻感）、维生素E缺乏症、高致病性禽流感等，也可见于利巴韦林中毒和住白细胞虫病等。

（11）肝脏肿大、肝包膜下形成血肿　见于鸭脂肪肝综合征和鸭副伤寒等疾病引起的肝脏破裂所致。肝包膜下形成血肿，有时也见于胸部肌肉注射疫苗或注射血清、卵黄抗体不当，以致刺破肝脏。

（12）肝脏肿大、质地较硬、有粟粒状坏死灶和出血点　见于呼肠孤病毒感染引起的雏番鸭坏死性肝炎，俗称"花肝病"。

（13）肝脏萎缩、硬化　多见于肉用仔鸭腹水综合征的晚期病例和成年鸭黄曲霉毒素中毒。

（14）肝脏有多量灰白色或淡黄色结节、切面呈干酪样　见于成年鸭结核病和曲霉菌病等。

（15）肝脏呈淡黄色或深黄色　见于1周龄以内的雏鸭，也可见于1年以上的健康成年鸭。

12. 脾脏

（1）脾脏肿大、有散在的灰白色点状坏死灶　见于禽霍乱、鸭副伤寒、高致病性禽流感，也可见于葡萄球菌病、链球菌病、住白细胞虫病等。

（2）脾脏肿大、表面有灰白色斑驳　见于淋巴性白血病、网状肉皮组织增殖症，也可见于鸭副伤寒、鸭大肠杆菌病，还可见于高致病性禽流感、李氏杆菌病等。

（3）脾脏肿大、有散在的粟粒状坏死灶　见于禽霍乱和呼肠孤病毒感染引起的雏番鸭坏死性脾炎。

（4）脾脏肿大、表面有纤维素渗出　见于鸭大肠杆菌病和鸭疫里默氏杆菌病等。

（5）脾脏肿大、出血　见于高致病性禽流感、住白细胞虫病和呼肠孤病毒感染引起的雏番鸭脾炎等。

（6）脾脏肿大、表面有大小不等的肿瘤结节　见于淋巴性白血病（有的脾脏大如鸽蛋）和网状肉皮组织增殖症等。

（7）脾脏有灰白色或淡黄色结节、切面呈干酪样　见于成年鸭结核病和曲霉菌病等。

13. 胆囊、胆管

（1）胆囊充盈、肿大　见于急性禽霍乱、鸭副伤寒、高致病性禽流感、雏鸭病毒性肝炎、鸭瘟等，也可见于某些寄生虫病，如住白细胞虫病等。

（2）胆囊缩小、胆汁少、色淡或胆囊黏膜水肿　见于慢性消耗性疾病，如鸭东方杯叶吸虫病、鸭膜壳绦虫病、鸭棘口吸虫病、鸭次睾吸虫病、鸭前殖吸虫病、鸭四棱线虫病等以及鸭蛋白质营养缺乏和营养代谢障碍性疾病。也可见于各种原因引起的恶病质。

（3）胆汁浓、呈墨绿色　见于鸭急性传染病死亡的病例，如急性禽霍乱、高致病性禽流感、鸭败血型大肠杆菌病和鸭副伤寒等。

（4）胆管和胆小管增生　见于慢性黄曲霉毒素中毒。

14. 肾脏、输尿管

（1）肾脏肿大、淤血　见于鸭副伤寒、链球菌病、住白细胞虫病等，也可见于高致病性禽流感、磺胺类药物中毒、食盐中毒等。

（2）肾脏显著肿大、呈灰白色或有肿瘤样结节　见于淋巴白血病。也偶见于鸭大肠杆菌引起的肉芽肿。

（3）肾脏肿大、表面有白色尿酸盐沉着、输卵管和肾小管充满尿酸盐结晶　见于鸭饲料中蛋白质过量所致的内脏型痛风。也可见于鸭副伤寒、雏鸭维生素 A 缺乏症、钙磷代谢障碍以及磺胺药使用不当所致。

（4）肾脏苍白　见于雏鸭副伤寒、住白细胞虫病、严重的绦虫病、吸虫病、球虫病以及鸭棘头虫病等。也可见于各种原因引起的内脏器官出血等。

（5）输尿管结石　见于鸭内脏型痛风以及钙、磷比例失调所致。

15. 卵巢、输卵管、睾丸、阴茎

（1）卵巢形体显著增大、呈熟肉样菜花状肿瘤　见于成年母鸭卵巢腺癌。

（2）卵泡形态不整、皱缩、变性　见于成年母鸭副伤寒和大肠杆菌病，也可见于慢性禽霍乱等。

（3）输卵管内有凝固性坏死物质（凝固或腐败的卵黄蛋白）见于产蛋母鸭的卵黄性腹膜炎、鸭副伤寒等。

（4）输卵管翻出肛门外　见于产蛋母鸭输卵管脱垂。多由于产蛋母鸭进入高峰期营养供给不足或是产双黄蛋、畸形蛋所致。也可见于久泄不愈引起的脱垂。

（5）输卵管内有寄生虫　见于放养鸭的前殖吸虫病。

（6）一侧或两侧睾丸肿大或萎缩、睾丸组织有多个坏死灶见于阿维菌素中毒。睾丸萎缩、变性、坏死，也可见于维生素E缺乏症。

（7）阴茎脱垂、红肿、糜烂或有坏死小结节或结痂　见于公鸭生殖器官的大肠杆菌病。也可见于阴茎外伤感染所致。

16. 食道

（1）食道黏膜有散在的白色小结节　见于幼鸭维生素A缺乏症。

（2）食道黏膜有白色假膜和溃疡　见于白色念珠菌感染引起的霉菌性口炎（口腔、咽部均出现）。

（3）食道下段黏膜有灰黄色假膜、结痂或溃疡　见于鸭瘟的特征性病变。食道下段黏膜有出血斑还可见于放养鸭农药中毒。

17. 腺胃

（1）寄生于腺胃的寄生虫　见于鸭感染的四棱线虫。

（2）腺胃黏膜或乳头出血　见于高致病性禽流感、急性禽霍乱等，也可见于住白细胞虫病。还可见于某些中毒病，如磺胺类药物中毒等。

（3）腺胃与肌胃交界处形成出血带或出血点　见于高致病性禽流感等。

（4）腺胃乳头水肿　见于雏鸭维生素 E 缺乏症和高致病性禽流感。

（5）腺胃黏膜有丘状暗黑色小点　见于鸭四棱线虫病。

（6）腺胃黏膜坏死　见于维生素 E—硒缺乏症和高致病性禽流感。

18. 肌胃

（1）寄生于肌胃内的寄生虫　见于鸭感染裂口线虫。偶尔也见于绦虫。

（2）肌胃角质膜易脱落、角质层下有出血斑点或溃疡　见于鸭瘟和住白细胞虫病等，也可见于高致病性禽流感、李氏杆菌病等。还可见于鸭误食尖锐金属或竹刺损伤所致。

（3）肌胃糜烂、角质膜变黑脱落　见于鸭裂口线虫病（肌胃与幽门交界处）。也可见于食用变质鱼粉所致。

（4）肌胃内空虚、角质膜呈绿色　见于鸭慢性消耗性疾病，多为胆汁返流所致。

（5）肌胃、腺胃黏膜坏死　见于鸭赤霉菌毒素中毒。

19. 肠管

（1）寄生于鸭十二指肠和空肠内的寄生蠕虫　见于东方杯叶吸虫、鸭膜壳绦虫、杯尾吸虫、异幻吸虫、卷棘口吸虫和棘头虫等。

（2）寄生于盲肠内的寄生蠕虫　见于鸭感染的毛细线虫，也可见于鸭感染的卷棘口吸虫和背孔吸虫。

(3) 寄生于直肠内的寄生蠕虫　常见于放养鸭感染的前殖吸虫和背孔吸虫。

(4) 小肠肠管增粗、黏膜粗糙、生成大量灰白色坏死小点和出血点　见于鸭球虫病。

(5) 小肠黏膜呈急性卡他性炎症或出血性炎症，肠腔有多量黏液和脱落的黏膜　见于急性败血性传染病，如急性禽霍乱、高致病性禽流感、鸭副伤寒以及早期的雏番鸭细小病毒病等。也可见于某些中毒病，如鸭磺胺类药物中毒和放养鸭呋喃丹中毒、氟乙酰胺中毒等。

(6) 肠道黏膜出血、黏膜上有散在的出血溃疡　见于高致病性禽流感。

(7) 小肠肠管增粗、肠道黏膜坏死或肠黏膜覆盖一层黄白色伪膜　见于坏死性肠炎。肠道黏膜坏死还可见于鸭副伤寒、鸭大肠杆菌病、鸭球虫病和维生素E缺乏症等。

(8) 小肠某节段肠管呈现出血发紫、且肠腔有出血黏液或暗红色血凝块　见于幼鸭肠系膜疝或肠扭转。

(9) 小肠肠管显著增粗、肠腔内形成一种灰黄色纤维素性凝固栓塞、肠壁光滑变薄　见于雏番鸭细小病毒病的典型病变。

(10) 小肠肠管膨大、阻塞（十二指肠至空肠前端）　见于青年鸭或成年鸭粗纤维引起的肠梗阻。

(11) 肠壁上生成大小不等的肿瘤状结节　可见于成年鸭结核病、淋巴白血病等，肠壁上有出血小结节，可见于住白细胞虫病。

(12) 盲肠肿大、黏膜光滑出血、肠腔有血便　见于磺胺类药物中毒所致的病变。

(13) 盲肠内含有干酪样凝固性栓塞（盲肠不肿大）　见于慢性鸭副伤寒。

(14) 盲肠黏膜糜烂　常见于雏鸭背孔吸虫病。

20. 胰腺

（1）胰腺肿大、出血、滤泡增大　见于急性败血性传染病，如急性禽霍乱、鸭副伤寒、雏番鸭细小病毒病、高致病性禽流感等，也可见于败血型大肠杆菌病和鸭疫里默氏杆菌病等，还可见于某些中毒病，如放养鸭肉毒梭菌毒素中毒或误食被农药或鼠药污染的谷物引起的氟乙酰胺中毒、敌鼠钠盐中毒和呋喃丹中毒等。

（2）胰腺肿大、有出血小结节　见于住白细胞虫病。

（3）胰腺出现肿瘤或肉芽肿　见于鸭大肠杆菌、沙门氏菌等细菌感染所致的肉芽肿病变。

（4）胰腺肿大、有灰白色坏死灶　见于雏番鸭细小病毒病和高致病性禽流感等。

（5）胰腺萎缩、腺细胞内空泡形成，并有透明小体　见于维生素E—硒缺乏症。

21. 盲肠扁桃体

（1）盲肠扁桃体肿大、出血　见于高致病性禽流感、鸭瘟、鸭大肠杆菌病、鸭疫里默氏杆菌病等，也可见于鸭球虫病等。

（2）盲肠扁桃体肿大、出血、坏死　见于住白细胞虫病。

22. 腔上囊（法氏囊）

（1）寄生于腔上囊内的寄生虫　见于前殖吸虫和隐孢子虫。

（2）腔上囊黏膜肿大、出血　见于隐孢子虫病、前殖吸虫病等，也见于高致病性禽流感、鸭瘟以及严重的绦虫病等。

（3）腔上囊形成肿瘤　见于淋巴性白血病。

（4）腔上囊萎缩　见于鸭感染大肠杆菌产生的内毒素所致的腔上囊萎缩。还可见于鸭正常的生理性退化、萎缩。

（5）腔上囊内有干酪样物质　临床上见于禽隐孢子虫病，也可见于其他引起腔上囊炎症的疾病所致。

23. 甲状旁腺　甲状旁腺肿大见于缺钙、缺磷以及缺乏维生素D引起的雏鸭佝偻病和成年鸭骨软症。

24. 脑

（1）小脑软化、肿胀、有出血点或坏死灶　见于雏鸭维生素E缺乏症。

（2）脑及脑膜有淡黄色结节或坏死病灶　见于雏鸭霉菌性脑炎。

（3）大脑呈树枝状充血或有出血点、脑实质水肿或坏死　见于雏鸭脑炎型大肠杆菌或沙门氏菌感染。脑膜充血、水肿或点状出血，也可见于具有神经症状的高致病性禽流感以及鸭疫里默氏杆菌病等。

25. 骨骼

（1）后脑颅骨软薄　见于雏鸭佝偻病和维生素E缺乏症。

（2）胸骨呈S状弯曲、肋骨与肋软骨连接都呈结节性串珠样　见于缺钙、缺磷或缺乏维生素D引起的雏鸭佝偻病。也可见于严重的鸭绦虫病感染所致。

（3）跖骨软、易折　见于幼鸭佝偻病、成年鸭骨软症。也可见于幼鸭饲喂含氟较高的磷酸氢钙所引起的骨质疏松。

第二节　鸭病的实验室诊断检验技术

临床实验室诊断检验技术，是兽医临床工作中一项重要的诊断技术，对于鸭病的确诊，具有关键性的作用。由于涉及的检验内容比较广泛，在实际工作中，通常根据临床诊断的需要，选择不同的检验内容。

一、血液常规临床检验

鸭的血液常规临床检验，适用于对某些疾病的辅助诊断，主要包括红、白细胞计数、白细胞分类计数及血红蛋白测定等。

1. 红细胞计数　鸭的红细胞计数采用的器材是改良纽巴氏

计数板，操作方法多为试管稀释法，常用 0.9%氯化钠（生理盐水）作为稀释液。用 5 毫升吸管吸取生理盐水 3.98 毫升（或 4 毫升），置于干净的试管内，然后用沙利氏吸血管吸取全血样品至 20 微升的刻度处，擦净管外的血液，注入试管内，经摇匀后用毛细吸管吸取已稀释的血液，滴入计数室与血盖片接触处，静置 2～3 分钟，将计数板放置显微镜下计数。计数时，先用低倍镜找到计数室的格子，把中央的大方格置于视野之中，然后转用高倍镜，在中央大方格内选择四角与最中的 5 个中方格（或用对角线的方法，数 5 个中方格），每一个中方格有 16 个小方格，总共计数 80 个小方格。按照数上不数下，数左不数右的计数法则进行。所计数的红细胞数，再乘以 10 000，即得每立方毫米的红细胞数。

　　鸭的红细胞在显微镜下呈淡黄色、椭圆形，中央有一模糊的核，白细胞及凝血细胞（相当于家畜的血小板）虽未被破坏，但白细胞为圆形，凝血细胞较红细胞小，不至于与红细胞混淆。正常鸭的红细胞数为 306 万。

　　若红细胞数增多，一般多为机体脱水造成血液浓缩，常见于各种原因的脱水，如细菌、病毒、寄生虫等所致的腹泻。红细胞数减少，则见于各种类型的贫血，如鸭副伤寒、鸭瘟、寄生虫病等，在严重的绦虫感染时，红细胞数可迅速减少至 120 万。

　　2. 白细胞计数　鸭的白细胞计数常采用直接染色计数法，此法简便快速、比较准确。稀释染液分第一液和第二液。

　　第一液：称取中性红 25 毫克、氯化钠 0.9 克，加蒸馏水 100 毫升溶解。

　　第二液：称取结晶紫 12 毫克、柠檬酸钠 308 克，福尔马林（弱酸性）0.8 毫升，加蒸馏水至 100 毫升溶解。

　　使用时，将第一液、第二液分别过滤，并加热至 41～42℃，分别用 2 毫升吸管取第一液、第二液各 1 毫升，注入干净的试管内混合，然后用沙利氏吸血管吸取 20 微升全血样品，用药棉擦去管外血液，注入稀释液的试管内，再将稀释液吸注数次，以洗去沙利氏管内黏附的血细胞，使血液为 100 倍稀释，充分振荡、摇匀，随即取 1 小滴充入计数室内，用高倍镜观察，计数 4 个大方格的白细胞数，所计数的白细胞数乘以 250，即得每立方毫米的白细胞数。

鸭每立方毫米血液内的白细胞数，平均为 2.34 万。一般正常情况下，幼鸭多于成年鸭，户外饲养的多于室内饲养的。如果白细胞增多，临床上见于各种细菌性传染病，如鸭副伤寒、鸭疫里默氏杆菌病、大肠杆菌病等；若白细胞数减少，则多见于鸭瘟等病毒性传染病和慢性中毒（长期过量使用磺胺药等），以及维生素缺乏症等。

3. 血红蛋白含量的测定 鸭的血红蛋白含量的测定，在沙利氏比色管内加入 1‰ 盐酸液至刻度 "10" 或 "20" 处，一般以 5 滴为宜。用沙利氏吸血管吸血至 20 微升刻度处，擦去管外及管尖黏附的血液，将吸血管中的血液挤入比色管内，并轻轻按动橡皮滴头吸挤混合数次，将吸血管中血液全部洗去，再适度振荡比色管数次，使血液与盐酸充分混合，静置 10 分钟，待血液变成类似咖啡色后，缓缓滴入蒸馏水，并用细玻棒搅动，直至颜色与标准色柱相同为止，液体的凹面所表示的刻度数字，即为血红蛋白的克数或百分数。鸭的正常血红蛋白含量为每 100 毫升 15.6 克。

在各种贫血时，血红蛋白含量出现不同程度的减少，严重的绦虫感染时，血红蛋白的含量可比正常值减少 3/4～5/6。

4. 白细胞分类计数 取无油脂洁净的载玻片，同时选择边缘光滑的载玻片作为推片，将被检血液一小滴置于载玻片一端，左手拇指与中指持载玻片的两端，右手持推片由血滴前方往后拉，接触血滴，待血液扩散后，将推片倾斜约 30°～40°，再以均等的速度轻轻地向前推进涂抹，直至载片上涂成薄薄的一层血膜。待血片自然干燥后，用蜡笔于血膜两端各画一道横线，以防染液外溢。然后将血片放在水平支架上，滴加瑞氏染液于血片上，并计算滴数，直至将血膜浸盖为止，待染 1～2 分钟后，滴加等量缓冲液或蒸馏水，轻轻吹动使之混匀，再染 3～5 分钟，用水冲洗，吸干，油镜观察。用白细胞分类计数器，计数 100 个白细胞，求出各种白细胞的百分比。

显微镜下，鸭的白细胞的形态及染色特征可见：

中性粒细胞（异嗜细胞），呈圆形。胞浆无色透明，内有许多纺锤形的结晶颗粒，这些结晶颗粒呈暗红色，细胞核可分数叶。鸭异嗜细胞的正常值为 35.8%。患鸭副伤寒及维生素 B_2 缺乏症等病症时增多，患叶酸缺乏症时减少。

嗜酸性粒细胞呈球形，大小一致，色鲜红。胞浆为蓝灰色，核分两叶。鸭的嗜酸性粒细胞正常值为 2.1%。患球虫病和其他寄生虫感染时增多。

单核细胞的胞浆较多，呈蓝灰色，细胞核形态不规则，核的组成比淋巴细胞细致，染色质呈条纹状。鸭单核细胞正常值为 10.8%。鸭患李氏杆菌时增多，单核细胞可高达 20%。

淋巴细胞分大、中、小三个型，大淋巴细胞与单核细胞不易区别，但大淋巴细胞的形态比较规则，胞浆的颜色比单核细胞略蓝。鸭淋巴细胞的正常值为 61.7%。成年母鸭淋巴细胞较成年公鸭略高，幼龄鸭较成年鸭多，而患新城疫时，小淋巴细胞减少。

嗜碱性粒细胞的大小及形态与异嗜性粒细胞相似，胞浆内有中等大小的深紫色颗粒，核为圆形，卵圆形或分叶，染色浅。鸭嗜碱性粒细胞的正常值为 1.5%，幼龄鸭较成年鸭略高。

二、鸭病的寄生虫学检验

鸭寄生虫病的诊断，常采用实验室检验技术在粪便、血液和组织内检查虫体、虫卵、卵囊等，根据其形态特点作出准确的诊断。在兽医临床上鸭病的寄生虫学检验主要包括粪便寄生虫检验、血液寄生虫检验和组织原虫检验。

1. 粪便寄生虫检验 鸭的粪便寄生虫检验，主要用于检查其粪便内寄生原虫和寄生蠕虫的虫卵，常用的检验方法有以下几种：

（1）**直接涂片检查法** 这是一种最简单和常用的方法。即挑取少量新排出的粪便于载玻片上，滴加甘油与水的等量混合液混匀，制成粪膜覆以盖玻片，置显微镜下。此法适用于检查鸭球虫卵囊和隐孢子虫卵囊以及蠕虫的虫卵，但是当体内寄生虫数量不多时，粪便直接涂片有时不能查出虫卵和卵囊，则应用水洗沉淀法和饱和盐水漂浮法等方法。

（2）**水洗沉淀法** 取新鲜粪5克，加清水100毫升以上，搅匀成粪液，通过40～60目铜筛过滤。滤液收集于三角烧瓶或烧杯中，静置沉淀10～20分钟，倾去上层液，保留沉渣。再加水混匀沉淀，如此反复操作，直至上层液体透明后，吸取沉渣检查。此法适用于检验鸭的吸虫虫卵。

（3）**饱和盐水漂浮法** 取粪便10克，加饱和食盐水100毫升混合，通过60目铜筛滤入烧杯中，静置半小时，虫卵上浮，用直径5～10毫米的铁丝圈，与液面平行蘸取表面液膜于载玻片上，覆以盖玻片，置显微镜下观察。此法适用于检查鸭的线虫虫卵。

检查密度较大的线虫虫卵，可先将鸭的粪便按沉淀法操作，即在沉渣中加入饱和硫酸镁溶液进行漂浮，收集虫卵，再置于镜下检查观察。

2. 血液寄生虫检验 鸭的血液寄生虫检验，主要适用于检查寄生于鸭血液中的住白胞虫、疟原虫等血液原虫，常采用血液涂片染色方法进行检查。

（1）**血液涂片的制备** 检查血液寄生虫制作血片的方法与白细胞分类制片法相同。即用消毒注射针头采集病鸭翼下静脉的血液滴于载玻片一端，按常规推制成血片，待其凉干。

（2）**姬姆萨氏染色法**　将晾干的血片，滴加 1～2 滴甲醇使其固定，然后用姬姆萨氏染液染色。染色前先将姬姆萨氏染色原液用 pH7.0 的蒸馏水按 1：20 稀释，将稀释后的姬姆萨氏染液滴加于血片上，染 30～40 分钟后，用常水冲洗玻片上的染液，待其晾干后，即可置于显微镜下检验。

（3）**瑞氏染色法**　取瑞氏染液 5～8 滴直接加于晾干的血片上，染 2 分钟后，滴加等量的蒸馏水或磷酸盐缓冲液与染液充分混合于血片上，再染 3～5 分钟，液面出现金属闪光物时，用水冲洗，晾干，置显微镜下镜检。

3. 组织原虫检验　鸭的组织原虫检验适用于检查寄生在器官组织内的原虫，如弓浆虫、住白细胞虫等。

通常根据各种原虫所寄生的部位，鸭死后剖检，在病变器官组织上采集一小块组织于载玻片上做组织触片或抹片，或将组织固定后，制成组织切片染色检查。组织触片或抹片可用姬姆萨氏染色或瑞氏染色检查。检查寄生原虫的组织触片或抹片的操作方法与检查细菌的组织触片或抹片的方法相同。

三、鸭病的细菌学检验

运用兽医微生物学的方法进行细菌学检验是诊断鸭细菌性疾病的重要方法，临床上常采用病、死鸭的组织器官或渗出液等，制片染色镜检及细菌分离培养等确定病原，诊断疾病。

1. 细菌染色片的制备

（1）**涂片**　将接种环在火焰灭菌后取待检病料在载玻片上进行涂片。如果是渗出液、血液或液体培养物等可直接涂布成均匀的涂面；若是脓汁或固体培养物等，应先加 1 滴蒸馏水于玻片上，然后用灭菌接种环挑取少量待检物混于水滴中，涂成拇指大厚薄适宜抹面即可。

（2）**血片**　血液除制成涂片外，也可推成血片，制片方法与白细胞分类制片法相同。

(3) 组织触片 以无菌操作打开病、死鸭的胸腔，用经火焰灭菌的镊子夹起待检组织（肝、脾脏等）的一端，再用灭菌的剪刀剪下一小块组织，将组织块的切面于玻片上轻压一下，使其留下组织切面的压迹，如此连续在玻片上做3～4个压迹，也可将组织用镊子夹住，以切面在玻片上向一个方向做一涂层。

上述细菌染色片制备后，按不同的要求，火焰或化学固定，然后再进行染色。

2. 常用的染色方法 临床上采用的染色方法有骆氏美蓝染色、革兰氏染色、瑞氏染色和姬姆萨氏染色法。

(1) 骆氏美蓝染色 将制备的涂片或组织触片，在酒精灯上用火焰固定，置于水平架上，滴加骆氏美蓝液数滴，使其盖满涂面，经2～3分钟后，以水冲洗，晾干或用吸水纸吸干，镜检。染色的菌体呈蓝色。

(2) 革兰氏染色 在已干燥、固定好的涂片或组织触片上先滴加结晶紫染色液1分钟，倾去染液，水洗，加碘液数滴于片上作用1分钟，再用95％的酒精洗去碘液，脱色，直至涂面上不再有色素溶出，约30秒，充分水洗，最后加沙黄染液复染，30秒至1分钟，水洗，晾干或吸干，镜检。革兰氏阳性菌呈紫色，革兰氏阴性菌呈红色。

(3) 瑞氏染色 在自然干燥的血片或组织触片上滴加数滴瑞氏染液2～3分钟，再加等量的蒸馏水或磷酸盐缓冲液，轻轻晃动玻片使其混匀，经4～5分钟染色后，用水直接冲去染液（不能先倾去染液），吸干或晾干，镜检。细菌的菌体呈蓝色，细菌的荚膜呈淡紫红色。

(4) 姬姆萨氏染色 在已干燥的血片或组织触片上，用甲醇固定3～5分钟待干后，将其玻片直立浸于盛有新配制的姬姆萨应用液的染色缸中，染色30～60分钟（夏天染色时间短些），取出染好的玻片，用蒸馏水冲洗、吸干、油镜观察。此法适用于螺旋体、霉形体、立克次体等病原体的染色。

3. 细菌分离培养 细菌分离与培养是细菌学检验工作中的一个重要步骤。在分离培养前，应根据被检病料中可能存在的病原菌生长特性，选择适宜的培养基和培养条件，以便从中获得纯菌培养物。

（1）常用的培养基 临床上常用的培养基有普通营养琼脂、麦康凯琼脂、绵羊鲜血琼脂和营养肉汤等。一般细菌的分离，多采用琼脂平板。

①普通营养琼脂 是一种固体培养基，适合于葡萄球菌、大肠杆菌和大多数沙门氏菌等细菌的生长。如培养 24 小时的葡萄球菌形成圆形、湿润、不透明、边缘整齐、表面隆起的光滑菌落；菌落的颜色由于菌株不同，可呈现黄色、白色和柠檬色。而大肠杆菌则形成圆形、隆起、光滑、湿润的半透明的无色菌落。大多数沙门氏菌与大肠杆菌的培养特性基本相似，在该培养基上生长良好。

②麦康凯琼脂 是一种固体培养基，临床上用于区分大肠杆菌和沙门氏菌。如培养 24 小时的大肠杆菌在麦康凯琼脂平板上形成光滑、湿润、均匀的红色菌落。而沙门氏菌则形成无色、透明、光滑、圆整的细小菌落。

③绵羊鲜血琼脂平板 简称血平板，是一种营养丰富的固体培养基。能适合多种细菌生长，临床上主要用于在上述培养基不能生长或生长不良的细菌，以及鉴别致病菌是否溶血。如巴氏杆菌和多数致病性链球菌等在麦康凯培养基上不能生长，在普通营养琼脂上生长较差，而在血平板上生长良好。培养 24 小时的多杀性巴氏杆菌生长成淡灰白色或奶油色、圆形、湿润的露珠状小菌落，不产生溶血环。致病性链球菌生长成灰白色、圆而微凸、闪光或有光泽的细小菌落，呈 β 溶血。大肠杆菌在血平板上形成灰白色、不透明的菌落，多数致病菌株可呈 β 溶血，鸭疫里默氏杆菌在 $5\%\sim10\%CO_2$ 培养 24 小时后，能形成圆而凸起、透明

闪光和奶油样、很黏稠的菌落，无溶血性。

④营养肉汤 为液体培养基，多用试管分装，适宜多种致病菌生长。如接种葡萄球菌的营养肉汤培养 24 小时，呈轻度浑浊，管底有少量沉淀，培养 2~3 天后可形成很薄的菌环，在管底则形成多量黏稠沉淀。致病性大肠杆菌在肉汤内培养 12~18 小时后呈均匀浑浊，试管底部出现黏性沉淀，多杀性巴氏杆菌在肉汤培养中也呈轻度浑浊，于管底生成黏稠沉淀，表面形成菌环。链球菌在肉汤中，初期的培养物多呈轻度均匀浑浊，后形成黏稠或絮状沉淀，上液清亮。

（2）细菌分离培养的常用方法 细菌分离培养的常用方法有平板划线分离、加热分离和实验动物分离。

①平板划线分离法 这是目前临床上最常用的分离接种方法，它可以从被检病料中通过划线分离而获得单个菌落，以便挑选可疑菌落做纯培养加以鉴定。具体操作为右手持接种棒，在酒精灯上火焰灭菌，待接种环冷却后挑取被检料少许，左手持琼脂平板，以食指为支点，并用拇指和无名指将平皿揭开一空隙，大约 20°，迅速地将接种环轻轻地涂布在培养基的边缘，然后至涂布处来回移动作曲线形划线接种，划线时以腕力使接种环在琼脂平板表面划动，尽量不要划破培养基，划的线条要密，但不能重复旧线，以免培养物形成菌苔。划线完毕，合上平皿盖，将琼脂平板倒置，放入 37℃温箱内培养。

②加热分离法 此法适用于污染病料中芽孢杆菌或梭菌的分离。先将被检病料接种于一管液体培养基，然后将其置于水浴锅中，加热到 80℃，维持 20 分钟，杀死病料中非芽孢菌，而带有芽孢的细菌仍可存活。再用接种环取此液于琼脂平板上划线分离，视被检菌的性质，做需氧或厌氧培养。如估计液体内带有芽孢的细菌数量少，可先将接种被检病料的液体培养基做增菌培养后，再在平板上划线分离。

③实验动物分离法 此法适用于污染严重的病理材料，如果

用常规的方法，难以分离到病原菌。具体方法为将被检病料用生理盐水或营养肉汤做1：5～10倍稀释，置于离心机内，按1 000转/分的速度离心，取其上清液接种易感实验动物，而污染的细菌则被机体消灭。待动物死亡后，可立即从其心血或病变组织中分离病原菌。

4. 细菌对抗生素敏感性试验 测定细菌对抗生素敏感性试验，简称药敏试验。药敏试验对于家禽和特禽细菌性疾病的有效治疗起着重要的作用。由于各种病原菌对抗菌药物的敏感性不同，即使是同种细菌的不同菌株对同一种药物的敏感性亦有差异，尤其近年来在兽医临床上广泛使用抗生素，导致耐药性菌株不断出现，如果在临床上盲目地使用抗生素，往往不能达到预期的效果。因此在临床治疗前，有条件的饲养场进行药敏试验，对于筛选有效的抗菌药物是十分必要的。

细菌对抗生素的敏感性分为高敏、中敏、低敏和耐药四种。高敏和中敏药物是临床上首选的抗菌药物，而低敏和耐药药物一般不能应用。测定药物敏感试验的方法有多种。但临床上普遍应用的是纸片扩散法。纸片扩散法是将含有一定浓度抗菌药物纸片放置在已接种被检菌的平板培养基表面，抗菌药物向周围扩散，抑制细菌的生长，故在纸片周围出现抑菌圈，抑菌圈的大小与被检菌对该种抗菌药物敏感性呈正相关。同时也与药物的理化性质、药物的分子量、电荷、培养基的厚度、成分、温度、pH和药物扩散性有关。这种测定方法必须在严格的标准化条件下进行。

（1）**药敏纸片的制备** 可以使用事先制备的干燥药敏纸片或市售常用的药敏纸片，亦可将灭菌的干燥纸片在临用前浸泡抗菌药液。

干燥药敏纸片的制备，应选用质量较好的滤纸（常用新华1号定性滤纸），用打孔器制成6毫米直径的圆纸片，每100片分装在一个干净的带塞小瓶内，121℃高压蒸汽灭菌30分钟，再经

60～100℃烘干。于每一小瓶分别加入一定浓度（视不同的抗菌素，使用不尽相同的浓度）的抗菌素1毫升，使纸片均匀地浸入药液，置冰箱内浸泡30～60分钟，再将小瓶放入干燥器内，用真空抽气机抽干。也可放入37～50℃温箱内2～3小时烘干。制备好的干燥药敏纸片分装在密封的小瓶内，放在干燥器中低温保存备用。

（2）琼脂培养基的选择　进行药敏试验的琼脂培养基应选择适合该菌生长的培养基，MueIIer-Hinton琼脂培养基，是适合进行这种试验常用的培养基。其配制方法为取牛肉300克，去脂肪腱后绞碎，加蒸馏水1 000毫升，煮沸1小时制成肉浸汤，过滤后，补足水量，再加入酪蛋白酸性水解物17.5克，可溶性淀粉1.5克，琼脂17克，加温溶解，调整pH至7.4，于121℃高温蒸汽灭菌15分钟，在90毫米直径的平皿上倾注成4毫米厚的琼脂平板。

此外，临床上也常用普通营养琼脂平板和麦康凯琼脂平板进行药敏试验，对营养要求较高的细菌，如巴氏杆菌、链球菌等，应选用血平板培养基。

（3）菌液的准备　用接种环挑取被检菌纯培养菌落4～5个，接种在4～5毫升的肉汤培养基内，置37℃温箱内培养5～10小时，用生理盐水稀释培养液。使其浓度相当于标准浊度管（抑菌圈的大小受菌液浓度的影响较大，因而菌液培养的时间一般不宜超过17小时）。

（4）药敏试验操作方法　菌液的接种有划线法和涂布法，即用接种环蘸取菌液，均匀地划线或涂抹在琼脂平板上，待平皿面稍干后，用镊子夹取各种药敏纸片，平放在平板上，并轻压使其贴在平板表面，药敏纸片7张。两纸片中心距离相距不少于24毫米，纸片与平皿边缘不少于15毫米，贴好纸片的琼脂平板在37℃温箱内培养18小时后观察结果。

（5）结果判定　根据药敏纸片周围的抑菌圈大小，测定该菌的抗药程度。因此，必须测量抑菌直径，按其直径报告该菌株对某种药物是高敏、中敏、低敏或耐药。一般直径大于 15～20 毫米为高敏，10～15 毫米为中敏，小于 10 毫米为低敏。

（6）影响药敏试验的因素　药敏纸片抑菌圈的大小，往往也受到一些因素的作用而影响结果的判定。如菌液的浓度、培养基的厚度，都对抑菌圈的大小产生直接的影响，菌液浓度愈浓、培养基愈厚，纸片周围药物浓度就愈低、抑菌圈也就愈小。因此，菌液的浓度应相当于标准浊度管，培养基厚度也不能超过 4 毫米。其次培养基中的 pH 对某些药物抑菌区影响很大。例如偏酸时四环素的抑菌圈变大、红霉素的抑菌圈变小，故培养基的 pH 应为 7.2～7.4。此外琼脂的浓度亦对抑菌圈有影响，琼脂浓度愈大，抑菌圈愈小。一般琼脂的浓度应为 1.5%。除上述因素外，平板盖内的水滴落在琼脂平板上也会影响药敏试验的判定结果。因此放在冰箱中保存的琼脂平板取出后应放置在 37℃温箱中 10 分钟，以除去附在平板盖内的水滴。应避免各种不良因素影响药敏试验的结果。

四、鸭病的病毒学检验

要进行鸭病毒性传染病的确诊，必须借助于病毒学检验，因此必须了解常用的病毒学诊断技术。

病毒不同于细菌等微生物，它严格地在细胞内寄生，一般不能在无生命的人工培养基上培养，只能在活的易感组织细胞内生长繁殖。可用于分离培养病毒的方法有禽胚接种法、细胞培养接种法以及接种实验动物分离培养等。在兽医临床工作中，分离病毒的方法最常使用的是禽胚接种。

1. 病料的采集及处理　鸭病毒性传染病的病料，如何适时地采集，合理地处理及妥善地保存，对于病毒分离培养的成功与否是非常关键的。理想的病毒病料，应是无菌采集的含病毒量高的器官组织或分泌物和排泄物等，并置于灭菌容器中。生前应在刚出现症状的急性期采集，因为此时样品中含毒量高，死后立即剖检尸体并无菌采集病料，妥善保存，最好将病料放在装有冰块或干冰的冷藏瓶内，立即送检。若距离较远不能及时送达，则应将病料作冷冻保存，送到实验室后，原则上立即进行处理，接种或培养，以及一系列检测，否则应将病料保存在低温冰箱中。

在获得病料后分离病毒前应根据不同的病料种类作适当的处理。鸭病毒性传染病的病料，一般多采集肝、脾、肾、脑等器官组织。采集这些病料组织时，可将其放在50％甘油缓冲液中，以抑菌和保存病毒。病料取出后即用生理盐水洗2~3次（洗去甘油），充分剪碎，放在乳钵中研磨并逐步加入稀释液磨匀，最后制成10％~20％组织乳悬液，每毫升加入青霉素、链霉素各1 000国际单位。如有可能，在研磨过程中，将组织悬液放置冰箱反复冰融，再反复研磨几次，以便细胞内的病毒充分释出。再以2 000转/分、离心10~20分钟后，吸取上清液作接种用。实验室常用的稀释液有Hanks液和PBS溶液等。

2. 鸡胚（鸭、鹅胚）接种 鸡胚是正在发育的活的机体，组织分化程度低，细胞代谢旺盛，适合于许多雏禽病毒的生长增殖，是常用的病毒分离培养方法之一。鸡胚在禽类病毒的研究上较为广泛，可用于病毒的分离、鉴定、抗原和疫苗制备，以及病毒性质的研究。如副黏病毒、疱疹病毒、细小病毒、正黏病毒等。用鸡胚分离培养病毒时，最好用SPF鸡胚。但是由于各种不同的病毒，只能在它相应的特定细胞内繁殖，如雏鸭肝炎病毒不适于在鸡胚内生长增殖，而只能在鸭胚内培养繁殖。因此，不同的病毒应选用不同的胚体接种，同时选用不同的接种途径和最适合该病毒生长的部位，以及选用最佳接种胚龄。鸭的接种途径主要是尿囊腔接种法和绒毛尿囊膜接种法。

（1）尿囊腔接种法

①选用9~11日龄发育良好的鸡胚，照蛋标出气室及胚胎位

置，在气室底边胚胎附近无大血管处标出尿囊腔注射部位。

②气室向上放置鸡蛋于蛋架上，用碘灯和酒精棉球消毒气室及标记处的蛋壳表面。

③在标记注射部位用剪刀尖端打孔，注意用力要稳，恰好使蛋壳打通而不伤及壳膜。为防止接种时因胚胎内产生压力而使接种物溢出，可在气室顶端也打一小孔。

④用1毫升注射器抽取接种物，针头斜面（与蛋壳成30°角）刺入注射部位3~5毫米达尿囊腔内，注入接种物。一般接种量为0.1~0.2毫升。

⑤另一种接种方法是只开一小孔，在距气室底边0.5厘米处的蛋壳上打一个孔，由此孔进针注射接种物。

⑥注射完毕，用熔化的石蜡封闭注射孔和气室孔。气室朝上于37℃温箱中孵育。

弃去24小时内的死亡鸡胚，因多系机械损伤、细菌或霉菌污染等非特异性因素所引起，以后每天检胚1~2次。

⑦死亡鸡胚、或孵育一段时间后仍存活的鸡胚（某些病毒不能致死鸡胚），取出置4℃冰箱过夜或－20℃冰箱中1小时，以免收获尿囊液时流血。

⑧取出冷却的鸡胚，气室端蛋壳表面用碘酊和酒精棉球消毒，用镊子无菌击破气室部蛋壳并去除壳膜，撕破绒毛尿囊膜，以眼科镊子镊住绒毛尿囊膜，用毛细吸管或吸管吸取尿囊液和羊水，置无菌容器中保存备用（低温冰箱冻结保存）。一般能收获尿囊液6毫升左右，最多可达10毫升。

⑨取出鸡胚胎，于平皿内观察胚胎有无病理变化，如出血、蜷缩、侏儒胚等。根据需要，也可保存鸡胚胎或经匀浆机（器）处理后的悬浮液备用。

（2）绒毛尿囊膜接种法

①选用9~12日龄发育良好的鸡胚，检视并用铅笔标出气室和胚胎位置，在胚胎附近无大血管处的蛋壳上标出一个边长约

0.6厘米的等边三角形，作为接种部位。

②在气室及标记处先后用碘酊和酒精棉球消毒蛋壳表面。

③横放鸡蛋于蛋架上，标记处朝上，用牙科钻砂轮锉或小钢锉轻锉三角处，不破坏壳膜取下三角形蛋壳。气室中央用钢锥开一小孔。滴加灭菌生理盐水一滴于三角形壳膜上，用灭菌针头或火焰消毒钢锥在壳膜上斜刺挑破一小孔，注意不能伤及绒毛尿囊膜。同时用吸头或洗耳球于气室小孔上轻吸，使三角处绒毛尿囊膜下陷，注入生理盐水，造成人工气室。（可在检卵器上检视人工气室的确实与否）。

④用无菌注射器吸取接种物于三角处小孔刺入0.5～1毫米，注入病毒液，注射量一般为0.1～0.2毫升。轻轻旋转鸡胚，使接种液扩散到人工气室的整个绒毛尿囊膜上。用消毒胶布封闭三角形小口及气室小孔，横放鸡胚，开口向上，于35～37℃温箱中继续孵育。24小时后检视，死胎弃去。以后每天检视1～2次。

⑤检视出的死鸡胚、孵育48～72小时的活鸡胚（或视不同的病毒、不同的实验目的孵育更长时间），取出并用碘酊和酒精棉球消毒人工气室周围蛋壳，去除胶布，用无菌眼科剪、镊子去除人工气室处卵壳、壳膜。剪下人工气室处绒毛尿囊膜置于无菌平皿中，用灭菌生理盐水冲洗，展平后观察痘斑等病理变化。收集绒毛尿囊膜并低温保存、备用。也可收集部分绒毛尿囊膜、固定，供组织病理学切片检查包涵体。

3. 鸭常见病毒的分离与鉴定 根据流行特点、临床表现和病理变化可对传染病作出初步诊断，但疾病的确诊需借助于病毒的分离鉴定、血清学方法、直接病毒抗原检测等实验室手段。下面我们以鸭瘟病毒、鸭肝炎病毒、番鸭细小病毒、禽流感病毒等为例，简要介绍鸭常见病毒的分离与鉴定。

（1）**鸭瘟病毒** 实验室检查鸭瘟病毒时，可取无菌病料（肝、脾、肾等）制成组织悬液，尿囊膜接种8～13日龄鸡胚和

9～14日龄鸭胚，该病毒在鸡胚中不生长繁殖，在鸭胚中能生长繁殖（一般在3～6天有部分死亡），死亡鸭胚广泛充血、出血。鸭瘟病毒在鸭胚连续传代后，可致死全部鸭胚。

用鸭胚液接种1日龄小鸭，能引起死亡并有特征性病变，然后用已知抗鸭瘟血清与分离病毒做中和试验，即可确诊。具体操作如下：取10只1日龄小鸭（也可用9～14日龄鸭胚），随机分为试验组和对照组，每组5只；将分离的病毒作1：100稀释；用已知的抗鸭瘟血清与等量稀释的待检病毒液充分混匀，并接种于试验组，每只0.2毫升；而对照组不加抗鸭瘟血清（以生理盐水代之），并以同样的方法接种对照组。连续观察1周，如果试验组不死亡，而对照组死亡，即可证明分离的病毒是鸭瘟病毒。

（2）鸭肝炎病毒　引起鸭肝炎的病毒有：鸭肝炎病毒1型、鸭肝炎病毒2型、鸭肝炎病毒3型、鸭乙型肝炎病毒；一般所说的鸭肝炎病毒是指鸭肝炎病毒1型。根据该病的流行特点、临床症状和病变的特征，综合分析，可以作出初步诊断。实验室检查时可进行病毒分离，必要时可做动物接种或血清学检查进行确诊。

①病毒分离　无菌取病鸭的肝脏，用灭菌生理盐水制成悬液，尿囊腔接种10～14日龄鸭胚，多在4天内死亡。死亡的鸭胚皮下出血水肿，肝脏肿大、呈灰绿色、有坏死灶。鸡胚和鸭胚细胞均可用于病毒的分离。

②雏鸭接种　取1～7日龄易感雏鸭数只，分为试验组和对照组。试验组注射待检的肝脏悬液，对照组注射生理盐水。试验组一般在接种24小时发病，开始出现典型临床症状，并于3～48小时内死亡；剖检结果与自然病例相同。对照组无发病死亡。试验组死亡雏鸭的肝脏可再次分离该病毒。

③动物保护试验　取10只1～7日龄易感雏鸭，随机分成试验组和对照组，每组5只；将分离的病毒做1：10稀释（如接种鸭胚则用1：100～1000稀释）；用已知的抗鸭肝炎病毒血清皮

下或肌肉注射试验组（每只0.5毫升），对照组则用等量生理盐水代之；12～24小时后用待检病毒液接种试验组和对照组。如果试验组80%～100%得到保护，而对照组80%～100%发病死亡，即可证明待检样品中有鸭肝炎病毒。

（3）禽流感病毒 对于禽流感病毒的分离，通常采集病鸭的呼吸道或窦内渗出物或器官组织（脾、肺、喉头、气管）等，加灭菌生理盐水稀释成15%悬液，离心沉淀或过滤以去除组织碎屑；将无菌悬液0.1～0.2毫升接种于9～11日龄发育鸡胚（非免疫胚或SPF胚）尿囊腔内，在37℃中培养。

病毒的检测与鉴定可采用血清学方法，通常有：

①血凝试验（HA）和血凝抑制试验（HI），都是快速准确的实验室手段。

②ELISA（酶联免疫吸附试验）。

五、鸭血清学检验

鸭病的血清学检验也是兽医临床工作中常采用的实验室诊断技术。包括凝集试验、琼脂扩散试验、血凝试验和血凝抑制试验等。

1. 血清学反应的种类 抗原与抗体在体内和体外均能发生特异性结合，在体外进行的免疫反应试验，一般采用血清进行，故通常称为血清学反应。血清学反应按照反应性质的不同可分为：

（1）凝集性反应 凝集反应和沉淀反应。

（2）标记抗体技术 荧光抗体、酶标抗体、放射性同位素标记抗体和铁蛋白标记抗体。

（3）有补体参与的反应 溶菌反应、溶血反应、补体结合试验、免疫黏附血凝和团集反应。

（4）中和反应 血清病毒中和试验和毒素中和试验。

以上血清学技术，特别是凝集性反应和标记抗体技术，发展很快且应用很广，不但是生物科学研究的重要手段，也是疾病诊断、病原鉴定的常用方法。

2. 凝集试验　凝集试验（agglutination test）是指颗粒性抗原或抗体与相应抗体或抗原，在适当电解质的作用下，经过一定时间，出现肉眼可见的凝集块。

凝集试验具有重要的实践意义：

①利用已知抗原（称为凝集原）检查未知抗体（称为凝集素）。

②也可用已知抗体诊断未知抗原（如被检病料中分离的未知病菌），从而达到鉴定抗体（或抗原）和诊断疾病目的。

下面简要介绍玻板凝集试验的具体操作方法。

（1）以大肠杆菌为例的玻板凝集试验

①用吸管吸取大肠杆菌相应的抗体 1 滴（0.05 毫升），滴在玻板上。

②用接种环通过无菌方法挑取待检大肠杆菌少许，放在玻板上，与抗体混匀；在 2 分钟内判定结果；同时做阳性、阴性对照。

③结果判定：2 分钟内出现颗粒状或块状凝集者为阳性反应，不出现凝集者为阴性反应。

（2）用于细菌的血清群和型的鉴定（以沙门氏菌为例）的玻板凝集试验

①分群　取 1 滴（0.05 毫升）沙门氏菌多价 O 血清（A～E群）至玻片上，再用接种环挑取疑为沙门氏菌的纯培养物少许，与玻片上的多价 O 血清混匀，再稍动玻片，若在 2 分钟内出现凝集现象，即可初步确定该菌为沙门氏菌；同样用生理盐水代替多价血清作一对照，以免由于细菌的自凝而判断错误。再用代表A 群（O_2）、B 群（O_4）、C_1 群（O_7）、C_2 群（O_8）、D 群（O_9）与 E 群（O_3）的 O 因子血清做同样的玻片凝集试验，视其被哪

一群O因子血清所凝集，则确定被检沙门氏菌为该群。

②定型　菌群确定后，用该群所含的各种O因子血清和被检菌做玻片凝集试验，以确定其含哪些O抗原。同样，用该群H因子血清与被检菌做玻片凝集试验、以确定其H抗原。根据检出的O抗原和H抗原列出被检菌的抗原式，查对沙门氏菌的抗原表即可知被检菌为哪种沙门氏菌，譬如某一菌的O抗原为O_1、O_4、O_5、O_{12}，而H抗原为i：1，2，其抗原结构式为1，4，5，12：i：1，2，查知这个菌为鼠伤寒沙门氏菌。

3. 琼脂扩散试验　可溶性抗原（如细菌的毒素、内毒素、菌体裂解液，病毒的可溶性抗原、血清、组织浸出液等）与相应抗体结合，在适量电解质的存在下，形成肉眼可见的白色沉淀，称为沉淀试验。沉淀试验的抗原可以是多糖、蛋白质、类脂等。抗原分子较小，单位面积内所含的量多，与抗体结合的总面积大，所以在做定量试验时，为了不使抗原过剩，通常稀释抗原，并以抗原稀释度作为沉淀试验效价。参加沉淀试验的抗原称为沉淀原，抗体称为沉淀素。

琼脂扩散试验是沉淀试验的一种。琼脂是一种含有硫酸基的多糖体，高温时能溶于水，冷后凝固成胶。琼脂凝胶呈多孔结构，孔内充满水分，其孔径大小决定于琼脂浓度。1%琼脂凝胶的孔径约为85纳米，因此能允许各种抗原、抗体在琼脂凝胶中自由扩散。抗原与其特异性的抗体在含有电解质的琼脂凝胶中向四周自由扩散，二者在凝胶中相遇，在最适比例处形成沉淀，沉淀物因颗粒较大不再继续扩散，可形成一条肉眼可见的沉淀线。如果抗原和抗体无关，就不会形成沉淀线。具体操作方法如下。

（1）取优质琼脂1克，氯化钠8克，放入100毫升的蒸馏水中加热融化，即为1%琼脂。如果长期保存，则需加入1%硫柳汞1毫升。

（2）将2厘米×8.5厘米玻板置于水平台上，取加热融化的1%琼脂4.5～4.7毫升，加到玻板上制成凝胶平板。

（3）冷凝后用打孔器打孔，用注射器针头挑去孔中的琼脂，再用烧热的针头（去除针尖）封底。

（4）用毛细滴管加样，中间小孔加入阳性血清，周围小孔加入待测病料，置 37℃恒温箱作用 24 小时（注意要保持一定的湿度）。

（5）结果判定

阳性：当血清与抗原孔之间出现明显、致密的沉淀线时，即为阳性。

阴性：血清与抗原孔之间不出现沉淀线时，即为阴性。

4. 血凝试验与血凝抑制试验　某些病毒表面具有凝集动物红细胞的物质，我们称之为血凝素。兽医临床上能凝集动物红细胞的病毒有新城疫病毒、流感病毒等。对新分离的这些病毒材料，可用血凝试验和血凝抑制试验、血细胞吸附和吸附抑制试验、中和试验、空斑减数试验和荧光抗体技术等方法加以鉴定。但迄今为止，血凝试验（HA）和血凝抑制试验（HI）仍是一种快速准确的传统实验室手段。

以新城疫病毒为例介绍血凝试验与血凝抑制试验的操作方法，使用的器材为"V"型 96 孔血凝板。

（1）血凝试验（HA）　新城疫病毒可以凝集多种动物红细胞，但有的凝集性能不够稳定，故通常多采用鸡的红细胞。被检材料可用含毒鸡胚尿囊液，或含毒细胞培养液（要冻融 2～3 次，使细胞破裂释出病毒）。

操作方法：将各种试验材料加入各孔中。混合均匀，置室温（20～30℃）或 37℃10 分钟，每 5 分钟观察 1 次，以对照孔的红细胞完全沉淀为准，开始判定结果。或置 18～22℃中 45～60 分钟后观察结果。

能够使鸡红细胞发生完全凝集的病毒最高稀释倍数，称为该病毒的血凝滴度。能够使鸡红细胞完全凝集的最高稀释倍数的病毒液 25 微升为一个病毒血球凝集单位。在做血凝抑制试验时，病毒液需含 4 个血凝单位量。

（2）血凝抑制试验（HI） 要检测抗新城疫病毒血清的效价，必须在利用血凝试验测定出 4 个血凝单位病毒的基础上进行血凝抑制试验。

血凝抑制试验的操作方法与血凝试验相同。凡能使 4 个血凝单位的病毒凝集红细胞的作用完全受到抑制的血清最高稀释倍数，称为血凝抑制价（血凝抑制滴度）。

如阳性血清的血凝抑制价为 1∶64；通常以 2 为底数的负对数（$\log_2$）来表示，则 1∶64 可写作 $6\mathrm{vlog}_2$。

注意：在血凝试验和血凝抑制试验中，当红细胞出现凝集以后，由于新城疫病毒囊膜上的纤突含有神经氨酸酶，可裂解红细胞膜受体上的神经氨酸，结果使病毒粒子重新脱落到液体中，使红细胞凝集现象消失，此过程称为洗脱。试验时应注意观察时间，以免判定错误。

附：1‰鸡红细胞的制备

①用灭菌注射器通过翅静脉采集抗凝血 1 毫升（抗凝剂使用 3.8‰枸橼酸盐）。

②将抗凝血放入离心管中，并加入 10 毫升灭菌生理盐水，轻轻混匀，切勿用力吹、打，以免红细胞破裂。

③用低速离心机以 1 500 转/分离心 3 分钟后，小心地吸去上清液。

④管底的红细胞用 10 毫升灭菌生理盐水轻轻混匀，再离心，如此重复 3 次，用生理盐水配制成 1‰的鸡红细胞悬液（注意使用前应轻轻吹、打混匀）。

第十章

鸭常见疾病的防控

第一节　鸭的传染病

一、病毒性传染病

1. 鸭瘟　鸭瘟俗称"大头瘟"，又名鸭病毒性肠炎，是鸭的一种急性接触性病毒性传染病。其特征是传播迅速、发病率和病死率均高，是鸭的一种重要的传染病。

（1）病原及流行特点　鸭瘟病毒是一种疱疹病毒，病毒存在于病鸭的各个内脏器官、血液、分泌物和排泄物中，以肝脏、脾脏和脑及食道、泄殖腔内含毒量最高。

本病毒对外界抵抗力不强，在56℃下10分钟就被杀死，加热至80℃经5分钟即可死亡；而在室温条件下（22℃）其传染力能够维持30天。但对低温的抵抗力较强，在-20℃经一年仍能使鸭感染致病。

鸭瘟对不同品种、年龄和性别的鸭，均有较高的易感性。但以番鸭、麻鸭、绵鸭的易感性最高。鸭瘟的传染源主要是病鸭和潜伏的感染鸭，以及病愈不久的带毒鸭（至少带毒3个月）。自然感染主要见于成年鸭，尤其是产蛋母鸭，20日龄以内的雏鸭极少流行本病。野鸭也可发生感染，但抵抗力较家鸭强，其发病率和病死率均较家鸭低。鹅在同病鸭密切接触时，也能感染致病，甚至在有些地区引起流行，应引起高度重视。

（2）临床症状　病鸭精神委顿、体温升高、缩颈垂翅、羽毛松乱、头部肿大；食欲减少或绝食、渴欲增加，严重的病鸭，两脚麻痹无力，行走困难，流泪、眼睑及头部水肿；眼睑周围羽毛沾湿或有脓性分泌物将眼睑粘连，甚至眼角形成出血性小溃疡。此外，病鸭常见贫血，呼吸困难，叫声嘶哑，从鼻腔流出稀薄或黏稠的分泌物，同时病鸭发生腹泻，排出灰白色或绿色稀粪，肛门周围的羽毛沾污并结块，泄殖腔黏膜充血、出血、水肿，黏膜外翻。病程一般为2～5天，慢性的可拖延1周以上，病死率可高达90%以上。

（3）病理变化　典型病例肉眼可见急性败血病变。病死鸭体表皮肤有许多散在的出血斑，皮下组织发生不同程度的炎性水肿；头颈部肿大的病例，皮下组织有淡黄色胶冻样浸润；食道黏膜常见纵行排列的灰黄色假膜或有散在的小出血斑点，假膜易刮落，刮落后留有不规则的溃疡斑痕。整个肠道发生急性卡他性炎症，以十二指肠和直肠最严重；可见直肠浆膜弥漫性出血，直肠及泄殖腔黏膜弥漫性出血，黏膜表面常有黄绿色或灰黄色坏死结痂，泄殖腔黏膜常水肿。有时可见腺胃与食道膨大部的交界处或与肌胃的交界处有灰黄色坏死带或出血带，腺胃黏膜与肌胃角质层下充血或出血。肝、脾脏早期有出血斑点，后期出现大小不等的灰黄色的坏死灶，常见坏死灶中间有小点出血。胆囊充盈，有时可见黏膜出现小溃疡。产蛋母鸭的卵泡充血、出血或整个卵泡变成暗红色。

（4）防控措施

①鸭群定期预防接种鸭瘟疫苗，20日龄雏鸭首免，2个月后再加强免疫1次。

②严格检疫，不从疫区引进青年鸭作为种用，以杜绝和减少传染源。

③鸭群一旦发生鸭瘟，立即停止放牧，隔离饲养，淘汰病鸭，并采取严格的消毒措施，以及紧急预防接种鸭瘟疫苗，做到注射1只换1个针头，避免交叉感染。

2. 雏鸭病毒性肝炎　雏鸭病毒性肝炎简称雏鸭肝炎，是雏鸭的一种急性接触性传染病。临床表现为角弓反张，主要病变为肝脏肿大以及有出血斑点。该病具有发病急、传播迅速、病程短、有高度致死率的特点，常给养鸭场造成重大的经济损失，也是一种重要的鸭传染病。

（1）病原及流行特点　病原是鸭肝炎病毒，属小 RNA 病毒科。本病毒有三个血清型，即 DHV Ⅰ型、DHV Ⅱ型和 DHV Ⅲ型。这三种类型的病毒在血清上有明显的差异，各型之间无交叉免疫性。本病是由 DHV Ⅰ型病毒感染所致。

病毒对外界环境的抵抗力很强。在污染的育雏室内病毒至少能够生存 10 周，鸭粪中的病毒在阴湿条件下，可存活 37 天以上。含有病毒的胚液保存在 2～4℃冰箱内，700 天后仍存活。

病毒对氯仿、乙醚、胰蛋白酶和一般的消毒药均有较强的抵抗力，56℃加热 60 分钟仍可存活，在 2%的来苏儿溶液中 37℃能够存活 1 小时，在 0.1%甲醛溶液中能够存活 8 小时。

本病主要发生于 3 周龄以下的雏鸭，蛋鸭、肉鸭以及家养的绿头野鸭均能感染发病，但临床上以肉用雏鸭发病较为常见，4～5 周龄的雏鸭很少发生，仅有散发性的死亡病例，5 周龄以上的雏鸭不易感染。

本病一年四季均有发生，一般冬春季节较为多见。鸭舍环境卫生差，湿度过大，饲养密度过高，饲养管理不当，维生素、矿物质缺乏等不良因素均能促使本病的发生。发病率可达 100%，但病死率差异很大，1 周龄以下的雏鸭病死率高达 95%，1～3 周龄的雏鸭病死率不到 50%。

本病在雏鸭群中传播很快，传染源多由从病鸭场引入的雏鸭和发病的野生水禽带入，主要通过消化道和呼吸道感染。病愈的康复鸭的粪便中能够继续排毒 1～2 个月，因此病鸭的分泌物、排泄物也是本病的传染源。

(2) 临床症状 本病的潜伏期较短，一般 1～2 天，人工感染大约 24 小时，雏鸭大多为突然发病。病初，雏鸭精神委顿、缩颈垂翅、随群动作迟缓或离群、呆滞、眼睛半闭、常蹲下、打瞌睡、食欲废绝、部分病鸭出现眼结膜炎。发病几小时后，即出现神经症状，发生全身性抽搐，运动失调，身体倒向一侧，头向后仰，角弓反张，两脚呈痉挛性运动。通常在出现神经症状后几小时内死亡，少数病鸭死前排黄白色或绿色稀粪。人工感染的病鸭一般都在接种后第四天死亡。

(3) 病理变化 特征性病变在肝脏。肝脏肿大，质地柔软，表面有出血斑点。肝脏的颜色视日龄而异，一般 1 周龄以下肝脏呈褐黄色或淡黄色，10 日龄以上呈淡红色。少数病例肝实质伴有坏死灶。胆囊扩张、充满胆汁，脾脏有时轻度肿大，外观呈斑驳状，多数病鸭肾脏发生充血和肿胀。脑血管呈树枝状充血，脑实质轻度水肿。肠黏膜充血，有时胰腺见有小的坏死点，日龄偏大的雏鸭常伴有心包炎和气囊炎。其他器官未见明显肉眼病变。

(4) 防控措施

①目前本病尚无特殊的治疗措施。一旦雏鸭群发生病毒性肝炎，则采用紧急预防，注射高免雏鸭肝炎血清，或高免雏鸭肝炎卵黄抗体，每只肌肉注射 0.5～1 毫升，能够有效地控制本病在鸭群中的传播流行和降低病死率。

②在流行鸭病毒性肝炎的地区，可以用弱毒疫苗免疫产蛋母鸭。方法是在每只母鸭开产之前 2～4 周肌肉注射 0.5 毫升未经稀释的胚液，这样母鸭所产的蛋中就含有多量母源抗体，所孵出的雏鸭因此而获得被动免疫，免疫力能维持 3～4 周，是当前预防本病的一种既操作方便又安全有效的方法。

③严格检疫和消毒制度，也是预防本病的积极措施。

3. 高致病性禽流感 高致病性禽流感是由 A 型流感病毒引起鸭及其他禽类的一种急性传染性全身致死性疾病。雏鸭及未免疫的青年鸭、成年鸭发病率可高达 100%，病死率可达 80% 以上；也是当前严重威胁和危害养鸭生产以及造成损失最大的一种传染病。就目前而言，致鸭感染高致病性禽流感的病毒主要为 H5N1 亚型病毒。

（1）病原及流行特点　本病原为禽流感病毒，在分类上属于正黏病毒科、流感病毒属的 A 型流感病毒。病毒能凝集鸡和某些哺乳动物的红细胞，能在鸡胚中生长，接种鸡胚尿囊腔，可使鸡胚死亡，并引起鸡胚皮肤和肌肉充血和出血。A 型流感病毒由于血凝素（HA）和神经氨酸酶（NA）两种糖蛋白的组合不同，可分为许多不同的亚型。各亚型间无交互免疫力。

不同亚型的禽流感病毒毒株对禽类的致病力差异很大，世界上已从各种家禽和野生禽类分离到上千株禽流感病毒。经实验分型可分为非致病性、低致病性和高致病性。过去认为鸭、鹅等水禽大多处于健康带毒状态而不发病，但目前水禽感染禽流感引起致病的主要是高致病性毒株。其致病性很强、发病率和病死率均较高。流感病毒存在于禽类的鼻腔分泌物和粪便中，由于受到有机物的保护，病毒具有极强的抵抗力。据资料记载，粪便中病毒的传染性在 4℃可保持 30～35 天，20℃可存活 7 天，在羽毛中存活 18 天，在干骨头或组织中存活数周，在冷冻的禽肉和骨髓中可存活 10 个月。

（2）临床症状　本病可发生于不同品种和日龄的鸭群，潜伏期为数小时至数天，最长可达 21 天。患病鸭突然发病，体温升高，食欲减退或废绝，缩头、精神委顿、羽毛松乱、昏睡、有的头颈顾腹、反应迟钝；部分鸭出现神经症状，或扭头抽搐或身体偏向一侧、后腿抽搐或头颈部痉挛、倒地抽搐。大便稀，呈黄白色或黄绿色；多数病鸭出现角膜浑浊、眼睛失明；有的头面部肿大，下颌部水肿；部分患鸭出现呼吸道症状。有的产蛋鸭感染后产蛋率骤降，甚至停产，即使产蛋，蛋变小、蛋重减轻，有的出现畸形蛋。濒死前多数鸭喙端及脚蹼颜色发绀，有的可见脚部鳞片下出血。

（3）病理变化　病死鸭常见喙端发绀，有的甚至头面部亦发绀；部分鸭头面部肿大，头部皮下出血、呈胶冻样水肿，严重的下颌部亦出现胶冻样水肿；眼结膜和鼻腔黏膜充血、出血、水肿；有的气管黏膜出血；全身皮下和脂肪出血；肝脏肿大，有散在的出血斑点和坏死灶，病程稍长者肝脏质地变硬；胆囊扩张、肿大；脾脏肿大、淤血，有散在的坏死点；心肌变性、坏死，心冠脂肪及心外膜出血；腺胃黏膜及肌胃角质膜下有出血斑，有的腺胃与食道交界处还形成出血带；小肠黏膜弥漫性出血，有的出现出血溃疡灶，直肠黏膜及泄殖腔黏膜常充血、出血，有些整个肠道黏膜弥漫性充血、出血；雏鸭可见腔上囊肿大、出血；胰腺肿大、出血、坏死；肾脏肿大，表面充血、出血；具有神经症状的病死鸭脑血管充血，有的脑组织出现大面积灰黄色坏死；产蛋鸭泄殖腔黏膜充血、水肿；卵子变形、变性，卵泡充血、出血，有的卵泡呈紫葡萄状。

（4）防控措施

①对高致病性禽流感应早期诊断，一旦受到疫情的威胁或发现疑似病例，需要按照国家相关的规定，上报疫情，并进行严格地封锁，划定疫区，扑杀受感染的所有禽类，同时对疫区内可能受到污染的场所进行彻底地消毒以及进行焚烧、深埋等无害化处理，防止疫情的蔓延和病毒扩散传播。

②加强检疫，检疫物包括进口的家禽、野禽、观赏鸟类、精液、禽产品、生物制品等，严防高致病性禽流感病毒传入。同时，加强鸭群饲养管理，注意环境卫生，提高机体抵抗力；放养鸭群避免与野生水禽的接触，以防该病的相互传播。

③对于健康鸭群，预防接种禽流感油乳剂灭活疫苗，首次免疫为7~10日龄，3个月重复1次，雏鸭每只肌注0.5毫升，青年鸭和成年鸭肌注1毫升。

二、细菌性传染病

1. 禽霍乱　禽霍乱又称禽巴氏杆菌病或禽出血性败血症，是由多杀性巴氏杆菌引起鸭等家禽的一种急性败血性传染病。

（1）病原及流行特点　本病的病原是多杀性巴氏杆菌。本病常为散发性、间或地方性流行，对各种家禽、野禽均可发生感染。在水禽中鸭尤其是肉鸭的易感性较强，常呈急性经过。病鸭（禽）和带菌鸭（禽）是本病的主要传染源。鸭群饲养管理不善，环境条件差，寄生虫病、营养缺乏、天气骤变等不良因素，致使机体抵抗力下降，均能促使本病的发生和流行。本病的流行无明显的季节性，在临床上鸭常发生于炎热的7～9月份。

（2）临床症状　发生本病的鸭年龄大多在1月龄以上，根据病程长短，临床上分为最急性、急性和慢性3种病型。

①最急性型。本病型主要发生于刚暴发的最初阶段，鸭往往不表现任何症状而突然死亡。常见鸭在放牧中突然倒地，迅速死亡；或当晚表现很健康，次日早晨已死于鸭舍（棚）内；或在运输途中死亡。发病的通常都是健壮或高产的鸭。

②急性型。患病鸭精神委顿，不愿下水游泳，行动缓慢，常落于鸭群后面，有的则不愿走动；羽毛松乱，容易被水沾湿；体温升高；食欲减少或废绝，口渴；眼半闭或全闭，缩头弯颈，尾翅下垂，有时张口伸颈，呼吸困难；常摇头，欲将蓄积在喉部的黏液排出，故群众称之为"摇头瘟"；病鸭常发生剧烈腹泻，排淡绿色或灰白色稀粪，有时粪便中混有血液，常带有腥臭味；喙和脚蹼明显发紫；甚至瘫痪，不能行走。通常在出现症状的1～2天内死亡。

③慢性型。病程稍长的转为慢性。患病鸭消瘦，一侧或两侧局部关节肿胀，触之有热痛感，跛行，行动受限。局部穿刺，可见暗红色液体，时间久的切开可见干酪样坏死或发生机化。

（3）病理变化 病死鸭尸僵完全，喙部及皮肤发绀，或皮肤上有少量出血斑点。剖检可见心包积液，有时可见心包液内混有纤维素絮片，心冠脂肪及心内外膜有出血斑点；肺淤血、水肿；肝脏肿大、质脆、色暗红，表面密布针尖状灰白色坏死点或间有出血点，胆囊常肿大；多数病例脾脏肿大，常有散在或密集的灰白色坏死灶；肠道黏膜尤其是十二指肠黏膜弥漫性充血、出血，肠内容物中含有脱落黏膜碎片的淡红色液体；胰腺肿大，有出血点，腺泡较明显；腺胃、肌胃及全身浆膜常有出血斑，皮下组织及腹部脂肪也常有出血斑点。死于慢性型的鸭可见关节囊增厚，内含有暗红色、浑浊的黏稠液体，病程久的，可见粗糙、常附着黄色的干酪样物质；肝脏发生脂肪变性和有坏死灶。

（4）防控措施

①在常发地区给健康鸭群接种禽霍乱菌苗是预防本病发生的有效方法。禽霍乱菌苗可分灭活菌苗和致弱菌苗两种。在灭活菌苗中主要是禽霍乱氢氧化铝胶灭活苗和禽霍乱组织灭活苗。其优点是使用安全，接种后无明显的不良反应，在紧急预防注射本菌苗时可同时应用药物，可使疫情得到及时地控制。使用剂量为2月龄以上的鸭，每羽肌肉注射2毫升。此外，还应注意加强平时的饲养管理，严格执行卫生消毒制度，杜绝从患病鸭群中引进鸭。

②对于发生本病的鸭群，应用磺胺类以及其他多种抗菌药物治疗，均有良好的疗效。常可降低发病率和病死率。如磺胺异噁唑按0.4%～0.5%混于饲料中，或用复方磺胺对甲氧嘧啶、按每千克体重50～80毫克拌料内服，或用环丙沙星按每千克饲料添加100毫克。上述药物，任选一种，连用5～7天，对于出现症状的鸭也可用链霉素按每千克体重3万～5万单位或庆大霉素按每千克体重1万～2万单位肌内注射，均有一定的疗效。

2. 鸭疫里默氏杆菌病 鸭疫里默氏杆菌病又称鸭传染性浆膜炎，原名鸭疫巴氏杆菌病。是由鸭疫里默氏杆菌引起家鸭等多种禽类的一种接触性传染病。本病以纤维素性心包炎、气囊炎、肝周炎和脑膜炎等为主要特征，呈急性或慢性败血症，是目前严重危害养鸭业的主要传染病之一。

（1）病原及流行特点 本病的病原是鸭疫里默氏杆菌，为革兰氏阴性小杆菌，无芽孢，不能运动。菌体除呈杆状外，有的为椭圆形，多数单个存在，少数成双排列，偶尔呈丝状排列，细菌大小差异很大，约 $0.2\sim0.4$ 微米 $\times1\sim5$ 微米，经瑞氏染色大部分菌体呈两极浓染。本菌在麦康凯培养基上不能生长，在血琼脂培养基上的菌落为不溶血的露珠状小菌落，需在二氧化碳培养箱内培养。

本病主要发生于 $2\sim6$ 周龄的幼鸭，8 周龄以上和 1 周龄以下的幼鸭很少发病，而鹅发病主要见于 $3\sim5$ 周龄，偶尔也可见于青年鹅发生感染。其他禽类如火鸡、鸡、鹌鹑等也曾有发病报道。本病的发病率和病死率均较高，常引起幼鸭大批发病死亡以及生长发育迟缓。

本病一年四季均可发生，但以冬春寒冷的季节多见，主要经呼吸道或皮肤感染，被病原菌污染的饲料、饮水或周围环境都能传播疫病，育雏室饲养密度过大、空气不流通、潮湿、环境卫生差、饲养粗放或饲料中营养不全等不良因素，均可加速本病的发生和传播。此外，病菌也有可能通过鸭蛋传播。

（2）临床症状 本病的潜伏期通常为 $1\sim3$ 天，有时长达 1 周以上。根据病程在临床上可分为急性型、亚急性型和慢性型。

急性型常见于 $2\sim3$ 周龄的幼龄鸭，病程一般为 $1\sim3$ 天，患鸭主要表现为精神沉郁或委顿、缩头垂翅、厌食、离群、行动迟缓，甚至伏卧不起。眼鼻分泌物增多，常使眼眶周围的羽毛粘连，甚至脱落。鼻内流出浆液性或黏液性分泌物，分泌物凝结后堵塞鼻孔，使患鸭呼吸困难。患鸭濒死前神经症状明显，角弓反张，头颈震颤或表现阵发性痉挛，最后抽搐死亡。

亚急性型或慢性型，多见于日龄稍大的 4 周龄以上的鸭，尤其是肉鸭，常呈亚急性或慢性经过，病程可达1周或1周以上。患鸭食欲不振或废绝，腹泻、排出黄绿色稀粪；多伏卧不愿走动，常有呼吸道症状；少数病例（主要见于肉鸭）引起脑膜炎，头颈歪斜，遇有惊恐，痉挛转圈或倒退；还有少数病鸭跗关节肿胀，出现跛行。耐过的病鸭往往较瘦弱，生长发育不良；有的肉鸭产生脑膜炎的后遗症。

（3）病理变化　急性型病鸭的病变为全身脱水，喙常见充血，肺淤血肿大，肝脏和脾脏肿大。

亚急性型或慢性型病鸭可见全身浆膜表面的纤维素性渗出物。多数病例气囊上都有纤维素膜，心包及心外膜表面有纤维素渗出，呈纤维素性心包炎，少数心包有少量积液。肝脏肿大，表面有大量的纤维素膜覆盖，呈纤维素性肝周炎，少数病例肝脏表面有散在的针尖大的坏死灶；脾脏轻度肿大，表面也常有纤维素膜，日龄较大的幼鸭，脾脏肿大，大多呈红灰斑驳状；具有跗关节肿胀的慢性病例，关节内关节液增多，呈乳白黏稠状；出现神经症状的病例，脑膜充血、水肿和小点出血。

（4）防控措施

①疫苗接种是预防鸭疫里默氏杆菌病较为有效的措施。目前，疫苗有油乳剂灭活苗、铝胶灭活苗，以及致弱活菌苗。在应用疫苗时，要分离鉴定本场流行菌株的血清型，选用同型菌株的疫苗，或多价抗原组成的多价灭活苗，以确保免疫效果。

首次免疫通常在10日龄左右，2～3周进行第二次免疫。首免多采用水剂灭活苗，二免用水剂灭活苗或油乳剂灭活苗免疫。由于该病常与大肠杆菌混合感染，因此，在使用时可选择鸭疫里默氏杆菌与大肠杆菌二联苗预防。此外，在流行地区使用药物预防也是控制本病发生的一项重要措施。

②对于发生本病的鸭群，首先应改善饲养环境，及时清除粪便和更换垫草，注意鸭舍的通风，并及时地调整饲养密度。与此同时，选用对本菌敏感的抗菌药物治疗。常用的有强力霉素、环

丙沙星、氟苯尼考等。强力霉素按每千克体重 10～15 毫克，1
天 2 次；氟苯尼考按每千克体重 20～30 毫克，1 天 1 次；上述
药物，任选一种，连用 3～5 天，均有一定的疗效。

3. 鸭葡萄球菌病　鸭葡萄球菌病是由金黄色葡萄球菌引起
鸭等家禽的一种环境性传染病。常以急性败血症、脐炎、关节炎
等为主要特征，呈急性或慢性经过。本菌的致病力较强，不同日
龄的鸭均可发生感染，但临床上主要见于幼鸭，发病后常引起死
亡。是目前危害幼龄雏鸭的一种较为常见的细菌性疾病。

（1）病原及流行特点　本病的病原是金黄色葡萄球菌，为革
兰氏阳性菌。本病一年四季均可发生，病原菌广泛存在于自然
界，在鸭舍（棚）内及周围的环境或饲料、饮水和排泄的粪便
中，以及鸭的体表和蛋壳表面均能分离到本菌。

本病的传染途径主要通过创伤感染，也可以通过直接接触和
空气传播，还可以通过被本菌污染的入孵种蛋传播感染，造成死
胚或孵出感染脐炎或卵黄囊炎的残弱病雏。

鸭群管理不善，鹅舍潮湿，环境卫生差，通风不良，饲养
密度大以及营养缺乏等不良因素均能促使本病的发生。据临床
观察，1 周龄左右的幼鸭发病多与垫草有关，由于出壳几天内
的雏鸭活动少，常蹲伏休息，尤其腹部皮肤和跗关节与垫草接
触机会多，若垫草粗糙或潮湿污秽，腹部皮肤和关节表皮就很
容易发生损伤或被刺破引起感染，导致幼雏脐炎、关节炎或败
血症。

（2）临床症状　根据临床表现可分为 3 种病型，即脐炎型、
皮肤型和关节炎型。

脐炎型病例，常发生于出壳后 1 周内的雏鸭，尤其是 3 日龄
以内的雏鸭，患病的雏鸭体弱，精神委顿，食欲不振或废绝，怕
冷扎堆，缩颈垂翅，眼半睁半闭，不愿活动，常蹲卧，腹围膨
大，脐部发炎、肿胀、坏死，常于数日内败血症死亡。

皮肤型病例，常见于 2～8 周龄的鸭，以肉用雏鸭多见，患

鸭局部皮肤发生坏死性炎症或腹部皮肤和皮下炎性肿胀，患部皮肤呈蓝紫色，2周龄以内的雏鸭，常因腹部感染呈急性败血症死亡。日龄稍大的，病程较长的患鸭常皮下化脓，并引起全身感染，食欲废绝，衰竭而死。

关节炎型病例，多见于1～2周龄的幼鸭，偶尔见于青年鸭和成年鸭。患鸭跖趾关节和跗关节炎性肿胀，常见跖趾关节、跗关节周围或局部皮肤发红，病程较长的局部变软；患肢跛行，不能着地，行动发生障碍；有的蹲卧，不愿行走，触之肿胀部位有波动感和热痛感；病雏鸭常食欲不振，逐渐消瘦，衰竭死亡。雏鸭病程3～7天，青年鸭和成年鸭病程可达10～15天，甚至更长。

（3）病理变化　死于脐炎型的雏鸭，腹部膨大、颜色青紫、皮肤较薄，脐部肿胀、脐孔破溃，卵黄囊水肿、卵黄稀薄、吸收不良。

皮肤型病死鸭腹部皮肤外观呈紫黑色或棕褐色，皮下有出血性渗出液，病变皮肤常脱毛，有时发生破溃，出现坏死性病变。

死于关节炎型的病鸭关节肿胀，关节囊内有浆液性渗出物或脓液蓄积，病程较长的青年鸭和成年鸭关节囊常有干酪样黄白色坏死物质。

（4）防控措施

①保持种鸭产蛋场所垫草的清洁，避免鸭的粪便污染种蛋，同时还应做好孵化室和种蛋的消毒工作。

②加强饲养管理，搞好鸭舍的环境卫生，消除引起鸭外伤的各种不良因素，避免和减少鸭皮肤损伤。

③舍饲的鸭群，应注意饲料中添加多种维生素和微量元素，以增强鸭机体的抗病能力。

④对于发生本病的鸭群在改善饲养管理的基础上，应用红霉素以及氟苯尼考等抗菌药物拌入饮水或饲料，对于关节炎型的患病鸭还可采用青霉素或庆大霉素肌肉注射，均具有良好的防治效

果。对于发生皮肤损伤的患病鸭，应及时用碘酊或龙胆紫涂搽，防止感染。

4. 鸭大肠杆菌病 鸭大肠杆菌病是由致病性大肠杆菌引起鸭的一种原发性或继发性传染病。临床上以脐炎、眼结膜炎、气囊炎、心包炎和败血症等为主要特征，是目前鸭尤其是幼龄鸭的一种较为常见的疾病。

(1) 病原及流行特点 本病原为埃希氏大肠杆菌，菌体中等大小，不形成芽孢，为革兰氏阴性菌。

大肠杆菌属条件致病菌，鸭群饲养管理不当，鸭舍潮湿，环境卫生差等不良因素均可促使本病的发生。不同品种和日龄的鸭均可感染致病，但在临床上常以 2～6 周龄的鸭较为多见，其中脐炎、败血症、眼结膜炎常发生于 1～2 周龄；心包炎、气囊炎、肝周炎等多见于 2～6 周龄的鸭。

患病鸭和带菌鸭是本病的主要传染源，随粪便排出的病原菌，散布于外界环境，被污染的水源、饲料经健康鸭的消化道引起感染，也可通过孵化室和鸭舍（棚）内的尘埃经呼吸道感染，或是病原菌经入孵种蛋的蛋壳裂隙使胚胎发生感染，导致死胚或孵出的初生雏鸭致病，病原菌也可通过损伤的皮肤入侵，而成年鸭还可以通过生殖器交配引起传染。

本病一年四季均可发生，幼龄鸭以温暖潮湿的梅雨季节易发，而舍饲的肉鸭则以寒冷的冬春季节多见。鸭的发病率因日龄和饲养管理条件而异，大约为 5%～20%，通常是环境差、日龄小的发病率高。

(2) 临床症状 根据鸭的发病日龄和病理特征大致可分为以下几种病型。

卵黄囊炎及脐炎型：患病雏鸭腹部膨大，脐部发炎肿胀，有的脐孔破溃，皮肤较薄，严重者颜色青紫，患雏精神差，喜卧嗜睡，食欲不振或废绝，饮水少，常于 1～3 天内死亡，发病日龄多数在 3 日龄以内。

眼炎型：患病雏鸭眼结膜发炎、流泪，有的角膜浑浊，眼角常有脓性分泌物，严重者出现封眼，逐渐消瘦，衰竭死亡。常见于1～2周龄。

脑炎型：见于1周龄的雏鸭，患鸭食欲减退或废绝，死前扭颈，频频抽搐，出现神经症状。

关节炎型：多见于7～10日龄雏鸭，病雏一侧或两侧跗关节或趾关节炎性肿胀，跛行，运动受限，吃食减少，患雏常在3～5天内衰竭死亡。发生本病型的有时还可见于青年鸭或成年鸭。

败血型：可见于各种日龄的鸭，但以1～2周龄幼龄鸭较为多见。最急性的常无任何临床表现而突然死亡。急性的突然发病，精神、食欲不振，渴欲增强，腹泻，喜卧，不愿活动；有的病鸭还出现呼吸道症状，病程1～2天。

浆膜炎型：常发生于2～6周龄鸭，尤其是关养的鸭。患鸭精神委顿，食欲不振或废绝，出现气喘、咳嗽、甩头等呼吸道症状，眼结膜和鼻腔常有分泌物，缩颈垂翅，羽毛松乱，常发生腹泻；肛门周围羽毛沾污稀粪，脚蹼失水干燥；部分病例腹部膨大下垂，行动迟缓，触诊腹部有波动感。

肉芽肿型：见于青年鸭或成年鸭，患鸭精神沉郁，食欲不振，常腹泻，行动缓慢，落群，羽毛蓬松，最后消瘦，衰竭死亡。

生殖器官炎型：母鸭在开始产蛋后不久，即发病初期，部分产蛋母鸭产软壳蛋或薄壳蛋，继而产蛋减少，病鸭精神沉郁，食欲减退，运动迟缓，下水后在水面上漂浮，常落于群后，肛门周围羽毛上沾有污秽发臭的排泄物，排泄物中混有黏性蛋白状物质及凝固的蛋白或卵黄小凝块，食欲废绝，消瘦，产蛋停止，腹围增大，机体脱水，眼球下陷，最后衰竭死亡，病程大约2～6天，仅有少数病鸭能够自行康复，但丧失生殖能力。

公鸭的临床症状限于阴茎，一般轻者阴茎严重充血，肿大2～3倍，螺旋状的精沟难以看清，其表面有大小不等的黄色脓性或干酪样结节；严重时阴茎肿大更严重，并有部分露于体外，不能缩回体内，阴茎部分呈黑色的结痂面，而在基部有黄色脓性或干酪样结节，剥除后呈出血的溃疡面，多数公鸭在肛门周围有同样的结节，失去交配功能。

（3）病理变化　死于卵黄囊及脐炎的雏鸭，剖检可见卵黄囊膜水肿增厚，卵黄稀薄、腐臭，呈黑褐色或混有凝固的豆腐渣样物质，有的则见卵黄吸收不良，卵黄囊表面血管充血。

患眼炎病死雏鸭可见眼结膜肿胀，气囊轻度浑浊。死于急性败血症的鸭，心包常有积液，心冠脂肪及心外膜有出血点。

死于脑炎的雏鸭，脑膜血管充血，脑实质有点状出血。患眼炎、脑炎及败血症的病死水禽，肝脏常肿大，呈古铜色或青铜色，有时可见散在的坏死灶；胆囊扩张、充盈；肠道黏膜呈卡他性炎症。

死于关节炎鸭，剖检可见跗关节或趾关节炎性肿胀，内含有纤维素性或浑浊的关节液。

死于浆膜炎的鸭，心包积液，心包膜增厚，有的可见心包表面有一层灰白色或淡黄色纤维素膜覆盖；气囊浑浊，有淡黄色纤维素渗出；肝脏肿大，表面有灰白色或淡黄色纤维素膜覆盖，有的肝脏伴有坏死灶，病程较长的腹腔内有淡黄色腹水，肝脏质地变硬；有时脾脏亦发生肿大，表面有纤维素渗出。发生肉芽肿的病死鸭，可见心肌、肺、肠系膜上有绿豆至黄豆大小的菜花样坏死增生物；有时亦见肝脏、肾脏、胰腺、肠道黏膜发生坏死样肉芽肿病变。

死于生殖器官炎的产蛋母鸭可见眼球下陷，发生病变的输卵管外观膨大，输卵管蛋白分泌部有大小不一凝固的蛋白团块滞留，在输卵管的其他部位，也有凝固卵黄或凝固蛋白块，输卵管黏膜充血，常见输卵管黏膜和伞部有针头大小出血点，并有黄色或淡黄色纤维素性渗出物附着。而在一些亚急性病例中，成熟卵泡破裂于腹腔，有充满腥臭味带有淡黄色卵黄碎片的液体，或腹腔内以及肠管浆膜表面有大量的絮状淡黄色凝固的卵黄碎片，肠环粘连，肠管浆膜、输卵管浆膜和肠道黏膜以及腹腔脂肪表面有针头大的出血点或出血斑。公鸭的病变局限于外生殖器部分，其他内脏器官均无异常。

（4）防控措施

①注意孵化室和种蛋的卫生消毒，避免种蛋遭受病原菌污染。

②加强饲养管理，注意环境卫生，及时清除粪便，更换垫草，保持鸭舍（棚）的清洁干燥。

③应用大肠杆菌多价油乳剂苗进行预防接种，每羽肌肉注射0.5毫升，具有良好的预防效果。

④对于发生本病的鸭，应及时改善饲养环境，与此同时，应用抗菌药物，如氟哌酸、环丙沙星、强力霉素等进行治疗，均有良好的疗效；而对于患生殖器官炎型的病鸭，尤其是出现生殖器官病变的公鸭，应及时淘汰。

5. 禽副伤寒 禽副伤寒又名禽沙门氏菌病，是由沙门氏菌属细菌引起鸭等家禽的一种急性或慢性传染病。本病主要发生于幼鸭，常可引起大批死亡，成年鸭常表现慢性或隐性感染。这一类细菌危害较大，有许多血清型的沙门氏菌不但可以引起畜禽和其他动物感染致病，而且可以使人感染引起食物中毒，给动物和人类健康带来威胁，研究防治在公共卫生上有着重要意义。

（1）病原及流行特点 沙门氏菌呈直杆状，无荚膜和芽孢，除鸡白痢和鸡伤寒沙门氏菌外，均有鞭毛，能够运动，为革兰氏阴性小杆菌。引起禽副伤寒的病原是沙门氏菌属的细菌，最主要的是鼠伤寒沙门氏菌（约占50%），其他还有如肠炎沙门氏菌、鸭沙门氏菌等6～7种常见的沙门氏菌。

本病的发生常为散发性或地方性流行，不同种类和日龄的鸭均可发生感染，但临床上主要见于幼龄鸭，尤其是3周龄以下的鸭较为易感，常发生急性败血症死亡。成年鸭感染后多为带菌者，成为本病的主要传染源。病原菌随带菌鸭排出的粪便污染了饲料、饮水及周围的环境，通过健康鸭的消化道引起传染（鸭粪中的沙门氏菌能够存活 196 天，池塘中的鼠伤寒沙门氏菌能够存活 119 天）。鼠类和苍蝇等也是携带本菌的重要传播媒介。此外，本病也可通过种蛋垂直传播，使刚孵出的幼雏致病。

（2）临床症状　发生本病的鸭以 1～3 周龄雏鸭较为多见，发病率和病死率的高低决定于鸭群感染的程度和饲养环境以及是否继发感染其他疾病。1 周龄以内的雏鸭感染禽副伤寒大多由带菌种蛋引起，也有部分出壳后，在孵化室感染。有的常不显任何症状，呈急性败血症迅速死亡。多数病例常见颤抖、喘气、眼半闭、缩颈垂翅、不愿走动、厌食、饮水增加、下痢、腹部膨大、卵黄吸收不全、脐炎、常于数月内脱水衰竭死亡或挤压而死。2～3 周龄雏鸭发病后，常见精神委顿、食欲不振或废绝、嗜睡、呆钝、畏寒、颤抖、翅膀下垂、羽毛松乱，眼睑浮肿、眼角有分泌物、腹泻、肛门常有稀粪、行动迟缓、步态不稳、共济失调，最后抽搐、角弓反张而死。少数慢性病例可出现呼吸道症状，常张口呼吸；亦有病例出现关节肿胀。3 周龄以上的鸭很少出现急性病例，常成为带菌者，如继发其他疾病，可使病情加重，加速死亡。成年鸭一般无临床体征，成为带菌者，间或有下痢。

（3）病理变化　1 周龄以内雏鸭的主要病变是脐部炎症和卵黄吸收不良，卵黄黏稠，色深，肝脏轻度肿大。2～3 周龄的雏鸭，常见肝脏肿大，呈古铜色，表面有散在的灰白色坏死点；急性死亡的病例，仅见肝脏肿大、淤血，有坏死灶；脾脏肿大，有时出现针尖大的坏死点；有的病例气囊膜浑浊，常附有淡黄色纤维素的团块。病程稍长者，常出现心包炎、心肌有坏死结节；肾脏色淡，肾小管内常有尿酸盐沉积；肠道黏膜轻度出血，部分节段出现变性或坏死，盲肠内有干酪样物质形成的栓子；少数病例腿部关节炎性肿胀；有的患鸭脑组织充血、出血。产蛋鸭可见卵子变形、变性，部分卵泡出血。

（4）防控措施

①加强鸭群的环境卫生和消毒工作，鸭舍（棚）地面的粪便要及时地清除，避免粪便污染饲料和饮水。

②注意孵化室及孵化用具的清洁卫生，种蛋外壳切勿沾污粪便，孵化前，孵化室和种蛋等应进行消毒。

③雏鸭与成年鸭应分开饲养，防止直接或间接接触传染。

④对于发生本病的鸭群，选用对本菌敏感的抗菌药物治疗，如环丙沙星按每千克饲料 50～100 毫克拌料饲喂；或强力霉素按每千克饲料 100 毫克混饲；也可用氟苯尼考按每千克体重 25～30 毫克内服，上述药物，任选一种，连用 3～5 天，均有较好的疗效。

6. 鸭肉毒梭菌毒素中毒 鸭肉毒梭菌毒素中毒又称鸭肉毒中毒，是由于鸭摄食了由肉毒梭菌大量繁殖并产生毒素的腐败变质的鱼虾或肉食品等引起中毒的一种急性致死性疾病，其主要特征为运动神经和颈部肌肉麻痹。临床上发生中毒的鸭，以散养的较为多见。

（1）病原及流行特点 本病的病原是肉毒梭菌所产生的一种外毒素。肉毒梭菌为革兰氏阳性粗大杆菌，属厌氧腐生菌，能产生芽孢，菌体两端钝圆，常单个散在或成双排列。培养 24 小时的肉毒梭菌在厌氧血琼脂培养基上形成较大（2～6 毫米）不规则、半透明、灰白色的菌落，有 β 溶血环。肉毒梭菌可分 A、B、C_α、C_β、D、E、F、G 等 8 个血清型，各型产生相应型的毒素，引起鸭中毒的是 C 型毒素。而 C 型毒素毒力最强、分布也最广。

本病主要发生在炎热的夏秋季节。由于肉毒梭菌广泛存在于土壤、污泥、粪便和动物腐败的尸体里，也存在于动物的肠内容物中，鸭吃了腐败的鱼虾或动物尸体，引起中毒致病。此外，腐败动物尸体上的蝇蛆也常含有毒素，当鸭吞食后，同样易引起中毒。

本病常发生于散养的鸭群，而关养的鸭群发生中毒多为喂粪坑内的蝇蛆或腐败的鱼虾。不同品种的鸭均可发生本病，临床上以麻鸭较为多见。

（2）临床症状　鸭在摄食了含有毒素的腐败食物后，几小时以至1~2天内出现中毒麻痹症状，通常是突然发病，最早的症状是反应迟钝、精神委顿，嗜睡、不愿活动，食欲废绝，头颈、翅膀和两腿发生麻痹。严重的患鸭，颈部肌肉麻痹，头颈伸直垂地，软弱无力，眼睑紧闭，双翅下垂，两腿麻痹瘫痪，不能站立，有时发生腹泻、排绿色稀粪，羽毛松乱，容易拔落，最后昏迷死亡。

（3）病理变化　死于本病的鸭尸体剖检无明显特征病变。通常可见食道和食道膨大部以及腺胃、肌胃内有尚未消化的蝇蛆残渣或腐败物。有的可见肝脏、脾脏、肾脏充血；食道黏膜、腺胃黏膜充血、水肿；肠道黏膜呈轻度卡他性炎症；产蛋母鸭可见输卵管浆膜充血；少数病例还可见心包积液、心肌出血。

（4）防控措施

①注意鸭群周围环境的卫生，禁止在河塘、水沟等处乱扔动物尸体。

②加强鸭群的饲养管理，在夏秋季节，特别要注意防止放养鸭群接触和采食腐败的食物和动物尸体。而对于关养的鸭群，不要喂腐败的肉类和鱼虾以及粪坑内的蝇蛆，以杜绝鸭群发生中毒。

三、其他传染病

1. 鸭曲霉菌病　鸭曲霉菌病是由烟曲霉菌等霉菌引起鸭的一种常见的真菌病。其主要病理特征是在鸭的组织器官中，尤其是肺和气囊发生炎症或小结节，故又称为曲霉菌肺炎。本病在临床上主要见于幼龄鸭，常呈群发性急性暴发，可造成大批死亡，是一种对鸭危害很大的霉菌病。

（1）病原及流行特点　鸭曲霉菌病的主要病原体为烟曲霉。此外，黄曲霉、黑曲霉、青曲霉等也有不同程度的致病性。不同种类的家禽和野禽对曲霉菌均有易感性，临床上主要见于2周龄以内的鸭，常呈急性暴发，病死率可达50%以上。成年鸭发病，大多因饲喂霉变饲料引起的，常呈急性经过。本病多发生于温暖潮湿的梅雨季节。曲霉菌在自然界分布很广，受潮后的饲料、垫草是易于霉菌生长繁殖的场所，如果鸭舍潮湿，垫草、垫料不及时更换或持续饲喂保管不善的饲料，这些霉菌以及它们所产生的孢子，就会通过雏鹅呼吸道或消化道引起感染传播，造成本病暴发流行。此外，本病的传播也可经被污染的孵化室，幼鸭出雏后不久即患病，出现呼吸道症状。

（2）临床症状　急性病例，主要发生于1周龄以下的雏鹅，患病雏鸭精神委顿，常缩头闭眼，两翅下垂，气喘、呼吸急速，常伸颈、张口呼吸，呼吸时常发出特殊的沙哑声或"呼哧"声，鼻腔常流出浆液性分泌物，体温升高，食欲减少或废绝，但渴欲增强，腹泻，常于发病后2～3天内死亡。

慢性病例，常见于1～2周龄的幼龄鸭，病鸭呈阵发性喘息，食欲不振，腹泻，逐渐消瘦，衰竭死亡，病程大约1周左右。霉菌感染到脑部，则引起雏鸭霉菌性脑炎，出现神经症状。成年鸭患病常见张口呼吸，食欲减退，间续腹泻，病程较长，可达10天以上。

（3）病理变化　死于本病的雏鸭可见肺和气囊有淡黄色纤维素渗出或混有数量不等的淡黄色霉菌结节，霉菌结节柔软有弹性，内容物呈干酪样；部分病例鼻腔内有浆液性黏液性分泌物，喉头及气管黏膜充血、出血；具有神经症状的鸭可见颅骨充血、出血，脑水肿，脑血管呈树枝状充血，或见脑组织因霉菌感染发生淡黄色坏死灶。青年鸭和成年鸭可见肺表面和气囊壁有圆碟状中央微凹的成团霉菌斑块或霉菌结节，霉菌菌落清晰可见，呈灰黑色或淡绿色，多数病例肠道黏膜呈卡他性炎症。

（4）防控措施

①加强雏鸭的饲养管理，搞好环境卫生，注意舍内通风和清洁干燥，及时更换垫草，使用过的垫草切勿晒后复垫。

②禁止给鸭饲喂霉变的饲料，禁用发霉的稻草、麦秸等作为垫料。在梅雨季节育雏时，要特别注意防止饲料和垫料发生霉变。

③注意孵化室的消毒卫生，孵化室内环境、孵化用具以及入孵种蛋，必须用甲醛熏蒸消毒。

④目前本病尚无特效的治疗方法，对于发生本病的鸭群，应用抗真菌药物防治，具有一定效果。如制霉菌素，每只雏鸭服用5 000～8 000国际单位，成年鸭按每千克体重2万～4万国际单位服用；或用克霉唑按每千克体重10～20毫克内服，1天2次，连续3～5天。

2. 霉菌性口炎　霉菌性口炎又称鹅口疮或念珠菌病。是由白色念珠菌引起鸭等家禽的一种消化道真菌病。其主要特征为消化道黏膜发生白色的假膜和溃疡。

（1）病原及流行特点　本病原为白色念珠菌，是一种酵母状真菌。革兰氏染色为阳性。

白色念珠菌广泛存在于自然界，也常在健康鸭的口腔、上呼吸道和肠道等处寄居。本病主要见于鸡、鸭、鹅、火鸡、鸽、野鸡等幼龄家禽和野禽。幼龄鸭的易感性和病死率均较成年鸭高；成年鸭发生本病，主要与使用抗菌药物有关。本病主要通过消化道感染，消化道黏膜损伤易于病原菌的入侵。不良的卫生条件，长期应用广谱抗菌素或皮质类固醇激素，以及营养缺乏等，使机体抵抗力下降，均可促使本病的发生。此外，本病也可以通过蛋壳传染。

（2）**临床症状**　发生本病的幼龄鸭，常生长发育不良，精神委顿、羽毛松乱，怕冷，不愿活动，常群集在一起，气喘、呼吸急促、张口伸颈，叫声嘶哑，食欲减退、消化障碍、常腹泻，最后衰竭死亡。

（3）**病理变化**　病死幼鸭剖检可见尸体消瘦，口腔、鼻腔常有分泌物，口腔、咽部以及食道黏膜增厚，形成白色或灰色伪膜或溃疡状斑痕，有时可波及腺胃。气囊常浑浊，表面有干酪样物附着。

（4）**防控措施**

①加强幼龄鸭的饲养管理，搞好环境卫生，鸭舍保持清洁干燥，通风良好，同时，控制饲养密度，避免拥挤。

②避免长期或过量使用抗菌药物，防止消化道的正常菌群受到破坏，引起二重感染。此外，在育雏期间应增加多种维生素。

③对于发病的鸭群，常采用药物治疗。如制霉菌素、克霉唑拌料喂服，剂量与浓度同于防治鸭曲霉菌病的方法。

第二节　鸭寄生虫病

一、鸭绦虫病

鸭膜壳绦虫病是由膜壳绦虫寄生于鸭等水禽小肠内的一种寄生虫病。膜壳科绦虫种类很多，在我国寄生于鸭的可达30余种，临床上较为常见的，而且对鸭致病力较强的膜壳绦虫代表种为冠状膜壳绦虫。

1. 病原及流行特点　冠状膜壳绦虫属于膜壳科，膜壳属。虫体呈乳白色，成虫体长为120～190毫米，宽为2.5～3毫米。虫卵呈椭圆形，大小为24～35微米×22～32微米，内含六钩蚴。

冠状膜壳绦虫发育迅速，生活史周期较短，中间宿主为一些小的甲壳类和螺类。冠状膜壳绦虫分布较广，致病力强，主要危害鸭等幼龄水禽，鸭在吞食了含似囊尾蚴的中间宿主而发生感染，尤其是1～3月龄内的放养鸭群感染率较高，致病严重，可引起大批死亡，常呈地方性流行。

2. 临床症状 发病初期，病鸭食欲废绝，但渴欲增强，排淡绿色或灰白色稀粪，粪便内混有绦虫节片，严重感染时，幼鸭生长发育缓慢、机体显著消瘦、贫血、精神委顿，羽毛松乱无光泽，行动迟缓，在水中放牧时，常离群独自蹲在岸旁。后期身体失去平衡，行走摇晃，常出现倒地痉挛抽搐症状。最终衰竭而死。

3. 病理变化 病死鸭较瘦弱，剖检可见肠腔内大量的绦虫寄生，严重者甚至引起肠阻塞，发生肠阻塞的肠段，外观稍增粗，肠道黏膜不同程度地充血、出血，严重的可见溃疡病灶。

4. 防控措施

①不同日龄的鸭应分开饲养，有条件的其放养的场地和水塘应轮换使用。

②青年鸭群和成年鸭群实施定期驱虫，常用的驱虫药有吡喹酮、丙硫咪唑和硫双二氯酚等，一年至少两次，通常在春秋季节进行，以减少对环境的污染和病原的扩散。

③发病鸭群可选用吡喹酮按每千克体重10～15毫克内服，或用丙硫咪唑按每千克体重50～100毫克内服，成年鸭也可用硫双二氯酚按每千克体重100～150毫克内服。为确保疗效，上述药物最好逐只喂服。

二、鸭线虫病

1. 鸭鸟蛇线虫病 鸭鸟蛇线虫病俗称包包病，又称鸭丝虫病。是由鸟蛇线虫寄生于鸭的皮下结缔组织所引起的一种寄生虫病。本病主要侵害雏鸭，在流行地区发病率较高，严重感染时常造成死亡，对养鸭业危害极大。

本病主要分布于北美、印度以及我国的福建、广东、广西、四川、安徽、江苏和台湾等地。寄生于家鸭皮下结缔组织的鸟蛇线虫的病原种类有台湾鸟蛇线虫和四川鸟蛇线虫，但以台湾鸟蛇线虫最常见。

（1）病原及流行特点　鸟蛇线虫病的病原隶属龙线科、鸟蛇属，为胎生型线虫。台湾鸟蛇线虫虫体细长，乳白色，体表角皮具细横纹，头端钝圆，口周围有角质环，有两个头感器和 14 个头乳突。雄虫长 6 毫米，尾部向腹面弯曲，交合刺 1 对。雌虫长 100～240 毫米，尾部逐渐尖细，尾端弯曲呈钩状，末端有一个小圆锥突起。虫体尚未成熟时，可见生殖孔，位于虫体后半部，子宫前后伸展；虫体成熟后，生殖孔即萎缩而不易察见，体内大部分空间为充满幼虫的子宫所占据。幼虫纤细，白色，长0.39～0.42 毫米。

台湾鸟蛇线虫属胎生型，需剑水蚤作为中间宿主。成虫寄生于鸭的皮下结缔组织中，缠绕似线团，并形成如小指头大小的结节。患部皮肤逐渐变得紧张浅薄，终于为雌虫头部所穿破。当虫体的头端外露时，充满其体内的满含胎虫的子宫便与表皮一起破溃，逸出乳白色液体，其中含大量活跃的幼虫。鸭在水中游泳时，大量幼虫即进入水中。排出幼虫后的雌虫尸体残留在宿主皮肤的穿孔部，渐次变成暗色，最后自宿主的皮肤上脱落。进入水中的幼虫被剑水蚤吞吃，在剑水蚤体内发育成感染性幼虫。当含有这种幼虫的剑水蚤被鸭吞食后，幼虫即从蚤体内逸出，进入肠腔，最后经移行而抵达鸭的腮、咽喉部、眼周围和腿部等处的皮下，逐渐发育为成虫。

主要侵害 3～8 周龄雏鸭，发病率达 60％～80％，成年鸭发病很少，也不侵害其他家禽，在被台湾鸟蛇线虫污染的含有剑水蚤的稻田、池塘或沟渠中放养雏鸭时，极易感染，患病雏鸭常在症状出现后 10～20 天死亡，病死率 10％～40％。

本病有明显的季节性，通常在 6～10 月份水温较高、剑水蚤大量繁殖的季节发病率高。

(2) 临床症状 本病的潜伏期约 1 周。雏鸭患病时，在虫体寄生部位长起小指头或拇指头大小的圆形结节，结节逐渐增大，压迫下颌、咽喉部及邻近的气管、食道、神经和血管等，引起吞咽和呼吸困难，声音嘶哑；有时结节压迫双颊和下眼睑，引起眼结膜外翻，危及眼睛时可导致失明；如寄生在腿部皮下，则引起运动障碍，以至采食受限，逐渐消瘦，生长发育迟缓。随着患部增大，疼痛加剧，病鸭瘫痪不能起立，最后衰竭死亡，能耐过的雏鸭多数也发育停滞。

(3) 病理变化 病死鸭尸体消瘦，黏膜苍白，患部呈青紫色，切开患部，流出凝固不全的稀薄血液和白色液体，镜检可见大量幼虫。早期病变呈白色，在硬结中可见有缠绕成团的虫体，陈旧病灶中仅留有黄褐色胶样浸润。新、旧病变的患部皮肤和皮下组织发红，内混有大量的新生血管。

(4) 防控措施

①加强鸭群的饲养管理，在流行季节不要到疑有病原存在的稻田和沟渠等放养。

②在有中间宿主并遭受病原体污染的场所，撒布一些石灰或漂白粉，以杀死中间宿主和幼虫。

③坚持对病鸭的治疗，特别是早期（在虫体未成熟前）治疗，既可阻止病程的发展，又可杀死虫体，减少对外界环境的污染。

④早期治疗，一般疗效较好。可用丙硫咪唑和左咪唑治疗，均按每千克体重 50～100 毫克 1 次服用；或应用 1% 碘液或 0.5% 高锰酸钾溶液，按结节大小，局部注射 1～3 毫升，可杀死虫体。此外，也可试用伊佛菌素治疗。

2. 鸭四棱线虫病 鸭四棱线虫病是由多种四棱线虫，寄生于鸭的腺胃内引起致病的一种重要寄生虫病。本病分布较广，世界各地均有发病的报道，临床上主要见于放养的鸭，常以 3 月龄以上鸭多见。

（1）病原及流行特点　引起鸭致病的病原主要是分棘四棱线虫。分棘四棱线虫的发育，需要中间宿主，中间宿主为钩虾和异壳虫等。放养鸭在流行地域的河塘中放牧觅食，吞食了吸附在水草上含有感染性幼虫的中间宿主后，发生感染，幼虫15天发育为成虫。雌虫寄生于鸭体内腺胃黏膜下，经过一个冬季仍能继续产卵，虫卵随鸭粪便排出落入水中，若遇钩虾等中间宿主吞食，便可继续发育，传播病原，使本病在禽类中广泛流行。我国许多省市均有发生本病的报道。除鸭发生感染外，鹅、番鸭、天鹅、鸽亦能感染致病。

（2）临床症状　患鸭食欲不振，大便稀，羽毛无光泽，严重感染的患鸭消瘦、贫血，甚至死亡。由于成虫寄生于鸭的腺胃内，虫体吸血并分泌毒素，有时可见少数病鸭出现神经症状。

（3）病理变化　病死鸭通常较瘦弱，有虫体寄生的腺胃黏膜上，形成多个血样暗红色丘状突起，用剪刀剪开，可见暗红色的成熟雌虫；有时还可见腺胃黏膜增厚、出血，或出现溃疡；患病母鸭可见卵子变形、变性。

（4）防控措施

①禁止鸭到本病流行地域的河塘去放养。

②定期消毒，注意鸭舍的清洁卫生，及时清除粪便，并堆积发酵，杀灭虫卵。

③消灭中间宿主，进行预防性驱虫。

④发生本病的鸭群，及时地驱虫，可选用左旋咪唑按每千克体重25毫克内服，或用丙硫咪唑按每千克体重50～100毫克内服，均有良好的效果。

三、鸭吸虫病

1. 鸭次睾吸虫病　鸭次睾吸虫病是由次睾吸虫寄生于鸭的

肝脏胆管或胆囊内所引起的一种寄生虫病。主要危害1月龄以上的鸭，感染率和感染强度均很高。常因胆囊、胆管虫体堵塞而发生死亡，临床上主要见于散养的麻鸭，是目前对鸭危害较大的吸虫病。

（1）病原及流行特点　引起鸭次睾吸虫病的病原种类有东方次睾吸虫和台湾次睾吸虫、黄体次睾吸虫等，临床上常见的主要是东方次睾吸虫。东方次睾吸虫属于后睾科，后睾属，虫体较小，呈扁平叶状，前端稍窄长，后端钝圆；体长2.35～4.65毫米，体后部最宽为0.526～1.23毫米。虫卵呈浅黄色、椭圆形，大小为28～31毫米×12～15毫米。

东方次睾吸虫需要两个中间宿主，第一中间宿主的为纹绍螺，第二中间宿主为麦穗鱼及棒花鱼。囊蚴寄生在鱼的肌肉及皮层内，鸭吞食了含囊蚴的鱼类而发生感染，感染后2小时即可移行到胆囊，1个月后便发育为成虫。

本病常发生于夏秋季节，临床上以1～4月龄的散养麻鸭较为多见，1月龄以下的鸭很少发生。虫体除了寄生于鸭外，也寄生于鸡。该病分布较广，许多省市均有发生本病的报道。

（2）临床症状　轻度感染时，不表现临诊症状；严重感染时，患鸭精神委顿、缩颈闭眼、食欲不振，羽毛松乱无光泽，两肢无力，常腹泻，粪便多呈水样，消瘦、贫血，多因衰竭而死。产蛋母鸭感染后产蛋率下降，严重者则停止产蛋。

（3）病理变化　病死鸭肝脏显著肿大，有的可比正常大1～2倍，色泽变淡，表面常见胆管增生的白色花纹和斑点，肝脏质地变硬，胆囊充盈，呈深绿色或淡绿色（胆囊壁增厚，有的可见胆囊黏膜胶冻样水肿，囊腔内有数量不等的虫体和凝固物），肠道黏膜呈卡他性炎症。

（4）防控措施

①加强环境卫生，鸭舍定期消毒，清除的鸭粪堆积发酵处理，以杀灭粪便中的虫卵。

②鸭群禁止用生鱼饲喂。

③在流行地区定期进行预防性驱虫。对于发病鸭群可选用丙硫咪唑按每千克体重 50～100 毫克服用，或用吡喹酮按每千克体重 10～15 毫克服用，均有良好的疗效。

2. 鸭棘口吸虫病　鸭棘口吸虫病是由多种棘口吸虫寄生于鸭等家禽的肠道中所引起的一种吸虫病。本病对幼龄鸭危害严重，常引起消化机能紊乱，发育受阻，甚至死亡。临床上多见于放养的鸭群。

（1）病原及流行特点　棘口吸虫属于棘口科、棘口属，新鲜虫体呈长叶形，粉红色。引起鸭致病的病原种类有卷棘口吸虫、宫川棘口吸虫、接睾棘口吸虫等，临床上较为常见的为卷棘口吸虫。卷棘口吸虫大小为 7.6～12.6 毫米×1.26～1.6 毫米，体表被有小棘，口吸盘小于腹吸盘，虫卵呈椭圆形，淡黄色，一端有卵盖，大小为 0.114～0.126 毫米×0.064～0.072 毫米。

棘口吸虫的发育需要两个中间宿主，第一中间宿主是淡水螺类，第二中间宿主为蛙类及淡水鱼类。虫体寄生在鸭等水禽及其他禽类的直肠、盲肠和小肠中，虫卵随鸭等禽类的粪便排出落入水中，孵出毛蚴钻入第一中间宿主的淡水螺类，发育成尾蚴，离开螺体，又钻入第二中间宿主发育成囊幼。鸭吞食含囊幼的第二中间宿主后，而发生感染。鸭常以浮萍或水草作为青饲料，而含有囊幼的螺蛳和蝌蚪往往与水生植物孳生在一起，因而极易发生感染。引起鸭感染致病的主要见于放养的麻鸭，以 1～3 月龄幼龄鸭多见。

（2）临床症状　鸭发生轻度感染时症状不明显，危害较小，严重感染时，常引起食欲不振、消化不良，腹泻、粪便中混有黏液、贫血、消瘦、生长发育停滞，逐渐衰竭死亡。

（3）病理变化　死于本病的鸭尸体瘦弱，肠道黏膜充血、出血，黏膜稍粗糙，肠道黏液性分泌物增多，肠黏膜上附着大量的虫体。

（4）防控措施

①定期消毒，加强鸭舍的环境卫生，鸭舍的粪便，应及时清除，并作堆积发酵，杀灭虫卵。

②在流行地区，放养鸭群必须进行有计划地定期驱虫；切勿以生鱼或蝌蚪及贝类以及浮萍、水草作饲料，以防感染。

③对于发病的鸭群，可选用硫双二氯酚，按每千克体重100毫克服用，或用丙硫咪唑按每千克体重50～100毫克拌料喂服，也可用吡喹酮按每千克体重10～15毫克服用，均有一定的疗效。

3. 鸭舟形吸虫病　鸭舟形吸虫病是由舟形嗜气管吸虫寄生于鸭、野鸭等水禽的气管和支气管内的一种寄生虫病。本病主要危害放养鸭群，其临床特征为咳嗽、气喘、呼吸困难，严重感染者可窒息死亡。我国的福建、广东、江苏、安徽等省均有发生本病的报道。

（1）病原及流行特点　舟形嗜气管吸虫属于环肠科、嗜气管属。新鲜虫体为暗红色或粉红色，呈椭圆形，扁叶状，体长7.9～8.1毫米，宽3.2～3.5毫米。成熟虫卵呈卵圆形，大小为0.143～0.145毫米×0.087～0.088毫米，具有卵盖，内含毛蚴。

舟形嗜气管吸虫发育以扁蜷螺、圆扁螺等螺类为中间宿主。虫卵由鸭的呼吸道进入口腔，吞下后入胃肠道，随粪便排出体外，孵出的毛蚴钻入螺体内，发育成囊蚴，家鸭采食含囊蚴的螺类而感染。从感染到发育为成虫大约2～3个月。临床上主要见于放养或饲喂螺类的鸭群。

（2）临床症状　发生轻度感染的病鸭，临床症状不明显，仅表现轻度咳嗽，严重感染的病鸭精神沉郁，食欲不振，不愿走动，喜卧，伸颈张口，呼吸困难，并闻及呼哧声。鼻腔有较多的黏液流出，有时可见喙部肿胀，最后窒息而死。发病鸭群普遍消瘦，成年母鸭产蛋率下降。

（3）病理变化　死于本病的患鸭消瘦，鼻腔内有浆液性或黏液性分泌物，剖检可见气管内有数量不等的虫体，喉头及气管黏膜充血，有炎性渗出，严重感染的病死鸭肺充血、出血，气囊轻度浑浊或有少量纤维素渗出。

（4）防控措施

①严禁到流行地区的水域放养鸭群，以免吞食含有囊蚴的螺类而发生感染；对于捕捞的淡水螺蛳，尽量不要生喂，应煮熟后饲喂。

②应用驱虫药对鸭群进行预防性定期驱虫。对于发病的鸭群，可选用丙硫咪唑，按每千克体重50毫克服用，或用吡喹酮，按每千克体重10～15毫克内服，也可用硫双二氯酚，按每千克体重100～150毫克服用。还可采用0.1%碘溶液，对病鸭作气管注射治疗，每只鸭注射1毫升，均具有良好的疗效。

4. 鸭前殖吸虫病　前殖吸虫病是危害产蛋鸭群以及其他禽类的一种寄生虫病，其虫体主要寄生于鸭的直肠、泄殖腔、腔上囊和输卵管，严重感染的鸭常继发卵黄性腹膜炎而发生死亡。

（1）病原及流行特点　引起鸭致病的病原种类较多，有卵圆前殖吸虫，楔形前殖吸虫，鸭前殖吸虫，透明前殖吸虫等，但较为常见的主要是透明前殖吸虫。

透明前殖吸虫属前殖科、前殖属，虫体呈长梨形，微红色，前端稍尖，后端钝圆，大小为6.5～8.2毫米×2.5～4.2毫米；虫卵呈深褐色，大小为26～32毫米×10～15毫米，有卵盖，另一端有小刺。

前殖吸虫的发育需两个中间宿主，第一中间宿主为淡水螺类，第二中间宿主为各种蜻蜓的幼虫和稚虫。虫卵随鸭的粪便排出体外，在水中被淡水螺蛳吞食，在螺体内发育成尾蚴，离开螺体钻入蜻蜓的幼虫或稚虫体内发育为囊蚴，鸭吞食了含有囊蚴的蜻蜓的幼虫或稚虫而发生感染。

前殖吸虫病多呈地方性流行，其流行季节与蜻蜓出现的季节一致。

（2）临床症状　鸭在感染的初期没有明显症状，当虫体破坏输卵管黏膜和分泌蛋白及蛋壳的腺体时，就使形成蛋的正常机能发生障碍，产蛋率下降，或产无壳蛋、软壳蛋、无卵黄蛋。一旦卵子破裂，患卵黄性腹膜炎时，则精神委顿，食欲不振，消瘦，并排出蛋壳的碎片，流出大量黏稠的蛋白，泄殖腔充血。严重者泄殖腔脱出，以致死亡。

（3）病理变化　剖检可见卵子变性，卵膜充血，腹腔内含有大量黄色浑浊的液体和干酪样卵黄碎片，肠环间发生粘连，浆膜充血、出血。输卵管黏膜充血、增厚，可见寄生虫体；发生严重感染的鸭，直肠黏膜也可见多量虫体；泄殖腔黏膜充血、出血。

（4）防控措施

①在流行地区进行有计划地定期驱虫；消灭中间宿主，有条件的可用化学药物杀灭，以切断前殖吸虫发育的中间环节。

②在蜻蜓出现的季节，鸭群不要在清晨、傍晚或雨后放牧，防止鸭采食蜻蜓及其幼虫或稚虫，而发生感染。

③对于患病的鸭，可选用下列驱虫药物：丙硫咪唑按每千克体重100毫克，或吡喹酮按每千克体重10~20毫克，均有良好的疗效。

5. 鸭东方杯叶吸虫病　鸭东方杯叶吸虫病是由东方杯叶吸虫寄生于鸭小肠内引起的一种肠道寄生虫病。本病分布于亚洲，我国的黑龙江、福建、广东、安徽、江苏等省时有发生。临床上常见于放养的青年鸭和成年鸭，感染严重的鸭常因脱水而突然死亡。发病鸭群病死率可达20%，是当前养鸭生产危害较大的一种寄生虫病。

（1）病原及流行特点　本病原为东方杯叶吸虫，属于吸虫纲、杯叶科、杯叶属。新鲜虫体呈浅淡黄色，近于白色，肉眼见芝麻大小，呈卵圆形，大小为0.7~1.3毫米×0.5~0.9毫米。有两个吸盘，口吸盘位于虫体顶端，呈球形，咽发达呈圆形，咽的后面是肠支分叉处，腹吸盘比口吸盘小得多，腹部有一个黏着器，凸出于虫体的腹面。睾丸呈椭圆形，并列于虫体中部的两侧；卵巢呈卵圆形，位于虫体的左半侧，紧靠左睾丸。卵黄腺围绕黏着器分布在虫体的周围，前界达咽附近，后界抵达虫体末端；阴茎囊巨大，位于右睾丸和生殖孔之间，生殖孔开口于虫体末端；虫卵呈浅黄色，椭圆形，大小为 0.096～0.11 毫米×0.059～0.072 毫米。

东方杯叶吸虫的发育需经两个中间宿主，第一中间宿主为淡水螺，第二中间宿主为鱼类，终末宿主为禽类。鸭吃到鱼体内的囊蚴而发生感染；临床上常见于放养的鸭群，尤其是青年麻鸭较为多见。

（2）临床症状　患鸭精神、食欲不振，但渴欲增强；轻度感染症状不明显，严重感染时，可引起剧烈腹泻，粪便呈水状，有时混有脱落的黏膜；病鸭消瘦，贫血，生长发育受阻，羽毛无光泽；死前口腔常流出浑浊的黄水，有时可见混有大量的虫体。病程 1～3 天，患鸭常因脱水而突然死亡。

（3）病理变化　病死鸭机体脱水、眼球下陷；肝脏轻度肿大，胆囊扩张，胆汁颜色较淡；肌胃较空虚，角质膜易脱落。多数病例，肠腔内充满液体，其中混有大量的虫体和脱落的肠黏膜，肠道黏膜呈卡他性炎症，有时可见小肠黏膜出现条纹状灰黄色小痂块和溃疡灶，痂皮易刮落，可见浅红色溃疡面。而其他内脏器官未见明显肉眼病变。

（4）防控措施

①做好流行地区水域的灭螺工作；禁止鸭群到本病流行的水塘、河沟中放养。

②在流行地区的鸭群应实施有计划地定期驱虫，不用生的或未煮熟的淡水螺和淡水鱼类饲喂鸭群；鸭粪堆积发酵处理，以杀灭虫卵。

③对患病鸭群实施驱虫，可选用丙硫咪唑按每千克体重 100 毫克；或吡喹酮按每千克体重 10～15 毫克，1 次口服，均有良好的疗效。

6. 鸭嗜眼吸虫病　嗜眼吸虫病是由多种嗜眼吸虫寄生于鸭眼结膜囊和瞬膜所引起的吸虫病，对幼鸭危害严重。在我国江苏、福建、广东和台湾等南方地区较为多见。临床上多见于放养的鸭。

（1）病原及流行特点　本病原为嗜眼吸虫，属嗜眼科、嗜眼属，国内报道的嗜眼吸虫有 22 种，常见的寄生于鸭眼部的主要是涉禽嗜眼吸虫。该虫体除了寄生于鸭以外，鸡、鹅、火鸡及孔雀、番鸭、野鸭、鸽、雉和鸵鸟等禽类均可寄生。

涉禽嗜眼吸虫新鲜虫体淡黄色，外形似矛头状，半透明，大小为 2.15～6.40 毫米×1.12～1.92 毫米，腹吸盘大于口吸盘，睾丸近圆形，前后排列在虫体后部，卵巢位于前睾丸的前面，子宫盘曲于腹吸盘与睾丸之间，内充满虫卵。虫卵椭圆形，淡黄色，无卵盖，内含带眼点的毛蚴，虫体大小为 85～120 微米×39～55 微米。

涉禽嗜眼吸虫以淡水螺类为中间宿主，囊蚴在螺类、蛄的体表或水草上形成，鸭采食水生植物以及吸附在水草上的螺蛳等中间宿主后感染，囊蚴在消化道内脱囊逸出童虫，经鼻泪管移行到法氏囊内寄生；或鸭眼部接触囊蚴而感染，该途径感染的虫体成活率最高，并可返回鼻腔而移行到另一眼中。我国南方每年 5、6 月份与 9、10 月份是感染最严重时期，以放养的鸭较为多见，尤其是对幼鸭危害特别严重。

（2）临床症状　鸭感染嗜眼吸虫后，眼部受虫体机械性刺激和分泌毒素的影响，眼结膜充血、流泪，眼睛红肿，结膜与瞬膜浑浊，甚至化脓溃疡，眼睑肿胀或紧闭，严重的双目失明，不能寻食而致消瘦，羽毛松乱，有时两腿瘫痪，严重者引起死亡。成年鸭感染后，症状较轻，出现角膜炎、消瘦等症状。

（3）病理变化　病死鸭较瘦弱，眼睑肿大，眼结膜充血、出血或出现溃疡甚至化脓，眼内充满脓性分泌物。在患部眼睑处可见到虫体。

（4）防控措施

①在流行季节禁止鸭群在流行地域的水塘中放养，在饲养鸭群的河道沟渠中大力消灭淡水螺类，切断感染途径；在流行地区用作鸭饲料的浮萍、水草等，应用开水浸泡杀灭囊蚴后，再饲喂鸭；经常注意检查放养鸭的眼部变化，发现病鸭及时驱虫。

②病鸭的治疗可用 75％的酒精滴眼，虫体可随着泪水排出眼外，少数寄生在较深部的虫体可再次酒精滴眼驱出，但对眼睑有刺激作用，需 4～5 天后才消失。用 5％甲氨酸粉剂治疗两次，效果较好。

四、鸭棘头虫病

鸭棘头虫病是由多种棘头虫寄生于鸭、野鸭的小肠所引起的寄生虫病。本病除鸭发生感染外，其他家禽如鹅、鸡、天鹅及其他野生水禽均可发生感染。发生感染的鸭尤其幼龄鸭感染后常引起致病死亡，是一种危害养鸭生产较为严重的寄生虫病。

1. 病原及流行特点　本病原为鸭棘头虫，属棘头虫纲的多形科、多形属和细颈科、细颈属，国内报道的棘头虫有大多形棘头虫、腊肠状多形棘头虫、台湾多形棘头虫、小多形棘头虫、四川多形棘头虫和鸭细颈棘头虫；而常见的棘头虫主要有 4 种，即大多形棘头虫、小多形棘头虫、腊肠状多形棘头虫和鸭细颈棘头虫，其中最常见的是大多形棘头虫。

大多形棘头虫：虫体呈橘红色、纺锤形，前端大，后端狭细。其吻突，吻突上有小钩 18 纵列，每列 7～8 个。雄虫长 9.2～11 毫米，雌虫长 12.4～14.7 毫米。虫卵长纺锤形，大小为 113～129 微米×17～22 微米，内含棘头蚴，在卵胚两端有特殊的突出物。虫体寄生于鸭、野鸭的小肠前段。主要分布于我国广东、广西、云南、四川、贵州、湖南等省（自治区）。

小多形棘头虫：虫体较小，纺锤形。雄虫长 3 毫米，雌虫长

10 毫米。新鲜虫体橘红色，吻突上有钩 18 纵列。虫卵纺锤形，大小为 110 微米×20 微米，内含黄而带红色的棘头蚴。虫体寄生于鸭、野鸭的小肠前段。分布于我国江苏、陕西和台湾等地区。

腊肠状多形棘头虫：虫体纺锤形，吻突球状，上有吻钩 12 纵列。雄虫长 13～14.6 毫米，雌虫长 15.4～14.6 毫米。虫卵大小为 63～67 微米×21～24 微米。分布于我国福建和陕西等地区。

鸭细颈棘头虫：虫体纺锤形，白色，前部有小刺。雄虫长 4～6 毫米，吻突椭圆形，具 18 纵列小钩，雌虫黄白色，长 10～25 毫米，吻突呈球形。虫卵椭圆形，大小为 62～70 微米×20～25 微米。虫体寄生于鸭、野鸭的小肠中段。分布于我国江苏、贵州和江西等地区。

棘头虫的发育需中间宿主。大多形棘头虫以甲壳纲、端足目的湖沼钩虾为中间宿主；小多形棘头虫以蚤形钩虾、河虾和罗钩虾为中间宿主；腊肠状多形棘头虫以岸蟹为中间宿主；鸭细颈棘头虫以等足类的栉水虱为中间宿主。虫卵随患鸭的粪便排出，被中间宿主钩虾等吞吃后，经 50～60 天，在其体内发育为感染期幼虫（棘头囊），鸭吞食了含棘头囊的钩虾后，幼虫在鸭的消化道内逸出，经 27～30 天发育成成虫。感染多发于放养的鸭，尤其是 1 月龄以上的幼鸭，幼鸭发生大量感染后常引起死亡。临床上多见于放养麻鸭，而肉鸭很少发生。本病具有明显的季节性，主要发生于夏季的 7～8 月份。

2. 临床症状　棘头虫以吻钩牢固附着于肠黏膜上，引起卡他性肠炎；有时吻突埋入黏膜深部，穿过肠壁的浆膜层，在固着部位造成溢血和溃疡；甚至造成肠壁穿孔，并发腹膜炎。肠黏膜的损伤易造成病原菌的继发感染，引起化脓性炎症。患鸭表现为生长发育不良，精神不振，食欲减少，饮水增加，消瘦腹泻，常排出带有血黏液的粪便，逐渐衰竭死亡，幼龄鸭发病率高于成年鸭。病程一般 5～7 天。

3. 病理变化 病鸭剖检时，可以在肠道的浆膜面上看到肉芽组织增生的小结节。有大量橘红色的虫体聚集在肠壁上，固着部位出现不同程度的创伤和溃疡灶。肠道黏膜出血。

4. 防控措施

①幼鸭与成年鸭分开饲养。幼鸭和新引进的鸭群，应选择在未受污染的或没有中间宿主的池塘中饲养。加强饲养管理，给以充足的全价饲料。

②在发生过棘头虫病的鸭场，定期进行预防性驱虫。

③病鸭治疗可用左旋咪唑按每千克体重 8 毫克，配成 5% 溶液肌肉注射；二氯酚按每千克体重 500 毫克口服；四氯化碳按每千克体重 0.5 毫升，用小胶管灌服，具有良好的疗效。

五、鸭原虫病

1. 鸭球虫病 鸭球虫病是以侵害鸭的小肠而引起出血性肠炎的疾病，也是鸭常见的寄生虫病。本病对雏鸭危害严重，可引起大批发病和死亡，耐过的病鸭生长发育受限，增重缓慢，对养鸭业造成巨大的经济损失。

（1）病原及流行特点 鸭球虫属孢子纲、球虫目、艾美虫科。引起鸭致病的球虫种类较多，其中以毁灭泰泽球虫的致病力最强。

鸭球虫病只感染鸭，不感染其他禽类。各种年龄的鸭均可发生感染，2～3 周龄的雏鸭易感性最高，发生感染后常引起急性暴发，病死率一般为 20%～70%，最高可达 80% 以上。6 周龄以上的鸭感染后，通常不表现明显的症状，成年鸭感染多呈良性经过，成为带虫者和重要的传染源。鸭球虫病的发生往往是通过病鸭或带虫鸭的粪便所污染的饲料、饮水、土壤或用具引起传播的。发病季节与气温有密切的关系，以 7～9 月份发病率最高。

（2）临床症状 发生急性感染的 2～3 周龄的雏鸭，精神委顿，缩头垂翅，喜卧，食欲废绝，渴欲增加，腹泻，常排出暗红色或深红色血便，常于发病后 2～3 天死亡，能耐过的病鸭逐渐恢复食欲，但生长发育受阻，增重缓慢。

（3）病理变化 病死鸭剖检，可见病变的肠管增粗，肠道浆膜血管充血，小肠弥漫性出血性肠炎，肠道黏膜密布针尖大小的出血点；有的还可见红白相间的出血和坏死小点，肠道黏膜粗糙，黏膜上覆盖着一层糠麸样或奶酪状黏液，或有淡红色或深红色胶冻样血黏液。

（4）防控措施

①加强饲养管理，鸭舍经常清扫消毒，及时更换垫草，保持清洁干燥。

②不同日龄的鸭，应分开饲养。

③在流行季节，雏鸭群应用地克珠利、氨丙啉等抗球虫药，进行药物预防；而对于发生本病的鸭群，可选用地克珠利（杀球灵），按每千克饲料 1 毫克混饲，或用复方磺胺对甲氧嘧啶（球虫灵），按 0.2% 浓度混于饲料中，均有良好的疗效。

2. 鸭毛滴虫病 鸭毛滴虫病是由鸭毛滴虫寄生于消化道后段，引起鸭的一种原虫病。临床上以消化道发生障碍为主要特征，对鸭尤其是幼鸭具有很大的危害性。

（1）病原及流行特点 本病原为鸭毛滴虫，属于毛滴虫科、毛滴虫属。鸭毛滴虫呈卵圆形或梨形。虫体前端有 4 根游离的前鞭毛，起始于毛基体；另有 1 根后鞭毛。有 1 根细长的轴刺，常延伸至虫体的后缘以外；波动膜起始于虫体的前端，较短，终止于不到虫体的后端；细胞核位于虫体的前端；虫体不形成包囊，行纵的二分裂进行繁殖。

本病常发生于春秋季节，不同品种和日龄的鸭均可发生感染，以 2 月龄以内的幼鸭较为易感，成年鸭感染后往往不表现症状，成为带虫者。

患病鸭和带虫鸭是本病的主要传染源，随患病鸭或带虫鸭的粪便排出体外的鸭毛滴虫污染了周围的环境、饲料及饮水，健康鸭摄食或饮用了受污染的饲料和饮水而发生感染。此外，鸟类、鼠类和昆虫等也是本病重要的传播媒介。鸭群管理不善，饲养环境差等不良因素，均可促使本病的发生。

（2）临床症状　本病的潜伏期为3～15天，根据病程长短可分为急性和慢性两种病型。

急性型：常发生于2月龄以内的幼鸭，尤其是2～3周龄的雏鸭。患鸭精神委顿、食欲减退或废绝，腹泻，粪便呈浅黄色，常带有气泡和黏液；感染严重的排血便。通常日龄小的发病急，有的在出现症状2～3天即发生死亡，病死率可达60%左右。

慢性型：主要发生于2月龄以上的青年鸭或成年鸭。患鸭食欲不振、常腹泻、逐渐消瘦，严重者食欲废绝、精神委顿，常出现坏死性肠炎而死亡，病程约为7～10天；产蛋母鸭可出现输卵管炎，导致产蛋率下降。

（3）病理变化　病死鸭剖检可见，肠道黏膜呈卡他性炎症，肠道黏膜粗糙，有出血斑，严重的可出现坏死性肠炎，肠道黏膜增生、坏死；肝脏肿大、有坏死灶，有时可见心包积液，内有纤维素絮状物；腺胃黏膜出血；产蛋母鸭可见卵泡变形、变性，输卵管发炎、内有凝固性蛋白，或有已发生变质的蛋滞留在输卵管内。

（4）防控措施

①加强鸭群的饲养管理，注意鸭舍周围场地的清洁卫生，及时清除粪便，并进行堆集发酵处理，以保证饲料和饮水免受本病原的污染。

②成年鸭常是带虫者，必须与幼龄鸭分开饲养，以防止幼鸭发生感染。

③发生本病的鸭群，应选用抗原虫药物治疗，如甲硝唑按每千克饲料添加250毫克，连续使用7天，具有一定的疗效。

3. 鸭隐孢子虫病　鸭隐孢子虫病是由隐孢子虫寄生于鸭等禽类法氏囊、泄殖腔、呼吸道和消化道引起的一种寄生虫病，能引起鸭等禽类的呼吸道症状，并发生死亡。不同种类的家禽和野禽均可发生感染，其中以火鸡、鸡和鹌鹑的感染发病最为严重。水禽则以鸭感染最严重。对鸭产生危害的是贝氏隐孢子虫。

（1）病原及流行特点　贝氏隐孢子虫属于真球虫目、隐孢子虫科、隐孢子虫属。卵囊呈椭圆形或近球形，大小为 5～6.5 微米×4.5～5 微米。卵囊壁光滑，囊壁上有裂，无微孔、极粒和孢子囊。卵囊内有 4 个香蕉状孢子和一个残体，残体由 1 个折光体和一些颗粒组成。主要寄生于鸭和其他禽类的泄殖腔、法氏囊和呼吸道。

鸭贝氏隐孢子虫病流行最为广泛，在世界各地均有发生，我国许多省市也有鸭和其他家禽发生感染的报道。据有关资料介绍，北京地区的北京鸭感染率为 29%～64%；广州和佛山地区的平均感染率为 20%，上海地区的感染率为 58%。调查结果表明，饲养管理不善，鸭群饲养密度大、鸭舍通风不良以及环境卫生差的鸭场，隐孢子虫病的感染率明显增高。本病一年四季均可发生感染，但以温暖多雨季节发病率最高。

鸭贝氏隐孢子虫病的传染源是病鸭和带虫鸭，随鸭的粪便排出的卵囊污染了饮水和饲料，由于卵囊对外界环境抵抗力很强，在潮湿的环境下能存活数月，大多数消毒剂不能杀灭；污染的饮水和饲料可经健康鸭的消化道和呼吸道而引起感染。受感染的鸭等家禽出现剧烈的呼吸道症状并发生死亡。

隐孢子虫的发育过程与球虫相似，需经裂殖生殖、配子生殖和孢子生殖三个发育阶段。

（2）临床症状　本病的潜伏期为 3～5 天。发生感染的患病鸭咳嗽、打喷嚏、呼吸困难，出现呼吸啰音，精神沉郁，嗜睡，饮、食欲减退或废绝，腹泻，体重减轻，逐渐衰竭死亡。

（3）病理变化　剖检可见病死鸭结膜囊、鼻腔、气管有较多的黏性分泌物，结膜水肿、充血、鼻窦肿胀，肺呈灰红色斑状纹，气囊浑浊，肺泡萎缩，脾肿大。部分肠道黏膜苍白或充血，肠内充满大量气体和液体，泄殖腔黏膜肿胀，呈灰白色，腔上囊出血、萎缩。

（4）防控措施

①目前尚无有效的药物治疗隐孢子虫病。预防本病主要是加强饲养管理，注意环境卫生，提高机体的免疫力，以控制本病的发生。

②采用次氯酸、5%氨水消毒鸭舍和用具，可杀灭隐孢子虫卵囊。

③应用0.05%二甲硝咪唑饮水可获得一定的效果。

第三节　鸭代谢病和中毒病

一、营养代谢病

1. 维生素A缺乏症　维生素A对于鸭的正常生长发育和保持黏膜的完整性以及良好的视觉都具有重要的作用。鸭发生维生素A缺乏症多因饲料日粮中供给不足或机体吸收障碍所致。其主要特征为生长发育不良，器官黏膜损害，上皮角化不全，视觉障碍，种鸭的产蛋率、孵化率下降，胚胎畸形等。不同品种和日龄的鸭均可发生，但主要见于幼龄鸭。本病常发生于缺乏青饲料的冬季和早春季节，1周龄以内的雏鸭患病常与种鸭缺乏维生素A有关。

（1）病因

①鸭可以从植物性饲料中获得胡萝卜素（维生素A原，可在肝脏转化为维生素A），如长期饲喂谷物、糠麸、粕类等胡萝卜素含量少的饲料，极易引起维生素A缺乏。

②消化道及肝脏的疾病，影响鸭维生素A的消化吸收。由

于维生素 A 是脂溶性的物质，它的消化吸收必须在胆汁酸的参与下进行，肝胆疾病、肠道炎症（如球虫病、蠕虫病等），影响脂肪的消化，以致阻碍了维生素 A 的吸收。此外，肝脏的疾病也会影响胡萝卜素的转化及维生素 A 的贮存。

③饲料加工不当，贮存时间过久，以致影响饲料中维生素 A 的含量。如黄玉米贮存期超过 6 个月，约 60% 维生素 A 可被破坏。颗粒饲料加工过程中可使 β 胡萝卜素损失 32% 以上。

④饲料日粮中虽然添加包括维生素 A 在内的多种维生素，但因其制品存放时间过久而失效，或在夏季添加多维素拌料后，堆积时间过长，使饲料中的维生素 A 遇热氧化分解而遭破坏。

（2）临床症状　维生素 A 缺乏症的症状一般来说是渐进性的。当对产蛋母鸭饲喂的维生素 A 含量低的饲料日粮，而其后代又用缺乏维生素 A 的饲料日粮喂养时，则雏鸭于 1～2 周龄左右出现症状，可表现为厌食、生长停滞、羽毛蓬松、体质衰弱，步态不稳，有的甚至不能站立，喙和脚蹼颜色变淡，常流鼻涕、流泪，眼睑周围羽毛粘连、干燥形成干眼圈，有些雏鸭眼内流出黏性脓性分泌物，眼睑粘连或肿胀隆起，甚至失明，剥开可见白色干酪样渗出物。有的患病雏鸭角膜浑浊，视力模糊。病情严重的雏鸭可出现神经症状，运动失调。此外，患鸭易患消化道和呼吸道疾病。

成年鸭缺乏维生素 A 主要表现为产蛋率、受精率、孵化率降低，有时也可见眼、鼻的分泌物增多，黏膜脱落、坏死等症状。种蛋孵化初期死胚较多，出壳雏鸭体质虚弱，易患眼病和其他传染病。

（3）病理病化　剖检死胚可见畸形胚较多，胚皮下水肿，常见尿酸盐在肾及其他器官沉积。病死雏鸭剖检，可见消化道黏膜尤以咽部和食道出现灰白色坏死病灶，呼吸道黏膜及其腺体萎缩、变性，原有的上皮有一层角质化的复层鳞状上皮代替；眼睑粘连，内有干酪样渗出物；肾脏肿大呈灰白色，肾小管和输尿管有尿酸盐沉积；小脑肿胀，脑膜水肿，有微小出血点。

（4）防控措施

①合理搭配饲料日粮，尽可能供给充足的富含维生素A的青绿饲料，如胡萝卜、青苜蓿等。在青绿饲料不足的情况下必须保证添加足够的维生素A预混剂，每千克饲料中添加4 000国际单位维生素A可预防本病的发生。

②全价饲料中添加合成抗氧化剂，防止维生素A贮存期间氧化损失。

③改善饲料加工调制条件，尽可能缩短加热调制时间。

④对于发病的鸭可在日粮中添加富含维生素A或胡萝卜素的饲料，如鱼肝油及胡萝卜、三叶草等青绿饲料。成年鸭治疗本病时可用预防量的2~4倍，连用2周，同时饲料中还应添加其他种类的维生素。重症成年患鸭可投服浓缩鱼肝油丸，每天1粒，连用数天。幼龄鸭也可肌肉注射维生素A、维生素D注射液，大群治疗时可在每千克饲料中补充10 000国际单位维生素A。

2. 维生素D缺乏与钙、磷代谢障碍　维生素D的主要作用是参与机体的钙、磷代谢，促进钙、磷在肠道的吸收，同时还能增强全身的代谢过程，促进生长发育，是鸭体内不可缺少的营养物质。钙、磷是机体重要的常量元素，主要参与骨骼和蛋壳的构成，并具有维持体液酸碱平衡及神经肌肉的兴奋性、构成生物膜结构等功能。维生素D缺乏或钙、磷不足以及钙、磷比例失调都可造成骨质疏松，引起幼龄鸭的佝偻病或成年鸭的软骨症。本病是一种营养性骨病，不同日龄的鸭均可发生，但常见于1~6周龄的雏鸭，以及产蛋高峰期的母鸭。主要表现为生长发育停滞、骨骼变形、肢体无力、软脚或瘫痪。

（1）病因

①维生素D是一种脂溶性维生素，具有促进机体对钙、磷的吸收作用。由于鸭常用的饲料中（如谷物、油饼、糠麸等）维

生素 D 的含量很少，如果饲料中维生素 D 含量添加不足，在饲养环节中尤其是育雏期间，鸭缺乏阳光或紫外线照射，则容易产生维生素 D 缺乏，直接影响鸭机体对钙、磷的吸收，而导致本病的发生。

②饲料中添加维生素 A 与维生素 D 是颉颃的，当维生素 A 或胡萝卜素（维生素 A 前体）含量过多，可干扰和阻碍维生素 D 的吸收。

③由于肉用仔鸭生长发育快，对钙、磷的需求量大，一旦饲料中的钙、磷总量不足或比例失调、必然引起代谢的紊乱，导致本病的发生。维生素 D 缺乏或不足时即易发生。另外，长期饲喂单一饲料或酸败饲料的雏鸭也易发生本病。

④日粮中矿物质比例不合理或有其他影响钙、磷吸收的成分存在。如饲料中锰、锌、铁等含量过高，可抑制钙的吸收；饲料中含过多的脂肪酸和草酸也能抑制钙的吸收。此外，肝脏疾病以及由传染病、寄生虫病和霉菌毒素等引起的肠道炎症均可影响和干扰机体对钙、磷及维生素 D 的吸收。

（2）临床症状　患病雏鸭病初行走不稳，步态僵硬，喙和脚蹼趾爪变软，逐渐两腿软弱无力，支持不住身体，常以跗关节着地，呈蹲伏状，有的甚至不能蹲卧，两肢后伸或两肢呈劈叉状张开，严重者身体倒向一侧；采食受限，需拍动双翅移动身体；患鸭消瘦贫血，生长发育缓慢；若不及时治疗，常衰竭死亡。肉鸭常发生于 4~6 周龄生长迅速的阶段，发生原因多与腹泻、肠道炎症、吸收障碍有关。产蛋母鸭可见产蛋减少、蛋壳变薄易破，时而产软壳蛋或无壳蛋；患病母鸭腿部虚弱无力、步态异常，重者瘫痪，常双翅展开，不能站立，或欲行则扑翅向前，在产蛋高峰期或是在春季配种旺季易被公鸭踩伤。

（3）病理病化　病死幼鸭喙色淡、变软、易扭曲。剖检可见甲状旁腺增大，胸骨变软呈 S 状弯曲，飞节肿大、长骨变形、骨质变软，易折，骨髓腔增大；胸部肋骨与肋软骨的结合部间隙增宽，严重者其结合部可出现明显球形肿大，排列成"串珠"状。成年产蛋母鸭可见骨质疏松，胸骨变软，趾骨易折。种蛋孵化率显著降低，早期胚胎死亡增多，胚胎肢体弯曲，腿短，多数死胚皮下水肿，肾脏肿大。

（4）防控措施

①合理地配制鸭饲料中钙、磷的含量和比例，以确保钙、磷比例平衡。通常钙、磷比例为2：1，产蛋期的鸭为5～6：1。

②舍饲期间，注意鸭舍内保温，光照和通风良好，防止地面湿潮，饲养密度不宜过大。

③在阴雨季节和产蛋高峰阶段，要注意补加钙、磷和维生素D_3或给予如苜蓿等富含维生素D的青绿饲料。

④对于发生本病的鸭群应及时地在饲料中补充或调整钙、磷含量，补充维生素D，以保证饲料的营养全面。常用的营养物质有维生素A-D_3粉、鱼肝油、骨粉、磷酸氢钙、石粉、贝粉等，根据不同的日龄和营养需要，加以配制。如对幼龄鸭佝偻病的治疗，在调整饲料钙、磷的基础上，可一次饲喂15 000国际单位的维生素D_3，或浓鱼肝油2～3滴，每天1～2次，连续使用5～7天，或给予富含维生素D的青绿饲料，常有较好的疗效。病情严重的患鸭，可注射维丁胶钙制剂，同时，将病鸭赶出舍外，增加日光照射和适当运动。

3. 维生素E—硒缺乏综合征　维生素E及硒缺乏症又称白肌病，是一种以脑软化症、渗出性素质、肌营养不良和成年鸭繁殖障碍为特征的营养代谢性疾病。不同品种和日龄的鸭均可发生，但主要见于1～6周龄的幼龄鸭。患鸭发育不良，生长停滞，日龄小的雏鸭发病后常可引起死亡。

（1）病因

①饲料中含量不足。当配方不当、加工调制失误、饲料贮存时间长，发生霉变或酸败，饲料中不饱和脂肪酸过多等均可使维生素E受到破坏。若用上述饲料供鸭饲喂极易发生维生素E缺

乏，同时也会诱发硒缺乏。同样，饲料中缺硒也会影响维生素 E 的吸收，使机体对维生素 E 的需求量增加。

②饲料搭配不当。饲料中营养成分不全也会诱发和加重维生素 E—硒缺乏症，如饲料中蛋白质及某些必需氨基酸缺乏或矿物质（钴、锰、碘等元素）缺乏，以及维生素 A、维生素 B、维生素 C 缺乏等。

③环境污染。环境中镉、汞、铜、钼等金属与硒之间有颉颃作用，可干扰硒的吸收和利用。

（2）临床症状　根据临床表现和病理特征可分为脑软化症、渗出性素质、肌营养不良 3 种病型：

①脑软化症。主要见于 1 周龄以内的雏鸭，表现精神委顿，减食或不食，共济失调，头向后方或下方弯曲，有的瘫痪、麻痹，3～4 日龄雏鸭患病，常在 1～2 天内死亡。

②渗出性素质。主要发生于 2～6 周龄雏鸭，表现为食欲不振、拉稀、消瘦，喙尖和脚蹼常局部发紫，有时可见肉鸭翅下、胸腹下、腿部皮下水肿，水肿部位常呈紫红色或淡绿色，触摸时有波动感。

③肌营养不良。主要见于青年鸭或成年鸭，表现为生长发育不良，消瘦、减食，产蛋母鸭产蛋率下降，孵化率降低，胚胎发生早期死亡。种公鸭生殖器官发生退行性变化，睾丸萎缩、精子数减少或无精。

（3）病理变化　死于脑软化症的雏鸭可见脑颅骨较软，小脑发生软化肿胀，表面常见有出血点。渗出性素质病鸭剖检可见头颈部、胸部、腹下及腿部等皮下出现淡黄色或淡黄绿色胶冻样渗出性水肿；腺胃黏膜水肿；有时还可见胸腔或心包积液，心肌变性或出现条纹状坏死。肌营养不良患鸭主要病变在骨骼肌、心肌、胸肌和肌胃肌肉，病变部肌肉变性、色淡、呈煮肉样，尤其是胸肌、腿肌常出现灰白色条纹状肌纤维变性和凝固性坏死，心肌扩张变薄，心内膜常有出血点。

（4）防控措施

①对于发生本病的鸭群首先查找饲料及原料来源，在缺硒地区或饲喂缺硒饲料时，应加入含维生素 E 和硒的添加剂。

②禁喂霉变酸败的饲料，同时应加强饲料的保管，不要受热，贮存时间也不宜过长，防止饲料发生酸败。

③饲料中添加足量的维生素 E，每千克饲料中应含有 50～100 国际单位的维生素 E，连喂 10 余天。也可在用维生素 E 的同时使用硒制剂，按每千克饲料添加 0.1～0.15 毫克亚硒酸钠，或用 0.1％的亚硒酸钠饮水，5～7 天为一疗程，但同时应注意防止硒中毒。少数患鸭可用 0.005％亚硒酸钠生理盐水肌肉或皮下注射，雏鸭用 0.1～0.3 毫升，成年鸭用 1 毫升，同时喂 300 国际单位维生素 E。此外，植物油中含有丰富的维生素 E，若在饲料中加入 0.5％的植物油，也可达到治疗本病的效果。

4. 脂肪肝综合征　脂肪肝综合征又称为脂肝病，是由于鸭体内脂肪代谢障碍，大量脂肪沉积于肝脏，引起肝脏发生脂肪变性的一种内科疾病。本病多发生于冬季和早春季节，主要见于肥育期的仔鸭和营养良好的产蛋母鸭，其中以产蛋母鸭较为多见。

（1）病因

①长期饲喂高能量饲料，产蛋母鸭开产前尚未限饲，且饲料单一，饲料中缺乏胆碱、维生素 E、生物素、蛋氨酸等嗜脂因子，妨碍了中性脂肪合成磷脂的功能，造成大量脂肪在肝脏沉积而产生变性。

②某些传染病和某些霉菌及其毒素的存在，导致肝脏脂肪变性。

③缺乏运动或运动量不足，容易造成脂肪合成增加，以致脂肪在体内沉积。

（2）临床症状　本病的重要特点是多出现在肥育期的雏鸭群以及产蛋高的鸭群或产蛋高峰期，发生本病的鸭群通常体况良好，而突然发生死亡。产蛋鸭发病出现产蛋量明显下降，有的在产蛋过程中死亡；有的鸭由于在捕捉时惊吓死亡；死亡多因肝脏破裂引起的内出血所致。

（3）病理变化 剖检可见皮肤、肌肉苍白、贫血，皮下、腹腔和肠系膜均有大量脂肪沉积，肝脏肿大、呈黄褐色脂肪变性，肝脏质脆、易碎，表面有出血斑点，肝包膜常破裂；腹腔内有大量凝血块，或肝表面即肝包膜下覆有血凝块，常以一侧肝叶多见。

（4）防控措施

①合理调配饲料日粮，对于产蛋母鸭尤其是兼用型的高邮麻鸭应适当控制稻谷的饲喂量，并在饲料中添加多种维生素和微量元素，而对于肉鸭也应控制配合饲料的饲喂量，通常可预防本病的发生。

②消除诱发因素，禁喂霉变饲料，舍养的产蛋鸭，应增加户外活动。

③鸭产蛋前要实行限饲，以控制鸭的体重，开产后应提高1%～2%蛋白质，并加入一定量的麦麸（麦麸中含有控制脂肪代谢的必要因子）；此外，在饲料中增加一些富含亚油酸的脂肪物质，也可降低发病率。

④鸭群一旦发生脂肪肝综合征，应立即调整饲料配方，适当降低高能量饲料和高蛋白饲料的比例，并实行限饲，同时，在每千克饲料中添加 1 克氯化胆碱，维生素 E10 000 国际单位和维生素 B_{12} 12 毫克，以及肌醇 900～1 000 克，连续饲喂；或每只鸭喂服氯化胆碱 0.1～0.2 克，连服 10 天，这样病情会很快得到控制，死亡停止，产蛋鸭的产蛋量也可逐步恢复。

5. 痛风 痛风是由于鸭体内蛋白质代谢发生障碍所引起的一种营养代谢性疾病，其主要病理特征为关节或内脏器官及其间质组织蓄积大量的尿酸盐。本病多发生于缺乏青绿饲料的寒冬和早春季节。不同品种和日龄的鸭均可发生，但主要见于幼龄雏鸭。

（1）病因

①饲喂过量的富含核蛋白和嘌呤碱蛋白质的饲料。如大豆粉、豆饼、鱼粉以及菠菜、莴苣、甘蓝等。

②肾脏功能不全或机能障碍。幼龄鸭的肾脏功能不全，饲喂过量的蛋白质饲料，加重肾脏的负担，破坏肾脏功能，导致本病发生。而青年鸭或成年鸭发生的病例，多由于过量使用损害肾脏机能的抗菌药物（如氨基糖苷类药物和磺胺类药物等）。

③鸭舍阴冷潮湿缺乏光照，鸭群过分拥挤，饮水不足，饲料霉变，维生素 A 缺乏，矿物质配比不当，钙含量过高，以及各种疾病引起的肠道炎症等，都是诱发本病的重要因素。

（2）临床症状　根据尿酸盐沉积的部位，可分为内脏型痛风和关节型痛风。

内脏型痛风：本病型常见于 1～2 周龄的幼龄鸭，也可见于青年鸭或成年鸭。幼龄鸭患病后精神委顿、缩头垂翅，出现明显症状时常食欲废绝、两肢无力、消瘦衰弱、脱水，喙和脚蹼干燥，排石灰样或白色奶油样半黏稠状含有尿酸盐的粪便，常沾污在肛门周围的羽毛上，患病幼鸭常于发病后 1～2 天内死亡。青年鸭或成年鸭患病后，精神、食欲不振，病初口渴，继而食欲废退，形体瘦弱，行走无力，排稀白色或半黏稠状含有多量尿酸盐的粪便，逐渐衰竭死亡，病程 3～7 天。有时患病成年鸭在捕捉中也会突然死亡。

关节型痛风：本病型主要见于青年鸭或成年鸭，患鸭病肢关节肿大，触之较硬实，常跛行；有时见两肢的关节均出现肿胀，严重者不能行走，病程约为 7～10 天；有时也会出现混合型的病例。

（3）病理变化　死于本病的鸭，均可见皮肤、脚蹼干燥。内脏型痛风病例剖检可见内脏器官表面沉积大量的尿酸盐，犹如一层重霜；常见心包膜表面、肝脏表面、腺胃和肌胃浆膜，以及肠管浆膜沉积尿酸盐结晶，其中心包膜沉积最严重，心包膜增厚，常附着在有尿酸盐沉着的心肌上，与之发生粘连；成年鸭还可见脂肪表面有尿酸盐沉着，成年母鸭卵子表面及周围亦有尿酸盐结晶；严重的病例，在气囊膜表面和食道黏膜表面以及皮下疏松结缔组织也沉积大量的尿酸盐；肾脏常肿大，呈花斑样，肾小管内充满尿酸盐；输尿管扩张、变粗、内有尿酸盐结晶，有的甚至形成尿酸结石。关节型痛风病例，可见病变的关节肿大，关节腔内有多量黏稠的尿酸盐沉积物。

（4）防控措施

①改善饲养管理，严格掌握饲料营养标准，根据不同品种和年龄的鸭，科学合理地配制饲料，防止蛋白质供给过量；同时应提供足够的新鲜青绿饲料，补足维生素A，并给予充分的饮水。

②在平时预防用药时，慎用对肾脏有毒害作用的抗菌药物，不宜长期或过量使用。

③发病鸭群适量减少饲料中的蛋白质含量（尤其是动物性蛋白质），供给充足的新鲜青绿饲料和饮水，饲料中补充维生素A和维生素D，停止使用对肾脏有损害作用的药物，让鸭群充分运动。饲料和饮水中添加有利于尿酸盐排出的药物，如柠檬酸钾、碳酸氢钠，或复方中草药剂如甘草、车前草、茅根等，对缓解症状有益。病重的鸭可喂少量的鱼肝油。

二、中毒性疾病

1. 有机磷农药中毒 有机磷农药是一类毒性较强的杀虫剂，在农业生产和环境杀虫方面应用较为广泛。有机磷农药中毒是由于鸭接触、吸入有机磷农药或误食施过有机磷农药的蔬菜、牧草、农作物或被农药污染的饮水而发生中毒。有机磷农药种类较多，如敌百虫、敌敌畏、甲铵磷、马拉松、乐果等。鸭对有机磷农药较敏感，很容易发生中毒。发生中毒的鸭常呈急性经过，表现为流涎、腹泻、瞳孔缩小，抽搐等神经兴奋症状。主要见于放养鸭群。

（1）病因

①鸭误食喷洒有机磷农药的农作物、牧草或蔬菜。

②有机磷农药保管不当引起环境和饮水的污染。

③使用有机磷杀虫剂驱杀鸭体内外寄生虫时，用量过大或方法不当而引起中毒。

（2）临床症状　发生中毒的鸭常为急性发作，突然停食、精神不安、运动失调，流涎、腹泻、逐渐肢体麻痹，不能站立；瞳孔明显缩小，流泪，肌肉震颤，常频频摇头和做吞咽动作；继而呼吸困难，黏膜发绀，体温下降，最后倒地，两肢伸直抽搐，昏迷死亡；濒死前，瞳孔散大，口腔流出大量涎水。

（3）病理变化　死于本病的中毒鸭，剖检无明显特征性病变，有时可见肝脏肿大、淤血，肠道黏膜弥漫性出血、黏膜脱落，肌胃内有大蒜臭味。

（4）防控措施

①加强农药保管，防止鸭误食农药污染的稻谷；严禁给鸭饲喂或饮用含有机磷农药的饲料和蔬菜、牧草或被农药污染的水，禁止鸭到刚喷洒过农药或还有农药残留的草地、农田、菜地和沟塘中放牧。

②对于中毒的鸭应及时抢救，对症治疗，立即应用硫酸阿托品肌肉或皮下注射，成年鸭每只每次注射 0.5 毫克，过 15 分钟后再注射 0.3 毫克，以后每半小时口服阿托品 1 片（0.3 毫克），连服 2～3 次，并给予充足的饮水；与此同时应用胆碱酯酶复活剂——解磷定或氯磷定，成年鸭每只肌肉注射 1.2 毫升。

2. 有机氟农药中毒　有机氟农药是一种高效农药，鸭常因误食被有机氟农药污染的青草、蔬菜或饮水，以及误食有机氟化合物的灭鼠毒饵谷物，而发生中毒，鸭中毒后常发生死亡。

（1）病因　有机氟化合物是一种高效杀虫剂和灭鼠药。主要有氟乙酰胺（敌蚜胺，1081）和氟乙酸钠（1080），用于杀虫和灭鼠。氟乙酰胺毒性很强，鸭口服致死量为每千克体重 $10\sim30$ 毫克。毒物可经消化道，也可经呼吸道进入体内而发生中毒。鸭多因采食了被有机氟化合物污染的青草、蔬菜或饮水而中毒。也可因误食灭鼠的有毒饵料引起中毒。有机氟化合物经鸭消化道进入体内生成氟乙酸，在转变成更具有毒性的氟柠檬酸。氟柠檬酸抑制乌头酸梅，而使三羟酸循环中断，糖代谢中止，三磷酸腺苷（ATP）生成受阻，导致细胞呼吸严重障碍。以大脑和心血管系统受害最重。

（2）临床症状　中毒鸭倒地抽搐、呼吸困难、流涎、呈现中枢神经系统和循环系统异常的症状。

（3）病理变化　病死鸭无特征性病变，可见心内外膜有出血斑点，肝脏、肾脏肿大、充血，脑血管树枝状充血，脑实质轻度水肿。

（4）防控措施

①禁止鸭群到喷洒有机氟农药的地域放牧。

②对中毒鸭立即应用特效解毒药——解氟灵（乙酰胺），剂量为每千克体重 $0.1\sim0.3$ 克，以 0.5% 奴佛卡因稀释，分 $2\sim4$ 次肌肉注射，连续用药对于轻度中毒的鸭可使症状消失，或用乙二醇乙酸酯（醋精）100 毫升溶于 500 毫升水中口服，具有明显的解毒效果。

3. 喹乙醇中毒　喹乙醇又名快育灵，是一种化学合成的抗菌药和促生长剂，既有较强的抗菌和杀菌作用，又能促进蛋白质同化作用，具有提高饲料利用率，促进鸭机体生长的作用。以前曾广泛用于鸭的饲料添加剂和防制某些传染病，鸭对其均较敏感，超量使用易引起中毒，目前在我国喹乙醇已禁止用于家禽。

（1）病因　引起喹乙醇中毒的原因主要是使用不当，如用量过大，使用时间过长，或因混于饲料中搅拌不匀，或为图方便，以喹乙醇饮水投药，部分药物沉积水底导致部分鸭中毒。此外，同时使用几种含有喹乙醇成分的药物（特别是某些中西复方制剂），或与含喹乙醇的饲料同用，也极易造成重复用药而中毒。

（2）临床症状　鸭喹乙醇中毒时，病初精神沉郁，食欲减少或不食，体温正常，翅膀下垂，行走摇摆或伏卧，严重时瘫痪在地不能起立，直至衰竭而死。慢性中毒的鸭则食欲减退，发育受阻、消瘦，羽毛蓬松，不愿走动或瘫痪。上喙出现水泡，泡液浑浊，而后破裂、脱皮、干涸、龟裂。喙上短下长，眼单侧或双侧失明。

（3）病理变化　剖检可见中毒的病死鸭口腔有黏液，血液凝固不良，呈暗红色；胸部及腿部肌肉有紫红色出血斑；心包积液、心肌出血；肺淤血、水肿；肝脏肿大、淤血，质地脆弱易碎；肾脏肿大、出血；腺胃和肌胃浆膜有出血点或出血斑；肠道黏膜弥漫性出血，尤以十二指肠为甚；盲肠扁桃体肿大、出血；成年母鸭还可见卵泡严重出血，呈紫葡萄状。

（4）防控措施　鸭在使用喹乙醇时，应严格按照规定剂量，不能任意增加。若用喹乙醇防制细菌性疾病掺入饲料用药时，要搅拌均匀；每千克饲料不能超过35毫克，连续使用时间也不能超过1周。

目前本病无特殊解毒药物。发生中毒后应立即停喂可疑的饲料、饮水或药物，以5%葡萄糖溶液、维生素C或电解质多维素等，连饮3～5天；可以使本病得到缓解。

4. 磺胺类药物中毒　磺胺类药物是防制鸭细菌性疾病和某些寄生虫病的一类最常用的化学合成药物，由于其种类多，抗菌谱广，性质稳定，价格低廉，在养鸭生产中被广泛使用。但如果用药不当或过量，常可引起鸭磺胺类药物中毒，严重者甚至死亡。

（1）病因

①用量过大或使用时间过长，拌料不均匀是引起中毒的主要原因。

②鸭肝、肾功能不全或有疾患，磺胺类药物在鸭体内代谢缓

慢，不易排泄，造成药物在体内的蓄积，而导致中毒。

（2）临床症状　发生中毒的鸭，精神委顿，缩头闭眼，有的歪头缩颈、不能站立；厌食、渴欲增强；大便稀，排出的粪便中常带有多量尿酸盐；中毒严重的可出现呕吐，排出的稀粪呈暗红色；有的在濒死前倒地抽搐，出现神经症状。患病成年母鸭的产蛋率下降，常出现软壳蛋、薄壳蛋。

（3）病理变化　死于磺胺类药物中毒的鸭，剖检可见皮肤、肌肉有出血斑点，血液凝固不良；肝脏肿大、质地较脆，有出血点；肾脏肿大，颜色变淡，呈花斑样，肾小管内充满尿酸盐，输尿管变粗，亦充满白色尿酸盐；中毒严重的病例，肾脏肿大、出血，腹腔内有大量凝固的暗红色血液；有时还可见关节囊腔中有少量尿酸盐沉积。

（4）防控措施

①严格掌握和控制各种磺胺药物的安全剂量和用药期间，应按不同的磺胺药物的规定剂量使用，同类异名的磺胺药不能同时使用，连续用药不能超过 1 周。为减少对肾脏的损害，在使用时，建议与碳酸氢钠合用，同时在用药期间，必须供给充足的饮水。

②2 周龄以下的鸭和产蛋母鸭以及肝、肾有疾患的体质瘦弱的鸭应尽量避免使用或慎用。

③对于发生中毒的鸭，应立即停药或更换含药饲料，供给充足饮水。并在饮水中加入 1‰碳酸氢钠和 5%葡萄糖溶液，连饮3～4 天。也可在每千克饲料中加入 5 毫克维生素 K。中毒严重的鸭可肌注维生素 B_{12}1～2 毫克或叶酸 50～100 毫克。

5. 食盐中毒　食盐是鸭必需的营养物质，在生产实践中喂给鸭适当的食盐，具有增加食欲，促进消化，增强体质的功效。但鸭如果摄入过多，尤其是在饮水不足的情况下，则会引起中毒。出现中毒的鸭，常以神经症状和消化紊乱为特征，不同品种和日龄的鸭均可发生食盐中毒，以幼鸭较为多见。

(1) 病因 饲料中食盐添加含量过高，或添加后拌料不均匀，或大量饲喂，或误加含盐量高的鱼粉、腌制食品卤汁等，或在沿海、盐湖周围放牧，同时饮水不足，均可造成鸭中毒。正常情况下，鸭饲料中食盐添加量为 0.25%～0.5%。雏鸭对食盐尤为敏感，当雏鸭饮服 0.54% 的食盐水时，即可造成死亡；饮水中食盐浓度超过 0.9% 时，5 天内死亡 100%。如果饲料中添加5%～10% 食盐，即可引起中毒；饮水不足，常常是食盐中毒的重要条件。此外，饲料中缺乏维生素 E、钙、镁及含硫氨基酸时，可增加食盐中毒的敏感性。

(2) 临床症状 发生中毒的鸭，精神沉郁，缩头闭眼，食欲废绝，但饮欲异常增强，饮水量剧增，有的患鸭饮水时身体麻痹，跌入水池；口、鼻流黏液，常排出水样或带有泡沫的稀薄粪便；肌肉震颤，行走困难，以至两肢麻痹，不能站立，双翅常下垂，有时出现运动失调，倒地后头向后仰，两肢伸直，呈阵发性痉挛抽搐，逐渐衰竭，呼吸困难，最后扑翅抽搐死亡。雏鸭还表现不断鸣叫，盲目冲撞，头向后仰或仰卧后两肢泳动，头颈弯曲，不断挣扎，很快死亡。鸭的日龄越小对食盐越敏感，死亡率也越高。

(3) 病理变化 急性中毒死亡的鸭可见皮下组织水肿，颅骨淤血，脑膜表面有出血斑；脑血管扩张充血，脑水肿，脑实质有散在出血斑点和坏死病灶；食道及腺胃黏膜充血、出血，肌胃角质膜脱落，内容物呈褐黑色；肠管浆膜充血，肠道黏膜弥漫性充血、出血；胰腺轻度肿大、充血；肝脏肿大、有出血斑；肾脏略肿，充血。病程稍长的还可见心包积液，心外膜出血，肺郁血、水肿，腹水增多，肾脏和输尿管有尿酸盐沉积。

(4) 防控措施

①严格控制饲料中的食盐添加量，如果饲料中配有鱼粉等含食盐的产品，在添加时应扣除其食盐含量，对于舍养的鸭，应给予充足饮水。

②目前尚无特效解毒剂，对初期和轻度中毒病鸭，可采用排钠利尿对症治疗。对于发生中毒的鸭群应立即停喂含食盐的饲料和饮水。同时，给予5％葡萄糖溶液或5％白糖水饮用。但忌暴饮，可采取多次、少量、间断的方式饮水，以免一次性饮水过量而导致严重水肿。此外，可在饲料中添加适量的利尿剂，双氢克尿塞，可促进氯化钠的排泄。

6. 黄曲霉毒素中毒　黄曲霉毒素是由黄曲霉菌在代谢过程中产生的一种有毒物质，具有较强的致病作用。黄曲霉毒素中毒是由于鸭采食了含有黄曲霉毒素的饲料引起的霉菌中毒病。其主要特征为消化机能障碍，全身浆膜出血，肝脏受损以及出现神经症状。发生中毒的鸭呈急性、亚急性或慢性经过。不同日龄的鸭均可致病，尤其是2～6周龄的幼鸭易感性最高。

（1）病因　引起本病的致病因子是黄曲霉毒素。黄曲霉毒素是由黄曲霉、寄生曲霉等产生的有毒代谢物，由于黄曲霉等广泛分布于自然界，给鸭饲喂受黄曲霉污染的花生、玉米、小麦、豆类、棉籽等作物及其副产品，就会产生中毒。黄曲霉产生的毒素有20多种，其中黄曲霉 B_1 毒素的毒力最强，对人和各种动物都有剧烈的毒性，主要损害肝脏，如果长期饲喂受黄曲霉污染的饲料常能诱发肝癌。

（2）临床症状　1周龄的雏鸭对黄曲霉毒素最敏感，常为急性中毒，表现为食欲减退或废绝、缩头闭眼、精神委顿、叫声嘶哑、步态不稳、衰弱无力、羽毛脱落、生长缓慢、常见跛行、腿部和脚蹼出现紫色出血斑点、排绿色稀粪。死前常见有共济失调、抽搐、角弓反张等神经症状，死亡率可达100％。成年鸭耐受性稍强，常呈亚急性或慢性经过，精神、食欲不振，腹泻、消瘦、贫血、衰弱、产蛋率下降，病程较长者，可致发肝癌。

（3）病理变化　病死雏鸭剖检可见胸部皮下和肌肉有出血斑点，特征性病变主要在肝脏。急性中毒的常见肝脏肿大，色泽变淡呈淡黄色或棕黄色，质地变硬，有出血斑点；胆囊扩张充盈，肾脏苍白、肿大或有点状出血；胰腺也有出血点。慢性中毒的鸭（大多为成年鸭），可见肝脏硬化萎缩，见有白色小点状或结节状的增生病灶，病程长的可见肝癌结节，肾脏肿胀、出血，心包和腹腔常有积液。

（4）防控措施

①加强饲料保管，注意通风干燥，尤其是多雨季节，更要防止饲料潮湿霉变。对质量较差的饲料可添加0.1%的苯甲酸钠等防霉剂。

②严禁饲喂霉变饲料，特别是霉变的玉米。

③饲料仓库如被黄曲霉毒素污染，应用福尔马林加高锰酸钾熏蒸消毒或用过氧乙酸喷雾消灭霉菌孢子；对被污染的用具、鸭舍、地面可用20%石灰水或2%的漂白粉消毒。

④中毒死鸭和病鸭的粪便也含有毒素，应彻底清除集中，用漂白粉处理，以防止污染水源和饲料。

⑤目前鸭黄曲霉毒素中毒尚无特效药物治疗，重在预防。鸭群一旦发生中毒，应立即更换饲料；对早期发现的中毒鸭可投服硫酸镁、人工盐等盐类泻药，同时供给充足的青绿饲料和维生素A、维生素D，也可用5%葡萄糖加0.1%维生素C饮水；或者灌服绿豆汤、甘草水、高锰酸钾水溶液，可缓解中毒。

三、其他杂症

1. 异食癖　异食癖又称恶食癖，是鸭的一种极不正常的啄食行为，其主要表现为鸭之间互相啄食，致使被啄鸭致伤、致死、降低胴体质量或将刚产出的蛋吃掉。异食癖不是一个独立的疾病而是由于营养代谢疾病、味觉异常和饲养管理不当等诸多因素引起的一种非常复杂的多种疾病的综合征。鸭常见的异食癖形式有啄羽、啄肛、食蛋及异嗜等，不同日龄的鸭均可发生本病，但主要见于舍养的幼鸭和产蛋母鸭。尤其在条件较差的鸭场多发。

（1）病因

①饲料日粮中蛋白质或某些氨基酸（如蛋氨酸、胱氨酸）缺少或不足，或是由于某些矿物质、维生素缺乏以及食盐添加不足，均可引起鸭发生异食癖。

②鸭舍饲养密度过大，鸭群拥挤，影响采食、饮水，造成营养不足，产生异食，或是饲料中粗纤维过少，容易使鸭产生饥饿感而导致异食癖。

③鸭舍光照过强，以及照射时间过长，引起异食癖。

④体外寄生虫的侵袭及刺激，皮肤产生外伤，以及输卵管及泄殖腔脱垂等而诱发异食癖。

（2）临床症状　啄羽癖：又称啄羽症，是鸭最常见的一种异食癖。尤其是幼鸭开始生长新羽毛和青年鸭换羽时最易发生；产蛋鸭在换羽期和高产期也易发生。啄羽癖主要表现为自啄羽毛或互相啄食羽毛，其头部羽毛、背部羽毛、尾部羽毛以及肛门周围羽毛常常被啄；有的背部羽毛几乎被啄光，裸露的皮肤充血发红；幼龄雏鸭皮肤常被啄破，皮肤损伤、出血、结痂。啄羽癖在不同的季节中均有发生，但放养鸭群在缺乏青绿饲料的冬季和早春季节较为多见。

啄肛癖：在雏鸭和产蛋鸭特别是初产蛋鸭中最为多发。鸭群中一旦发生啄肛，即出现啄破出血或引起脱肛，其他鸭见后一拥而上，群起而啄之，常将肛门周围及泄殖腔啄得血肉模糊，直至将直肠、输卵管等器官啄断出血致死。

食蛋癖：多发生在产蛋旺盛的春季，主要表现为将产出的蛋互相啄食或自产自啄食，直至把蛋吃掉。

异嗜癖：多见于青年鸭或成年鸭，表现为不吃正常饲喂的饲料，而去采食不应吃的异物，如啄食墙面上的石灰渣、地面水泥、碎砖瓦砾、陶瓷碎块、垫草等，吞食被粪尿污染的羽毛、木屑等，有时因食破布、头发和麻、线等，还可引起肌胃、肠管机械性堵塞。患病鸭常见消化不良、羽毛无光、机体消瘦等病状。

（3）病理变化　被啄致死鸭剖检，内脏器官大多无明显肉眼病变，死于啄肛的鸭可见直肠或输卵管被撕断，断端周围有出血凝块。

（4）防控措施

①预防本病应改进饲养管理条件，合理安排光照的时间和强度，调整鸭舍内的饲养密度、温度、湿度、通风，注意检查饲料中的营养成分与含量，避免饲喂单一饲料，补充蛋白质、矿物质与维生素，定时饲喂，产蛋旺期，产蛋箱要充足，放蛋箱的地方要比较僻静，光线要暗，平时要及时拣蛋。患有体表寄生虫时应及时采取有效措施进行治疗。

②发生异食癖时，应及时调整鸭群饲养密度，并在饲料中添加止啄灵等药物。对于啄羽癖鸭每只每天补饲5～10克的羽毛粉，或每只每天用生石膏粉3～5克或按日粮的0.2%加入蛋氨酸，或在日粮中加入1%硫酸钠，连喂5天，啄羽现象可消失。对于发生啄肛癖的鸭可在谷物饲料中添加2%的食盐，并保证充足的饮水，连续使用2～3天，注意避免中毒，不能长期饲喂。啄肛较严重时，可将鸭舍门窗遮黑并换上红灯泡，使鸭舍内所见一切均为红色，此时肛门黏膜的红色就显不出来，待"啄肛癖"平息后再恢复正常饲养。对于被啄的鸭，要单独饲养，待伤好后再放回大群。对已被啄伤、啄破的地方，要涂上紫药水防止感染，但千万不能涂红药水，因为其他鸭见到红色，会啄得更厉害。而对于食蛋癖的鸭，可在饲料中添加贝壳粉或骨粉以及磷酸氢钙等。

2. 皮下气肿　皮下气肿是幼龄鸭由于气囊破裂致使大量空气窜入皮下，引起皮下臌气的一种疾病。本病主要发生于1～2周龄的雏鸭，常见颈部皮下发生气肿，因此俗称为"气嗉子"或"气脖子"。

（1）病因

①本病的发生多由于管理不当，拥挤，饲养密度大或粗暴捕捉，致使幼鸭颈部气囊或锁骨下气囊及腹部气囊破裂。

②尖锐异物刺破幼鸭气囊，或因幼鸭肱骨、鸟喙骨和胸骨等有气腔的骨骼发生骨折，均可使气体积聚于皮下，产生病理状态的皮下气肿。

③幼龄鸭呼吸道的先天性缺陷，也可使气体溢于皮下，产生气肿。

（2）临床症状　患病幼鸭颈部气囊破裂，可见颈部羽毛逆立，轻者气肿仅局限于颈的基部，严重的病例可延伸到颈的上部，以至于头部皮下，并且在口腔的舌系带下部也出现臌气泡，如果颈部的气体继续蔓延至胸部皮下或是腹部气囊破裂，可见胸腹围增大，两翅内侧部膨胀，触诊时皮肤紧张，叩诊呈鼓音。患病幼鸭表现为精神沉郁，翅膀下垂，呆立，行动不便；有的两肢外展，跗关节着地，采食受限；若不及时治疗，气肿继续增大，病雏鸭呼吸困难，站立不稳，常呈犬坐姿势，或倒地后不能自行起立，饮、食欲废绝，逐渐衰竭死亡。

（3）病理变化　死于本病的幼鸭，剖检内脏器官无特征性病变，仅见气肿的皮下充满气体。

（4）防控措施

①加强管理，创造良好的饲养环境，密度适宜，以避免幼鸭拥挤、碰撞或摔伤，在免疫或转群捕捉时，切忌粗暴，摔碰，防止损伤气囊。

②对于发生皮下气肿的幼鸭，最好用烧红的烙铁或较粗针头刺破膨胀部皮肤，将气体放出，因烧烙的伤口暂时不易愈合，气体可随时排出，缓解症状，继而逐渐痊愈；也可用注射器抽取积气，需要反复多次方可奏效。但应当注意的是，对于骨折或呼吸道先天性缺陷所引起的皮下气肿则无治疗价值，应及时淘汰处理。

3. 鸭感光过敏症　鸭感光过敏症是由于鸭采食含光过敏物质的饲料或饲草，鸭体某部位对一定波长的阳光照射敏感而产生的一种过敏性疾病。发生本病的鸭以无毛部位的上喙、脚蹼出现水泡和炎症为主要病理特征。不同种类和日龄的水禽均可发生感光过敏，就鸭而言，主要见于白羽肉鸭（樱桃谷鸭、北京鸭），尤其是3～8周龄的幼鸭较为多见，危害也最大。本病的病死率虽然不高，但患病鸭常因上喙变形、采食不足，而影响生长发育，常造成很大的经济损失。

（1）病因　发生本病的白羽肉鸭多因采食灰灰菜、野胡萝卜、大阿米草、多年生黑麦草、大软骨草草籽、川芎的根块等含有光敏原性植物致病。此外，据有关资料表明，家鸭服用过量的喹乙醇药物也有可能诱发本病。

（2）临床症状　发生本病的患鸭病初体温正常，后期体温偏高。主要表现为精神委顿、食欲不振，眼角有黏性或脓性分泌物，上喙失去原有的光泽和颜色，局部发红，形成红斑，1～2天后患部表皮皱起，日龄小的患病雏鸭上喙角质层表皮开始脱落，角质下层留有出血斑点；日龄偏大的患鸭局部红斑通常发展成黄豆至蚕豆大的水泡，水泡液呈半透明淡黄色并混有纤维素样物，数天后上喙水泡破裂形成棕黄色结痂，痂皮脱落后留有暗红色出血斑，上喙缩短变形弯曲，严重的向上扭转，舌尖部外露，发生坏死并影响采食；同时，患鸭脚蹼皮肤上也出现水泡，水泡破裂后结痂，痂皮脱落后留下红色的糜烂面。

（3）病理变化　剖检患病的肉鸭，主要见于上喙和脚蹼上的弥漫性炎症，结痂坏死以及变色或变形。有时可见舌尖部坏死，肝脏有散在的坏死点，十二指肠呈卡他性炎症。

（4）防控措施

①在选购饲料时，不应混有含光敏原性植物的草籽，禁止饲喂含光敏原感性植物的饲料，避免喹乙醇中毒，不要让鸭群尤其是白羽肉鸭群，过度接触强烈的阳光。

②本病无特效疗法，一旦鸭群发病，应立即停止放牧，避光饲养，或停喂含光敏原性植物的饲料。对病鸭对症治疗，患部用龙胆紫或碘甘油涂搽，同时合理调配饲料营养物质，加强饲养管理，提高机体抵抗力。此外，患病鸭群可试用抗组胺类药物及肾上腺皮质激素治疗。

4. 鸭淀粉样变性病 鸭淀粉样变性病又名"鸭大肝病"，是一种不明病因的慢性疾病。常因淀粉样物质在内脏器官中广泛沉着而导致鸭发病死亡，发病率通常为 $5\%\sim10\%$，最高可达 30% 以上，对养鸭生产构成了威胁。

（1）病因 一般认为鸭淀粉样变性病与年龄、遗传特性、饲养管理、饲养环境以及鸭体的适应性等因素有关；也有学者认为慢性炎症与大肠杆菌毒素的作用有关；但到目前为止，其病因还尚未有确切的解释。

（2）临床症状 本病见于成年鸭，主要是产蛋母鸭，而公鸭则罕见。患鸭病初无明显临床表现，后病鸭精神沉郁，喜卧，不愿活动或行动缓慢，但食欲尚无明显减退，少数病鸭腿部肿胀，出现跛行，病鸭不愿下水，常见腹部膨大、下坠，腹部触诊有腹水的波动感，有时也可触及质地较硬且肿大的肝脏，发病严重的呈企鹅样站立。

（3）病理变化 大部分病例一般发育正常。腹部膨大的病死鸭可见腹腔内充满腹水，多数呈透明浅黄色，少数为水样腹水。部分病例卵膜充血、出血，有的卵子破裂、变形、变性，呈卵黄性腹膜炎，严重者肠环发生粘连，肝脏较正常鸭肿大 $1\sim3$ 倍，呈灰黄色、棕黄色或黄绿色，质地坚硬、切面致密、脾脏正常或肿大、淤血。少数病例呈纤维素性心包炎、气囊炎、肝周炎。

（4）防控措施 由于病因尚未查明，目前尚无有效的防治方法。

5. 中暑 中暑是日射病和热射病的统称，是鸭在炎热的夏季常发生的一种疾病，可呈大群发生，尤其以雏鸭最为常见。

（1）病因　天气炎热、湿度大的多雨季节，鸭群由于长时间放牧暴晒于烈日之下或在被晒热的浅水中，或行走在灼热的地面上，容易发生日射病。当鸭舍闷热，通风不良，鸭群密度过大，饮水不足，或将鸭群长时间饲养在高温的环境之中，容易发生热射病。雷雨季节，天气变化较大，鸭群在烈日直射下放牧时，突遇下雨被雨水淋湿后，又立即赶进鸭舍，也会引起中暑。

（2）临床症状　患日射病的鸭主要以神经症状为主，病鸭烦躁不安，颤抖、痉挛、昏迷，体温上升，可视黏膜发红，能够引起大批死亡。患热射病的鸭则表现呼吸急促，张口伸颈喘气，翅膀张开下垂，口渴，体温升高，颤抖，痉挛倒地，最后昏迷死亡。

（3）剖检病变　发生本病死亡的鸭剖检时可发觉体腔内温度高热灼手、心包积液、心外膜出血，肺淤血、水肿，肝脏肿大，呈斑状出血，脑血管充血、脑出血、水肿，有时可见头颈部皮下水肿，头颅骨淤血，此外，皮下、体腔及其他多个器官、组织，尤其是脂肪组织见有点状出血。

（4）防控措施

①夏天放牧鸭群应早出晚归，避免中午放牧，应选择凉爽的草地放牧。鸭舍要通风良好，鸭群饲养密度不能过大，运动场要有树荫或搭盖遮阳的凉棚，并且要供给充足、清洁的饮水。酷热季节适当给鸭群提供一些清热解毒、防暑凉血的中草药剂，还可适当投喂维生素 C（0.1％拌料），可以有效预防中暑的发生。

②鸭发生中暑时，应立即进行急救，将鸭赶入水中降温，或赶到阴凉的地方休息，并供给清凉饮水。或用自来水冲浇头部，然后喂服红糖水解暑，很快会恢复正常。

第十一章

蛋鸭产品加工与质量控制

畜产品质量安全问题是当今人们关注的重大问题，产品加工、运输、销售过程是保证畜产品质量安全的重要环节，因此要尽可能排除产品加工安全隐患，严把产品质量关，做好质量监测，确保产品质量安全。

第一节　鸭蛋制品加工与质量控制

鸭蛋的营养十分丰富。鸭蛋蛋白约占总重量的 50%，蛋黄约占 34.36%。据研究测定，鸭蛋的化学成分为：水分约占 73.3%，脂肪约占 13.2%，碳水化合物约占 1.1%。鸭蛋中还含有人体必需的一些矿物质和维生素。同鸡蛋相比，鸭蛋含有较高的脂肪和维生素 A（表 11-1）。

表 11-1　鸭蛋、鸡蛋的营养成分

营养成分	水分(%)	蛋白质(%)	脂肪(%)	灰分(%)	能量(千焦)	矿物质（毫克）				维生素（毫克）		
						钙	钠	磷	铁	A	B$_1$	B$_2$
鸭蛋	73.3	12.6	13	1.0	753	62	106	226	2.9	261	0.17	0.35
鸡蛋	75.0	13.3	8.8	1.0	602	56	131.5	130	2.0	234	0.11	0.27

鸭蛋中含有多种蛋白质，最多和最主要的是蛋白中的卵白蛋白和蛋黄中的卵黄磷蛋白。蛋白质中富有人体所需的必需氨基酸，易于人体的消化吸收；鸭蛋中的脂肪绝大部分集中在蛋黄内，含有许多不饱和脂肪酸，比如磷脂，其中有一半是卵磷脂，

这些成分有利于发挥人脑组织和神经组织的功能与发育。蛋黄中还含有丰富的维生素 A、核黄素、硫胺素等维生素以及铁、磷、钙等矿物质；蛋白中含有尼克酸，这些都是人体所必需的，且容易被人体所吸收。

一、鸭蛋的质检

在鸭蛋加工前，必须对蛋的质量进行检验，以确保原料蛋的新鲜及品质的优良。鸭蛋的质检方法主要有感官检验法、透视检验法和体积、质量检验法等。

1. 感官检验法

眼观：观察鸭蛋的外表。如果鸭蛋蛋壳清洁完整、色泽鲜明且有光泽、较粗糙、附有色泽鲜亮的洁白的粉末状物质，则是新鲜蛋；如果蛋壳乌灰发暗无光泽则为陈蛋。检验时必须剔除破损、渍迹、发霉、有黑斑、花皮、皱皮、畸形、脏蛋、陈蛋等不适合贮藏和加工的劣质蛋。

手感：把鸭蛋放在手掌上掂量感觉蛋的重量，用手轻轻晃动鸭蛋。一般新鲜蛋感觉较重，蛋内无动荡感；而陈蛋则感觉较轻，摇晃时有动荡的感觉。

耳听：将2~3个鸭蛋放在手掌中，轻轻转动手指，使蛋在手中转动，相互轻微撞击，蛋内无声响，且敲蛋时发出清脆声，则为新鲜蛋。用手指轻轻敲击蛋壳，先敲腰身，旋转轮敲，处处敲到，或用两只蛋相互轻轻碰撞，发出空响音，摇动时发出响声，即为陈蛋。敲蛋时有发哑的声音，则说明蛋壳有裂缝。

鼻嗅：新鲜鸭蛋有一种特有的鲜蛋的腥气味，陈蛋则可能有腐败臭味、霉味等。

2. 透视检验法 采用灯光或阳光对鸭蛋做透视检查，观察蛋内部情况，判断蛋的新鲜程度和品质。此方法简单易行，设备简单，速度较快，结果准确，又不影响蛋的质量，所以应用很广。

用厚纸板卷成一端粗一端略细的纸筒，将鸭蛋放在纸筒的粗端，迎着阳光观察。也可制备一个不带底的木箱或纸箱，在箱上开一小孔，孔径略小于鸭蛋，内部装电灯（注意安全），使灯光从小孔射出，透视鸭蛋，检查蛋内情况。

在光线透视下，新鲜鸭蛋气室比较小，蛋壳无裂纹，蛋白浓厚、清亮透明，蛋黄呈朦胧粉红色阴影状，位于中心，圆整，蛋黄两侧有白色条状物——系带，蛋白清晰无杂色，没有斑块或斑点；陈蛋则气室较大，系带和蛋黄膜松弛，透光性较差，蛋黄呈明显暗影，蛋白澄清，色泽较暗或有斑点。腐败蛋不透光，蛋黄和蛋白混为一体。各种变质蛋和劣质蛋在透视下的特征见表 11-2。

表 11-2　变质蛋、劣质蛋在透视下的特征

种　类	特　征
陈　蛋	气室较大，系带和蛋黄膜松弛，透光性差，蛋黄呈明显暗影，蛋白色泽暗或有斑点，稀薄
霉　蛋	壳内膜有黑色小斑点，如洒了一层芝麻
腐败蛋	不透光，蛋黄与蛋白混为一体，无法分清
散黄蛋	蛋体呈雾状或暗红色，蛋黄不完整，形状不规则或松散，因膨胀而面积增大
粘壳蛋	气室较大，粘壳处蛋黄清晰可见，呈红色，转动时有波动
热伤蛋	气室较大，蛋白澄清而稀薄，蛋黄呈黄红色，色泽不均一，胚珠扩大，中间高，周围有黑斑
血圈蛋	蛋黄部位呈现小血圈
血丝蛋	蛋黄呈现网状血丝，蛋白稀薄

3. 体积质量检验法　鸭蛋在存放过程中，由于水分蒸发而使蛋重减轻，存放时间越长，水分蒸发越多，也就越不新鲜。体积质量检验法就是根据鸭蛋体积质量的大小来检验蛋的新鲜程度。可用氯化钠配成体积质量分别为 1.060（8% 的食盐溶液）、

1.073（10%的食盐溶液）、1.080（11%的食盐溶液）等不同体积质量的食盐溶液，然后把待检的鸭蛋放入各浓度的食盐溶液中，用体积质量计测定它们的体积质量。标准状况下，鲜蛋的体积质量大于陈蛋，应该不低于1.06，小于1.06的为陈蛋或劣质蛋。

二、皮蛋的加工

皮蛋的品种很多，主要分硬心皮蛋和溏心皮蛋两大类。硬心皮蛋因成品蛋黄全部凝固、稍硬而得名。相传首先在江苏太湖流域一带生产，所以又称湖彩蛋。这种皮蛋是把调制好的料泥直接包在蛋壳上加工而成，故又叫生包蛋、鲜制蛋。在清朝中叶，湖彩蛋的加工方法传到了河北通县张辛庄，此地有一程姓商人在硬心皮蛋的配料基础上改动配方，并改生包法为料液浸泡法，加工出的成品蛋黄中心有形似饴糖状的软心，故得名溏心皮蛋，也叫京彩蛋。近年来我国开发了一些皮蛋新品种，如无铅皮蛋、涂膜皮蛋、滚灰皮蛋、工艺彩蛋等。

1. 原料蛋和辅料的选择

（1）原料蛋的选择　加工皮蛋的原料蛋，其质量好坏直接关系到皮蛋的质量，所以在加工皮蛋前必须逐个进行认真地挑选。挑选的方法一般包括感官鉴定、照蛋、敲蛋和分级。做到当天照蛋、敲蛋、分级，当天加工，以保证原料蛋的新鲜。

（2）辅料的选择

①纯碱。纯碱在皮蛋加工中的主要作用是与生石灰、水一起反应生成氢氧化钠。加工皮蛋用的纯碱，要求色白、粉细，碳酸钠含量在96%以上。

②生石灰。生石灰在皮蛋加工中的主要作用是与纯碱、水一起反应生成氢氧化钠。加工皮蛋的生石灰要求体轻块大，杂质少，有效氧化钙含量不低于75%。

③食盐。食盐对皮蛋有防腐、调味作用，可增加一些咸味而缓和、降低皮蛋的辛辣味；对皮蛋有收缩、离壳的作用；还能使蛋黄胚盖增厚、溏心收缩。加工皮蛋的食盐要求清洁卫生，品质纯，氯化钠含量在 96% 以上。

④茶叶。茶叶在皮蛋加工过程中能起到以下作用：促进蛋白凝固、缩短加工时间；增加色泽；提高风味和鲜度。用作加工皮蛋的茶叶应新鲜干燥、质净、无霉味、色深清香。

⑤氧化铅（PbO）。氧化铅俗称金生粉、黄丹粉、密陀僧、陀生等，有红黄色、黄色、淡黄色几种，以前者质量较好，后两者次之。加工皮蛋用的氧化铅应捣碎，过 140～160 目筛。

⑥硫酸铜。硫酸铜在皮蛋加工中的作用是替代氧化铅。但单加铜的皮蛋风味不如加铅皮蛋或加锌皮蛋，且蛋壳表面往往带有硫酸铜斑点，不够美观。

⑦硫酸锌。锌盐在皮蛋加工中的作用与铅盐基本相同。用锌盐代替铅盐，在同等条件下皮蛋成熟期可缩短 1/4（锌法25～35天，铅法 35～45 天）。同时由于料液渗入迅速，8～10 天就可使蛋白凝固，有效地起到了防腐作用，高温季节照常加工。由于硫酸锌沉淀是白色的，与蛋壳颜色相似，因而壳面上没有黑色斑点，很受消费者的欢迎，产品质量完全保持了传统加铅皮蛋的特色，且清凉爽口，余香味浓。

⑧烧碱。烧碱（即氢氧化钠）可以代替纯碱和生石灰加工皮蛋。要求色白、纯净，呈块状或片状。用烧碱配制皮蛋料液时，要使用包装完好的纯品。

⑨其他。植物灰要求纯净均匀、无杂质、干燥。稻壳要求金黄色、清洁、干燥、无霉烂。黄泥要求从土壤深层挖取，黏性好，干燥，无异味和杂物。液体石蜡、固体石醋等涂膜剂要求符合食用化工原料卫生标准。

2. 皮蛋加工方法

（1）传统溏心皮蛋的加工　传统溏心皮蛋是将选好的鲜蛋用

配制好的料液进行浸泡而制成，是当前皮蛋生产中使用最广泛的方法。此法的优点是：便于大量生产，浸泡期间易于发现问题以便及时解决，残余料液经浓度调整后可重复使用。

①料液的配制。

a. 配方。以加工 50 千克鸭蛋（800 枚）计，配料如下：开水 50 千克，红茶末 1.5～2 千克，纯碱 3.25～3.75 千克，食盐 2～2.5 千克，生石灰 10～12.5 千克，氧化铅 75～100 克。

配料标准应根据季节的不同而有所变动。夏季由于气温高，鲜蛋蛋白易变稀，蛋黄易上浮，因此要适当增加生石灰和纯碱的用量，以加速蛋白凝固，防止蛋在缸中变质。

b. 配料方法。常用冲料法，即先将纯碱、茶叶末放在缸底后将开水倒入缸中，随即放入碾细、过筛的氧化铅，充分搅拌后再逐渐放入石灰。石灰不能一次投入过多，否则会造成沸水溅出伤人。最后加入食盐，搅拌均匀，晾凉待用。

c. 料液 NaOH 浓度的测定。用 5 毫升吸管量取澄清料液 4 毫升，注入 300 毫升三角烧瓶中，加蒸馏水 100 毫升，加 10% 氯化钡溶液 10 毫升，摇匀，静置片刻，加 0.5% 酚酞指示剂 3 滴，用 1 摩/升盐酸标准溶液滴定至溶液的粉红色恰好消退为止。所用盐酸标准溶液的毫升数即相当于氢氧化钠含量的百分率。料液中氢氧化钠含量要求达到 4%～5%，如碱度过低或过高可用氢氧化钠或茶水调整。不具备化学分析条件的企业，可采用蛋白凝固试验方法：在烧杯或瓷碗中加入 3～4 毫升料液上清液，再加入鲜蛋蛋白 3～4 毫升，不需搅拌，经 15 分钟左右，观察蛋白是否呈凝固体，如蛋白已凝固并有弹性，再经 60 分钟左右，蛋白化成稀水，表示该料液配制的碱度合适，可以使用；如在 30 分钟前即化成稀水样物质，表示料液的碱度过大，不宜使用；当蛋白放在料液中经 15 分钟左右不凝固，表示料液中的碱度过低，也不宜使用。

②装缸与灌料。将经过挑选合格的原料蛋装入缸内，轻拿轻

放。要横放，以防蛋黄浮向蛋的一端，影响皮蛋品质。最上层的蛋应离缸口 10 厘米，上面放一竹篾，并压上适当重物，防止灌料时鸭蛋上浮。

　　鲜蛋装缸后，将晾凉至 20℃ 的料液充分搅拌，徐徐地灌入缸内，直至鸭蛋全部被料液淹没为止。灌料后要记录缸号、蛋数、级别、泡蛋日期、料液碱度、预计出缸日期等，每缸做好标记，以便检查。

　　③泡制期间的管理与质量检查。灌料后即进入腌制过程，直至皮蛋成熟，一般要经过 25～30 天。这段时间的技术管理工作与成品质量关系颇为密切。要设专人管理，蛋缸不要搬动，也不要动蛋，以免影响蛋的正常凝固。灌料后一两天，由于料液渗入蛋内，以及料液中的水分逐渐蒸发，致使料液液面下降，这时应及时补足同样浓度的料液（俗称"添汤"），以保持料液液面没过蛋面，防止出次品。

　　在泡制期间，必须注意温度的变化，这对成品质量有很大的影响。最适宜的温度为 20℃，范围为 18～25℃，温度过低，虽然蛋白能够凝固，但浸泡时间长，蛋黄不易变色。如温度过高，虽然蛋黄变色较快，但是料液进入蛋内的速度加快，很容易造成"碱伤"。所以在冬季或夏季加工皮蛋时，要采取相应的保温和降温措施。蛋缸要防止日晒、雨淋，加工房要注意通风。

　　在泡制期间要勤检查，多观察，以便发现问题及时解决，尤其是在没有条件检测料液浓度的情况下，更要注意检查蛋的内容物变化。气温在 20℃ 左右，鲜蛋浸入料液后 3 天，即可看样。此时蛋白稀薄，浓厚蛋白消失，系带松弛断开，蛋黄上浮，蛋黄膜与蛋白膜相粘，蛋黄外围呈乳黄色胶状，此谓作清期。这段时间短，作用快，受温度影响很大，温度高时，2 天即可作清，温度低时，可延长至 4～5 天。鲜蛋下缸后，一般要经过 4 次检查。每次检查时，应在同批次中选择有代表性的蛋缸，在第 3～第 4 层的蛋中取出 3 枚蛋，供作检蛋样。

④出缸、洗蛋和晾蛋。经检查已成熟的皮蛋要立即出缸，操作人员应戴上胶皮手套，穿橡皮裙，注意自身的保护。用特制的铁捞子将蛋轻轻捞出（防止破损），放入预先浸在残料上清液或凉开水的蛋筐（蛋篓）中，发现破、次、劣蛋随时拣出。待装到适当数量，将蛋筐轻轻地在洗蛋水中摇晃，把蛋壳上的黏附物洗去，洗净后，将蛋筐从洗蛋水中提出，摆在木架子上将水沥净晾干，然后送检。

⑤品质检验。皮蛋包泥前必须进行品质检验，剔除破、次、劣皮蛋。检验方法以感官检验为主，灯光检验为辅，即"一观、二掂、三摇晃、四弹、五照、六剥检"。

⑥包泥保质。皮蛋出缸后要及时涂泥包糠，其作用有三：第一，保护蛋壳以防破损，因为鲜蛋经过浸泡后，蛋壳变脆易破损；第二，延长保存期，防止皮蛋接触空气而变黄，污染细菌而变质；第三，促进皮蛋后熟，增加蛋白硬度。

⑦装箱（缸）。包好料泥的皮蛋要及时装箱（缸），注意密封，保持料泥湿润，防止干裂脱落，以免引起皮蛋变质。

⑧贮运。皮蛋包装后，须贮存于通风、阴凉、干燥和无异味的库房内，按批次分级堆码，标记、商标向外，以便识别。

运输工具要清洁、卫生、无异味，不得与有异味的货物混装。要防雨、防晒，要轻搬轻放、减少中转，防止颠簸和剧烈震动造成皮蛋的破损。

（2）无铅溏心涂膜皮蛋加工　无铅溏心涂膜皮蛋加工方法，除在配料和包涂两个工艺上与传统溏心皮蛋加工方法有所不同外，其他工艺基本相同，现将不同之处说明如下：

①配料。加工 50 千克鸭蛋用料配比：开水 50 千克，红茶末 1.8 千克，生石灰 8.5 千克，食盐 2.7 千克，纯碱 4 千克，硫酸锌 125～150 克（或硫酸铜 200～300 克）。料液 NaOH 浓度以 4.2%～4.5% 为最佳；温度范围 18～25℃；浸泡时间为 30 天左右。

②涂膜技术。传统皮蛋要包料泥和谷糠，在食用时要剥去料泥，既不清洁卫生，也不方便雅观，同时对环境造成污染，料泥占皮蛋重的60%～70%，增加了运输成本和库存包装容积。采用涂膜工艺取代包料泥的办法，克服了包泥法的缺点。

涂膜皮蛋能有效地防止外界环境中的微生物侵入蛋内，防止皮蛋腐败变质；同时，皮蛋内水分的蒸发亦显著降低，使蛋内容物不至于干缩，有利于长期保鲜。但用涂膜剂涂膜，对皮蛋只能起保护作用，起不到料泥对皮蛋的后熟作用，因此对要涂膜的皮蛋要求完全成熟，对皮蛋的加工工艺和技术也提出了更高更严的要求。此外，涂膜皮蛋比包泥皮蛋易破损，在运输时，必须注意对皮蛋的包装。

涂膜剂可选用水溶性的、脂溶性的和乳化性的，如液体石蜡、固体石蜡、蜂蜡、植物油、聚乙烯醇、蔗糖脂、水玻璃、火棉胶及白油涂料等。不论何种涂膜剂，要求安全、卫生、无毒无害、成膜性好、就地取材、价廉、易干燥、效果好。

3. 皮蛋的质量要求　皮蛋的生产应符合卫生部颁布的《蛋与蛋制品卫生管理办法》的要求，皮蛋的质量指标应符合NY5143—2002《无公害食品皮蛋》的要求，皮蛋的卫生指标应按GB-2749—2003《蛋制品卫生标准》执行。

三、咸蛋的加工

咸蛋又称腌蛋、盐蛋、味蛋，是一种风味特殊、食用方便的鸭蛋制品。

1. 原料蛋和辅料的选择

（1）原料蛋的选择　要选择蛋壳完整、蛋白浓厚、蛋黄位居中心的鲜鸭蛋作为原料蛋。要严格剔除破壳蛋、钢壳蛋、大空头蛋、热伤蛋、血丝蛋、贴皮蛋、散黄蛋、臭蛋、畸形蛋、异物蛋等破、次、劣蛋。

（2）辅料的选择　腌制咸蛋所用的辅料主要为食盐、黄泥、草灰和水等。

①食盐。用于腌制咸蛋的食盐，要求色白、味咸，无杂物，无苦味、涩味、臭味，氯化钠的含量在96%以上。

②黄泥和草灰。选用土壤深层的黄泥或红泥，须无异味，无杂土。草灰要求纯净、均匀。

③水。加工咸蛋用的水，大多数用干净的清水。如有条件，最好用开水、凉开水。

2. 咸蛋加工方法　咸蛋的加工方法很多，主要有草灰法、盐泥涂布法和盐水浸渍法等。

（1）草灰法　草灰法又分提浆裹灰法和灰料包蛋法两种。

①提浆裹灰法。我国出口咸蛋大多采用此法。

a. 配料。各地生产的咸蛋，其配料标准均不一样，根据内外销的区别、加工季节和南北方口味不同，其配料标准有所变动，现将不同地区的配料标准列于表11-3。

表11-3　咸蛋配料标准参考表

配　料	江苏	江西	湖北	四川	浙江	北京
鲜鸭蛋（个）	1 000	1 000	1 000	1 000	1 000	1 000
稻草灰（千克）	20	15～20	15～18	22～25	17～20	15
食盐（千克）	6	5～6	4～5	7.5～8	6～7.5	4～5
清水（千克）	18	10～13	12.5	12～13	14～18	12.5

b. 加工方法。

打浆：先将食盐溶于水中，再将草灰分批加入，在打浆机内搅拌均匀，将灰浆搅成不稀不稠，手伸入灰浆内，提出后皮肤呈灰黑色、发亮，灰浆不流、不起水、不成块、不成团下坠，灰浆放入盘内不起泡，这样的灰浆静置过夜后即可使用。

提浆、裹灰：将已选好的原料蛋放在灰浆内翻转一下，使蛋壳表面均匀地粘上约2毫米厚灰浆，再在干灰中滚裹一层干灰。

裹灰以 2 毫米厚为宜。过厚会降低蛋壳外面灰料中的水分，影响咸蛋腌制成熟时间；过薄则使蛋外面灰料发湿，易造成蛋与蛋之间相互粘连。

裹灰后还要捏灰，即用手将灰料紧压在蛋壳上。捏灰要松紧适宜，滚搓光滑，厚薄均匀。

经过裹灰、捏灰后的蛋即可点数入缸或篓，最后用棉纸和血料将缸盖密封好。如使用竹篓，装蛋前应在篓底及四周垫铺包装纸，一般装蛋 300 个左右，再盖上一层纸，而后将木盖盖于竹篓上。用此法腌制咸蛋夏季 20～30 天，春秋季 40～50 天即可。

②灰料包蛋法。

a. 配料。鲜鸭蛋 1 000 个，食盐 3.5～4 千克，稻草灰 50 千克，清水适量。

b. 加工方法。将稻草灰和食盐混合在容器内，再加入适量的水，充分搅拌混匀，使灰料成团块。将选好的蛋洗净晾干后，把灰料包于蛋外，厚薄须均匀，逐个放入缸中。夏季约 15 天，春秋季约 30 天，冬季 30～40 天即可腌成咸蛋。

（2）盐泥涂布法　盐泥涂布法是用食盐加黄泥调成泥浆来腌制咸蛋。

①配料。鲜鸭蛋 1 000 个，食盐 6～7.5 千克，干黄土 6.5千克，清水 4～4.5 千克。

②加工方法。将食盐放在容器内，加水使其溶解，再加入搅碎的干黄土。待黄土充分吸水后调成糨糊状，泥料的浓稠程度可用鸭蛋试验检验，将蛋放入泥浆中，若蛋的一半浮在泥浆上面，则表明泥浆的浓稠程度量为合适。然后将经过检验的新鲜鸭蛋放在调好的泥浆中，使蛋壳上全部粘满盐泥后，点数入缸或箱内，装满后将剩余的泥料倒在容器中咸蛋的上面，加盖。夏季 25～30 天，春秋季 30～40 天即可腌制成咸蛋。为了使泥浆咸蛋互不粘连，外形美观，也可在泥浆外面滚上一层草木灰，即成为泥浆滚灰咸蛋。

（3）盐水浸泡法　盐水腌蛋，方法简单，盐水渗入蛋内较快，用过一次的盐水，添加部分食盐后可重复使用。其腌制方法是：把食盐放入容器中，倒入开水使食盐溶解，盐水的浓度为20％，待冷却至20℃左右时，即可将蛋放入浸泡，蛋上压上竹篾，再加上适当重量，以防上浮，然后加盖。春夏季20～25天，秋冬季30～40天即成。

盐水腌蛋，1个月后，蛋壳上会出现黑斑，因此这种咸蛋不宜久存。

3. 咸蛋的质量要求　咸蛋的生产应符合卫生部颁布的《蛋与蛋制品卫生管理办法》的要求，咸蛋的质量指标应符合NY5144—2002《无公害食品咸鸭蛋》的要求，咸蛋的卫生指标应按GB‐2749—2003《蛋制品卫生标准》执行。

四、糟蛋的加工

糟蛋是鲜鸭蛋经糟渍而成的鸭蛋制品。它是我国著名的传统特产食品，营养丰富，独具风味，是我国人民喜爱的食品和传统出口产品。

根据加工方法的不同，糟蛋可分为生蛋糟蛋和熟蛋糟蛋；又根据加工成的糟蛋是否包有蛋壳，可分为硬壳糟蛋和软壳糟蛋。硬壳糟蛋一般以生蛋糟渍；软壳糟蛋则有熟蛋糟渍和生蛋糟渍两种。在这些种类中，尤以生蛋糟渍的软壳糟蛋质量最好，我国著名的糟蛋有浙江省平湖县的平湖糟蛋和四川省宜宾市的叙府糟蛋。

1. 原料蛋和辅料的选择

（1）鸭蛋　加工糟蛋对鸭蛋的挑选非常严格，取大弃小，选白壳弃青壳。要求1 000个蛋重65千克以上，蛋新鲜，品质优良。须经感官鉴定和灯光透视，剔除各种次、劣蛋。

（2）糯米　糯米是酿糟的原料，它的质量好坏直接影响酒糟的品质。因此应精选糯米，要求米粒丰满、整齐，颜色应心白、腹白（中心、腹部边缘白色不透明），无异味，杂质少，含淀粉多（糙米中含70％）。脂肪和氮物含量高的糯米，酿制出来的酒糟质量差。

（3）酒药　又叫酒曲，是酿糟的菌种，内含根霉、毛霉、酵母及其他菌类。它们主要起发酵和糖化作用。加工平湖糟蛋酿糟选用的绍药和甜药，必须选用色白质松、易于捏碎，具有特殊菌香味的。

①绍药。绍药有白药和黑药两种，酿糟使用白药。它是用糯米粉加入少量辣蓼草粉末及芦黍粉末，再用辣蓼汁调制并接种陈酒药而制成，是加工绍兴黄酒的酒药。用它酿成的酒糟色黄、香气较浓、酒精含量高，但糟味较浓且带辣味。所以还须和甜药搭配，混合酿糟，以减弱酒味和辣味，增加甜味。

②甜药。甜药是用面粉或米粉加一丈红的茎、叶，再加入曲菌菌种，以培养糖化菌而制成的。甜药色白，做成球形。用它酿成的酒糟，酒精含量低、性淡、味甜。如单用甜药酿糟其酒精含量过低，蛋白质难以凝固，所以须同绍药配合使用酿糟。

③糠药。是用无锡白泥、芦黍粉及辣蓼草、一丈红等制成，酿成的酒糟味略甜，酒性醇和，性能介于绍药和甜药之间。

目前加工糟蛋多将绍药和甜药按一定比例混合使用。

（4）食盐　加工糟蛋的食盐应洁白、纯净，符合卫生标准。

（5）水　酿糟用水应无色透明、无味、无臭，符合饮用水卫生标准要求。

（6）红砂糖　加工叙府糟蛋时，须用红砂糖，应符合食糖卫生标准要求。

2. 糟蛋加工方法

（1）平湖糟蛋加工　平湖糟蛋加工的季节性较强，一般在农历三、四月间至端午节加工。端午节后天气渐热，不宜加工。加工糟蛋要掌握好3个环节，即酿酒制糟、选蛋击壳、装坛糟制。

①酿酒制糟。

a. 浸米。糯米是酿酒制糟的原料，应按原料的要求精选。投料量以糟渍 100 个蛋用糯米 9~9.5 千克计算。所用糯米先放在淘米箩淘净，后放入缸内加入冷水浸泡，目的是使糯米吸水膨胀，便于蒸煮糊化。浸泡时间以气温 12℃浸泡 24 小时为计算依据，气温每上升或下降 20℃，则需减少或增加浸泡 1 小时。

b. 蒸饭。目的是促进淀粉糊化，改变其结构以利于糖化。把浸好的糯米从缸中捞出，用冷水冲洗 1 次，倒入蒸桶内（每桶约 37.5 千克米），将米面铺平。在蒸饭前，先将锅内水烧开，再将蒸饭桶放在蒸饭灶上，先不加盖，待蒸汽从锅内透过糯米上升后，再用木盖盖好。约 10 分钟，将木盖揭开，用炊帚蘸热水散泼在米饭上，以使上层米饭蒸涨均匀，防止上层米饭因水分蒸发而米粒水分不足，米粒不涨，出现僵饭。泼水后再蒸 10 分钟左右，揭开锅盖，用木棒将米搅拌 1 次，再盖好木盖蒸 5 分钟左右，使米饭全部熟透。熟透的程度掌握在出饭率 150%左右。要求饭粒松，无白心，透而不烂，熟而不黏。

c. 淋饭。亦称淋水，目的是使米饭迅速冷却，便于接种。将蒸好的米饭放于淋饭架上，用凉开水浇淋，使米饭冷却。一般每桶饭用水 75 千克，2~3 分钟内淋尽，使热饭的温度降低到 28~30℃，手摸不烫为度，但温度也不能降得过低，以免影响菌种的生长和发育。

d. 拌酒药及酿糟。淋水后的饭，沥去水分，倒入缸中，撒上预先研成细末的酒药。酒药的用量以 50 千克米出饭 75 千克计算，需加入白酒药 165~215 克，甜酒药 60~100 克，还应据气温的高低而增减用药量，其计算方法见表 11-4。

表 11-4 不同温度下加工平湖糟蛋的酒药用量

温度（℃）	5~8	8~10	10~14	14~18	18~22	22~24	24~26
白药酒（克）	215	200	190	185	180	170	165
甜药酒（克）	100	95	85	80	70	65	60

加酒药后，将饭和酒药搅拌均匀，面上拍平、拍紧，表面再撒一层酒药，中间挖一个直径 30 厘米的"潭"，上大下小。潭穴深入缸底，潭底不要留饭。缸体周围包上草席，缸口用干净草盖盖好，以便保温。经 20～30 小时，饭温达 35℃，就可出酒酿。当潭内酒酿有 3～4 厘米深时，应将草盖用竹棒撑起 12 厘米高，以降低温度，防止酒糟热伤、发红，产生苦味。待满潭时，每隔 6 小时将潭内之酒酿用勺泼在糟面上，使糟充分酿制。经 7 天后，把酒糟拌和灌入坛内，静置 14 天待变化完成、性质稳定时方可供制糟蛋用。品质优良的酒糟色白、味香、带甜味，乙醇含量为 15% 左右，用波美表测量时为 10 波美度左右。

②选蛋击壳。

a. 选蛋。根据原料蛋的要求进行选蛋，通过感官鉴定和照蛋，剔除次、劣蛋和小蛋，整理后粗分等级，其规格见表 11 - 5。

表 11 - 5　加工平湖糟蛋用原料蛋分级（千克）

级别	特级	一级	二级
每千只重 >	75	70	65

b. 洗蛋。挑选好的蛋，在糟制前 1～2 天，逐个用板刷清洗，除去蛋壳上的污物，再用清水漂洗，然后铺于竹匾上，置通风阴凉处，晾干。如有少许的水迹可用干净毛巾擦干。

c. 击蛋破壳。击蛋破壳是平湖糟蛋加工的特有工艺，是保证糟蛋软壳的主要措施，其目的是在糟渍过程中，使醇、酸、糖等物质易于渗入蛋内，提早成熟，并使蛋壳易于脱落和蛋身膨大。击蛋时，将蛋放在左手掌上，右手拿竹片，对准蛋的纵侧，轻轻一击使蛋壳产生纵向裂纹，然后将蛋转半周，仍用竹片照样击一下，使纵向裂纹延伸相连成一线。击蛋时用力轻重要适当，壳破而膜不破，否则不能加工。

③装坛糟制。

a. 蒸坛。糟制前应先检查所用的坛是否有破漏，再用清水洗净后进行蒸汽消毒。消毒时，将坛底朝上，涂上石灰水，然后倒置在蒸坛用的带孔眼的木盖上，再放在锅上，加热锅里的水至沸，使蒸汽通过盖孔而冲入坛内加热杀菌。待坛底石灰水蒸干时，消毒即告完毕。然后把坛口朝上，使蒸汽外溢，冷却后叠起，坛与坛之间用三丁纸2张衬垫，最上面的坛，在三丁纸上用方砖压上，备用。

b. 落坛。取经过消毒的糟蛋坛，用酿制成熟的酒糟4千克（底糟），铺于坛底，摊平后，随手将击破蛋壳的蛋放入，每只蛋的大头朝上，直插入糟内，蛋与蛋依次平放，相互间的间隙不宜过大，但也不要挤得过紧，以蛋四周均有糟，且能旋转自如为宜。第一层蛋排好后再放腰糟4千克，同样将蛋放上，即为第二层蛋，一般第一层放蛋50多个，第二层放60多个，每坛放二层共120个。第二层排满后，再用9千克面糟摊平盖面，然后均匀地撒上1.6～1.8千克食盐。

c. 封坛。目的是防止乙醇和乙酸挥发和细菌的侵入，蛋入糟后，坛口用牛皮纸2张，刷上猪血，将坛口密封，外面再用竹箬包牛皮纸，用草绳沿坛口扎紧。封好的坛，每四坛一叠，坛与坛之间用三丁纸垫上（纸有吸湿能力），排坛要稳，防止摇动，使食盐下沉，每叠最上一只坛口用方砖压实。每坛上面标明日期、蛋数、级别，以便检验。

d. 成熟。糟蛋的成熟期为4.5～5个月，糟制后一般存放于仓库里待其成熟。所以应逐月抽样检查，根据成熟的变化情况，来判别糟蛋的品质以便控制糟蛋的质量。

第一个月，蛋壳带蟹青色，击破裂缝已较明显，但蛋内容物与鲜蛋相仿。

第二个月，蛋壳裂缝扩大，蛋壳与壳下膜逐渐分离，蛋黄开始凝结，蛋白仍为液体状态。

第三个月，蛋壳与壳下膜完全分离，蛋黄全部凝结，蛋白开始凝结。

第四个月，蛋壳与壳下膜脱开 1/3，蛋黄微红色，蛋白乳白色。

第五个月，蛋壳大部分脱落，或虽有少部分附着，只要轻轻一剥即脱落。蛋白成乳白胶冻状，蛋黄呈橘红色的半凝固状，此时蛋已糟渍成熟，可以投放市场销售。

（2）叙府糟蛋加工　叙府糟蛋加工用的原辅料、用具和制糟与平湖糟蛋大致相同，但其加工方法与平湖糟蛋有些不同。

①选蛋、洗蛋和击破蛋壳。同平湖糟蛋加工。

②配料。150 个鸭蛋加工叙府糟蛋所需要的配料如下：甜酒糟 7 千克、68°白酒 1 千克、红砂糖 1 千克、陈皮 25 克、食盐 1.5 千克、花椒 25 克。

③装坛。以上配料混合均匀后（除陈皮、花椒外），将全量的 1/4，铺于坛底（坛要事先清洗、消毒），将击破壳的鸭蛋 40 枚，大头向上，竖立在糟里。再加入甜糟约 1/4，铺平后再以上述方式放入鸭蛋 70 个左右，再加甜糟 1/4，放入其余的鸭蛋 40 枚，一坛共 150 个。最后加入剩下的甜糟，铺平，用塑料布密封坛口，不使漏气，在室温下存放。

④翻坛去壳。上述加工的糟蛋，在室温下糟渍 3 个月左右，将蛋翻出，逐枚剥去蛋壳，切勿将内蛋壳膜剥破。这时的蛋成为无壳的软壳蛋。

⑤白酒浸泡。将剥去蛋壳的蛋，逐个放入缸内，倒入高度白酒（150 枚约需 4 千克），浸泡 1～2 天。这时蛋白与蛋黄全部凝固，不再流动，蛋壳膜稍膨胀而不破裂者为合格。如有破裂者，应作次品处理。

⑥加料装坛。用白酒浸泡的蛋，逐个取出，装入容量为 150 个蛋的坛内。装坛时，用原有的酒糟和配料，再加入红砂糖 1 千克、食盐 0.5 千克、陈皮 25 克、花椒 25 克、熬糖 2 千克（红砂

糖 2 千克加入适量的水，煎成拉丝状，待凉后加入坛内）充分搅拌均匀，按以上装坛方法，一层糟一层蛋，最后加盖密封，保存于干燥而阴凉的仓库内。

⑦再翻坛。贮存 3～4 个月时，必须再次翻坛。即将上层的蛋翻到下层，下层的蛋翻到上层，使整坛的糟蛋糟渍均匀，同时，作一次质量检查，剔除次、劣糟蛋。翻坛后的糟蛋，仍应浸渍在糟料内，加盖密封，贮于库内。从加工开始直至糟蛋成熟，需 10～12 个月，此时的糟蛋蛋质软嫩，蛋膜不破，色泽红黄，气味芳香，既可销售，也可继续存放 2～3 年。

3. 糟蛋的质量要求 糟蛋的生产应符合卫生部颁布的《蛋与蛋制品卫生管理办法》的要求。由于平湖糟蛋是卫生的冷食佳品，所以，对其内容物的外观特征、色泽、气味和滋味要求较为严格。评定糟蛋的质量指标主要有：

（1）蛋壳脱落状况 糟蛋蛋壳与壳下膜完全分离，全部或大部分脱落。

（2）蛋白状况 蛋白乳白光亮、洁净，并呈胶冻状。

（3）蛋黄状况 蛋黄软，呈橘红或黄色的半凝固状，且与蛋白可明显分清。

（4）气味和滋味 具有糯米酒糟所特有的浓郁的酯香气，并略有甜味，无酸味和其他异味。

平湖糟蛋经过质量鉴定，在符合质量要求的条件下，还按重量进行分级，其重量分级标准如下。

级别千个重量（千克）

特级 77.5～85.0

一级 70.0～77.0

二级 65.0～69.5

糟蛋的卫生指标应按 GB - 2749—2003《蛋制品卫生标准》执行。

第二节　鸭肉制品加工与质量控制

　　长期以来，蛋鸭的淘汰鸭作为特殊的鸭肉资源而深受南方地区消费者的欢迎，可以加工成板鸭、盐水鸭等一系列的地方特色食品。

一、鸭的屠宰

　　要保证鸭肉品质，屠宰加工环节也是重要一环，要按照标准化、程序化的要求安排屠宰过程。规模鸭场的淘汰蛋鸭一般采用肉鸭的屠宰加工线进行屠宰加工，可分为以下两个阶段：宰前管理、屠宰加工。

　　1. 宰前管理　鸭屠宰前的管理工作是十分重要的，因为它直接影响鸭屠宰后的产品质量。屠宰前的管理工作主要包括宰前休息、宰前禁食和宰前淋浴3个方面。鸭在屠宰前要充分休息，以减少鸭的应激反应，从而有利于放血。一般需要休息12～24小时，天气炎热时，可延长至36小时。屠宰前一般需要断食8小时，但断食期间要注意供给清洁、充足的饮水。这样，不仅有利于放血完全，提高鸭肉的质量，最重要的是让鸭多喝水能够冲掉胃里的食料，进而提高鸭胗的质量。把鸭装车宜采用专用的鸭笼。装的时候最好把鸭头朝下。同时，要注意笼内鸭的数量不能过多，以免造成毛鸭伤翅等情况。鸭子怕热，且不能缺水，如果是夏天，为了提高鸭的成活率，还要给鸭淋浴。

　　在送宰的过程中，每批运载在800～1 000只，不得过多，以免拥挤，不得用棒打；不同品种，不同羽色的鸭分开，分别送宰；同时要点数准确，以保证投料数与成品数量相吻合。

　　2. 屠宰加工　从工艺流程上来分，鸭的屠宰工艺包括：吊挂、致昏、放血、烫毛、打毛、三次浸蜡、拔鸭舌、拔小毛、验毛、掏膛、切爪、内外清洗工作、预冷等步骤。

(1) 吊挂　首先将毛鸭从运载车上卸下来，然后轻轻地把鸭子从笼中提出来，双手握住鸭的跗关节倒挂在鸭挂上。

(2) 致昏　致昏就是要将待宰鸭通过各种方法，使其昏迷，从而有利于下一步的屠宰工作。目前，使用最多的致昏方法是电麻法。所谓电麻法就是利用电流刺激使鸭昏迷。使用电压通常为36～110伏。我们可以设一个电击晕池，池底有电流通过，里边装满水，当毛鸭经过这里时，一触电就会自然晕厥。

(3) 放血　给鸭放血最常用的方法是口腔放血。一般采用细长型的屠宰刀。屠宰刀要经过氯水消毒以后才能使用。具体方法是：把刀深入鸭的口腔内，割断鸭上颌的静脉血管，头部向下放低来排净血液，整个沥血时间为5分钟。

(4) 烫毛　给毛鸭放完血后要进行烫毛。首先要先通过预烫池。预烫池的水温在50～60℃之间，通过强力喷淋后进入浸烫池。浸烫池的水温控制很关键，直接影响到鸭的脱毛效果。一般把温度调整在62℃左右就可以，整个浸烫过程需要2～5分钟。

(5) 脱羽　目前，成规模的屠宰场都采用机械脱羽，也称为打毛，机械脱羽一般脱毛率可以达到80％～85％。

(6) 三次浸蜡　鸭子在经过打毛以后，身上大部分的毛已经脱落，但是，仍然有一小部分毛还存留在鸭体上，为了使鸭体表的毛脱落得更干净，我们可以借助食用蜡对鸭体进行更彻底的脱毛。在这之前，要先用小木棍将鸭的鼻孔堵上，以免进蜡。

通常，我们将浸蜡槽的温度调整在75℃左右。当鸭子经过浸蜡池时，全身都会沾满了蜡液，在快速通过浸蜡池后，还要经过冷却槽及时冷却，冷却水温在25℃以下，这样，才能在鸭体表结成一个完整的蜡壳，然后再通过人工剥蜡，最终使鸭体表小毛进一步减少。每只鸭子都要经过三次浸蜡、三次冷却、三次剥蜡，才能达到最终的脱毛效果。

在这个过程中要保证浸蜡槽温度的稳定，避免温度过高或过低，如果温度太高，就会使得鸭体表的蜡壳过薄，导致脱毛效果变差，严重者还会导致鸭体被烫坏；而温度过低，蜡壳过厚，脱毛效果也会变差。另外，为了不浪费原料，剥下来的蜡壳还可以放在旁边的溶蜡池里融化后继续使用。在最后一次冷却完毕后，要及时将鸭鼻孔上的木棍取下来，然后再进入下一道工序。

（7）拔鸭舌　浸蜡过程完毕后，要拔鸭舌。这里我们采用尖嘴钳。尖嘴钳在使用前要先经过消毒处理。只要用尖嘴钳夹住鸭舌，然后向外拔出即可。拔下来的鸭舌要放入专门的容器里存放。

（8）拔小毛　经过打毛和三次浸蜡后，鸭体表的毛看似已经完全脱落，但体表深处的一些小毛仍然没有脱掉，这时候就要借助人工拔毛。拔小毛使用的工具主要是镊子。这个操作一般在水槽中进行。因为只有在水里，鸭体上的小毛才会立起来，看得更清楚。

首先，用小刀将鸭嘴上的皮刮掉，然后，按照从头到尾的顺序小心地用镊子将鸭体表残留的小毛摘除干净。这个过程看似简单，但需要有足够的细心和耐心，拔毛的时候要注意千万不可损伤到鸭体，否则容易感染细菌。万一有破损的鸭体，要将其放在一旁，最后再单独处理。

（9）验毛　拔完小毛的鸭子要交给专职的验毛工进行检验。如果发现有少量的毛还没有拔干净，检验人员还要再重新返工，直到鸭体上的小毛全部拔干净为止。

毛净度检验合格后要及时将鸭子挂上掏膛链条进行下一个步骤。

（10）掏膛　等鸭子到位停稳后，工作人员要用消毒后的刀沿着鸭下腹中线划开鸭膛，然后依次掏出鸭肠、鸭胗、食管、鸭心肝、板油、肺、气管等内脏。掏出来的内脏分别装入容器来存放。使用的刀具每30分钟要消毒一次。

（11）切爪　掏完膛后进行切爪操作。切爪用的刀必须经过消毒以后才能使用。用刀沿着鸭腿跗关节处切开，然后把切掉的鸭爪放到专门的容器里。

(12) 内外清洗工作　由于刚掏完膛，鸭的体表以及腹内会存在一些血污，所以还要对鸭进行内外清洗工作。用水将它内外清洗干净，最终使胴体表面无可见污物。洗完后随着链条进入预冷消毒池。

(13) 预冷　预冷是屠宰工艺的最后一道工序。预冷池内水温不得超过 4℃，一般在 2℃左右就可以。在预冷过程中，要不定期地往池内添加次氯酸钠，预冷池的有效次氯酸钠浓度始终保持在 200～300 毫克/升。通过这个步骤，可以将掏膛期间的细菌感染率减少到最低，起到消毒的目的。冷却后的肉鸭胴体中心温度保持在 10℃以下，整个预冷时间为 40 分钟。预冷完毕后，进入沥水以便进入胴体分割阶段。

(14) 分割　鸭屠宰后的分割，主要包括胴体分割和副产品加工两大部分。对鸭胴体分割主要是按照分割后的加工顺序对肉鸭胴体进行分割去骨，通常分为鸭头、鸭脖、鸭翅、鸭爪等；副产品加工主要是对掏出的心、肝、胗、肠等内脏及爪、舌等副产品按照加工要求，分别进行加工。

胴体分割完以后，要进行称重、包装。包装袋要经检验，合格、无菌的才可使用。包装后的产品要及时入－35℃库进行速冻，冰鲜的产品则放入－8℃库存放。

(15) 包装、冷藏　产品经过称重、包装、分级、冷藏、保鲜后就可以出厂了。

鸭肉食品的安全是一个系统工程，环节众多，控制过程复杂，这就要求工作人员有认真负责的工作态度，熟练掌握基本操作技能，才能生产出安全、绿色的鸭肉。

3. 鸭肉质量要求　屠宰场的设置按肉类加工厂卫生规范（GB12649）、畜类屠宰加工通用技术条件（GB/T17237—1998）、畜禽产品加工用水质（NY5028）规定执行。

待宰鸭必须来自非疫区，健康良好，并有兽医检验合格证书。

鸭肉卫生标准按鲜（冻）禽肉卫生标准（GB16869—2005）执行。

感官性状应符合表 11-6 的规定。

表 11-6　鸭肉感官性状要求

项　　目	鲜禽产品	冻禽产品
组织状态	肌肉富有弹性，指压后凹陷部位立即恢复原状	肌肉指压后凹陷部位恢复较慢，不易完全恢复原状
色泽	表皮和肌肉切面有光泽，具有禽类品种应有的色泽	
气味	具有禽类品种及应有的气味，无异味	
加热后肉汤	透明澄清，脂肪团聚于液面，具有禽类品种应有的滋味	
淤血[以淤血面积(S)计]/厘米³		
S>1	不得检出	
0.5<S≤1	片数不得超过抽样量的 2%	
S≤0.5	忽略不计	
硬杆毛(长度超过 12 毫米的羽毛，或直径超过 2 毫米的羽毛根)/(根/10 千克)	≤1	
异物	不得检出	

注：淤血面积指单一整禽，或单一分割禽的一片淤血面积。

理化指标应符合表 11-7 的规定。

表 11-7　鸭肉理化指标要求

项　　目	指标
冻禽产品解决失水率（%）	≤6
挥发性盐基氮/（毫克/100 克）	≤15

（续）

项　目		指标
汞（Hg）/（毫克/千克）		≤0.05
铅（Pb）/（毫克/千克）		≤0.2
砷（As）/（毫克/千克）		≤0.5
六六六/（毫克/千克）	脂肪含量低于10%，以全样计	≤0.1
	脂肪含量不低于10%，以脂肪计	≤1
滴滴涕/（毫克/千克）	脂肪含量低于10%时，以全样计	≤0.2
	脂肪含量不低于10%时，以脂肪计	≤2
敌敌畏/（毫克/千克）		≤0.05
四环素/（毫克/千克）	肌肉	≤0.25
	肝	≤0.3
	肾	≤0.6
金霉素/（毫克/千克）		≤1
土霉素/（毫克/千克）	肌肉	≤0.1
	肝	≤0.3
	肾	≤0.6
磺胺二甲嘧啶/（毫克/千克）		≤0.1
二氯二甲吡啶酚（克球粉）/（毫克/千克）		≤0.01
乙烯雌酚		不得检出

二、鸭肉深加工

1. 南京板鸭　南京板鸭驰名全国，外观扁圆形，具有咸鲜爽口、香味浓厚的特点。创始于清朝乾隆年间。该产品加工季节性强，通常在立冬后至立春前这段时间内生产。

（1）配方

①配料 鸭2千克，食盐125克（炒成黄色使用），小茴香4克（炒干磨碎使用）。

②卤水的配制 用水量为鸭体重的1/2，盐为1/10。每只鸭用小茴香、干姜片、大葱各5克，将加好调料的卤水煮开后晾凉即可。配制卤水，最好用腌鸭的原卤汤，并可反复使用。

（2）加工方法

①选料屠宰 选用健康鸭宰杀，放血，烫毛，去毛，在右翅下开口取出内脏，去翅尖和脚爪，清洗干净，放入清水浸泡1小时，沥干水分。

②擦盐腌制 将炒成黄色的食盐和小茴香粉面混合在一起，放进鸭的腹腔和胸腔里，反复转动鸭身，使盐料散布均匀。鸭大腿肌肉、鸭身和嘴里，也都搓混作料。用力将鸭胸骨压成扁平状。放进容器里腌24小时。然后，放入卤水中，用重物压住，使卤水完全把鸭身淹没，在卤水中泡18小时。

③整形风制 将腌好的鸭捞出，沥干卤水，再次压平胸骨，把翅和腿伸直摊开。在鸭嘴下割一小口，穿上细绳。用手把鸭全身皮肤都抚摸平展，挂在通风处，晾10天左右至风干时，即为成品。

2. 南京盐水鸭 南京盐水鸭是板鸭的一个品种，尤以淘汰蛋鸭加工口味甚佳。不同之处是板鸭只能冬季生产，盐水鸭一年四季都可以生产。盐水鸭具有肉嫩味鲜的特点。

（1）配方 鸭1千克，食盐125克，小茴香4克。

（2）加工方法

①选料屠宰 选择符合标准的健康鸭宰杀，放血，烫毛，去毛，开腹去内脏，清洗后放进清水里泡1个小时，泡出鸭肉里的血液，使鸭肉洁白美观。

②擦盐腌制 把食盐和小茴香混合在一起，涂抹鸭体内外，胸、腹腔多擦些。务必把整只鸭内全都擦遍擦透。春季的老鸭，

腌渍 1 天左右即为成品；秋季的小鸭（又名桂花鸭），上午加工下午即可出售。

3. 卫生标准　板鸭的卫生标准按 GB2732—1988 执行。其感官指标和理化指标分别见表 11-8、表 11-9。

表 11-8　感官指标

项　目	一级鲜度	二级鲜度
外观	体表光洁，黄白色或乳白色，腹腔内壁干燥，有盐霜，肌肉切面呈玫瑰红色	体表呈淡红色或淡黄色，有少量油脂渗出，腹腔潮润，稍有霉点，肌肉切面呈暗红色
组织形态	肌肉切面紧密，有光泽	切面稀松，无光泽
气味	具有板鸭固有的气味	皮下及腹内脂肪有哈喇味，腹腔有腥味或轻度霉味
煮沸后肉汤及肉味	芳香，液面有大片团聚的脂肪，肉嫩味鲜	鲜味较差，有轻度哈喇味

表 11-9　理化指标

项　目	指　标	
	一级鲜度	二级鲜度
酸价（毫克/克脂肪，以 KOH 计）≤	1.6	3.0
过氧化值（毫克当量数/千克）≤	197	315

第三节　羽绒加工与质量控制

一、羽绒的采集与初加工

1. 羽绒的采集与晾晒

（1）采集季节　羽绒一年四季都可生产。冬、春两季，产量高，毛绒整齐，含绒量多，质量好；夏、秋两季，产量低，含绒量少，质量较差。

（2）采集方法　羽毛的采集多为手工拔毛。现将手工拔毛方法介绍如下：

①干拔毛　将鸭杀死后，在血将要流尽，身体未凉时拔毛。如血完全流干，鸭体僵硬，毛囊紧缩，拔毛时容易将羽毛和鸭体损坏。拔毛时，先拔绒毛，再拔翅羽及尾羽。这样拔下来的绒毛色泽好，洁净，杂质少，品质较好，尤其是在生产白鸭毛的地区，更应推广这种方法。

②湿拔毛（湿推毛）　鸭宰杀后，放入热水中浸烫1、2分钟后取出。拔掉（或推掉）全身羽毛。这个方法比较简单，但要掌握好水的温度和浸烫时间。如果水温过高，或浸烫时间过长，会使毛绒卷曲、抽缩、降低羽毛质量。

（3）晾晒　湿毛必须及时晾晒，否则，时间一长，就会发霉变色，甚至腐烂。晾晒时，场地要打扫干净，最好把湿毛放在席上或竹筛上，要摊放得薄而均匀，按时翻动，避免混入杂质。晾干后要及时收起来。

（4）贮藏　为了避免羽毛腐烂和生虫，羽毛贮藏时应注意以下几点：

①已晒干的羽毛应放在干燥的库内，并要经常检查是否受潮、发霉和产生特殊气味等，如有此现象应重新晾晒。

②遇到阴天大风等情况不宜晾晒时，应将羽毛散开放在室内，切勿堆在一起。

③应安排专人负责收集、晾晒、保管等工作。

（5）品质鉴别　羽毛收购有两种计价方式：一是以绒计价，一是按生产季节分别计价。鉴别品质时，主要是看绒朵含量，有无掺杂，是否虫蚀、霉烂和潮湿等。

①绒朵的含量。检查绒朵含量的方法，通常是抓一把毛向上抛起，在毛下落时观察，并确定毛、绒含量。

②确定杂质的含量。杂质是指羽毛中所含有的各种杂质，包括掺有使用过的旧鸭毛及鹅、鸭、鸡毛的混杂。确定杂质含量的方法是取一把羽毛，用手搓擦，使毛蓬松，然后抖下杂质，确定含量。旧鸭毛的羽片和下部的羽丝光亮，似鸡毛，已失去弹性，毛弯曲成圆形，应单独存放、包装；鸭毛中含鸡毛等超过规定的，应按杂质扣除。

③检查是否虫蚀、霉烂和潮湿。凡毛绒内有虫便，或毛片呈现绽齿形，手拍时有飞丝，即证明已被虫蚀。严重时，毛丝脱落，只剩下羽轴，失去使用价值；比较轻的，对毛质影响不太大的，应单独存放。霉烂毛有霉味，白鸭毛变黄，灰鸭毛发乌。严重时，毛丝脱落，羽面糟朽，用手一捻，即成粉末。毛绒受潮后，毛堆发死，不蓬松，轴管发软，严重的轴管中会有水泡，手感羽轴软、无弹性。

2. 未水洗羽毛绒的加工 羽毛绒的原料毛来自四面八方，由于生产季节、地区和鸭品种以及采毛方法的不同，绒朵有多有少，毛片有长有短，品质上有很大差异。因此，羽毛绒必须经过加工整理，清除翅梗，去掉杂质，才能成为用于生产各种羽绒制品所需的羽毛和羽绒。

（1）未水洗羽毛绒的规格 对于未水洗羽毛绒，国家商品检验局制定了几种主要的规格标准。包括：标准毛、规格绒、中绒毛、低绒毛、无绒毛等。

（2）羽毛绒的加工设备 羽毛绒的加工设备主要有预分机、除灰机、四厢分毛机、水洗机、离心脱水机、烘干机、冷却机和拼堆机。

（3）未水洗羽毛绒的加工整理工艺 羽毛原料经过检验与搭配安排，确定了使用的批数和数量后，即可开始加工。未水洗羽毛绒的加工流程包括预分、除灰、精分、拼堆和包装五道工序。

①预分。所谓预分，就是通过预分机将原料毛中的翅梗、杂

质、灰沙与毛绒相分离，除去毛梗杂质获取有用的毛片和绒朵的加工过程。

②除灰。用分毛机加工过的羽毛，经过检验，如杂质含量仍超过规定的标准，还须进一步除灰。通过除灰装置进一步除去毛绒中所残留的灰沙、杂质，使毛绒符合规定的品质要求。

③精分（提绒）。经过预分除灰后的毛绒，尽管清除了灰沙、杂质和翅梗，但仍须通过精分机将预分的羽毛绒进行提绒加工，获取各种不同规格的羽绒和毛片，以适合羽绒制品生产和羽毛出口的需要。

经过以上三道工序，能使毛片、绒朵与翅梗、灰沙、杂质相分离，达到规格要求。但对于鸭毛内含有鸡毛以及白鸭毛中的黑头，依靠机器是无法清除的，只能通过人工用手拣剔出来。另外对未超过允许含量的长片鸡毛或白鸭毛中的大黑头，色泽全部深黑者，亦须加以拣剔，以符合品质要求。

④拼堆。所谓拼堆，就是将不同规格的毛绒通过拼堆机进行匀和，使之达到某种规格要求的加工过程。

经过分毛、除灰、精分三道工序加工出来的各批羽毛，其成分（指毛片、绒朵的密度和鸡毛、黑头、杂质等的含量）可能有差别，可以采用相互调配的办法，进行拼堆，使各批成分平衡。

此外，下列两种情况也需要进行拼堆：

a. 同品种同规格的毛绒，由于产地和产季的不同，其品质和色泽有差异，必须通过拼堆和匀，使质量、色泽达到一致。

b. 同品种不同规格的毛绒，为了获取某种所需规格的毛绒，也需要通过拼堆来配制。

⑤包装。拼堆结束，通过质量检验部门进行检验合格后，即可打包入库。

二、填充羽绒加工

1. 羽毛绒水洗的原因　经过分毛除灰后的各种羽毛绒，在作为制品填充料之前，必须进行水洗，其原因有以下几点：

（1）羽毛绒原料毛虽经分毛除灰，但仍有一定的杂质含量，诸如灰沙、皮屑、小血管毛、头颈毛等的残余杂质，需用水洗净化。

（2）羽毛绒系动物性的有机物质，含有一定的油脂和气味（如鸭屎臭、鸭腥味等），必须通过水洗，保持产品清洁卫生。

（3）羽毛绒在保管过程中可能发生虫蛀、霉变，含有虫卵和其他污染物，需要经过水洗进行消毒杀菌，并恢复其天然色泽。

（4）羽毛绒经过机器分离、打包压榨，使绒朵压瘪，部分毛片弯折，通过水洗恢复其天然的形态和弹性。

总之，羽毛绒水洗就是用一定温度的水，加入适量洗涤剂进行洗涤消毒的加工整理过程。其作用是去灰、去杂、去污、去脂、去味，消毒杀菌、净化羽毛，使之恢复天然形态、色泽和弹性。

2. 填充羽绒（水洗羽毛绒）的加工工艺

（1）水洗消毒前的配料　羽毛绒水洗前的配料与用水量和洗涤剂用量有着密切的关系，而且会影响填充料的质量，因此，水洗前必须严格掌握投料的规格成分和品质。

（2）水洗羽毛绒的加工工艺流程　水洗羽毛绒加工工艺流程包括洗涤、脱水、烘干、冷却、包装五道工序：

①洗涤。洗涤一般分为初洗、清洗和漂洗三个步骤。经过水洗之后的羽毛绒，要达到去灰、去污、去杂、去味的要求。

②脱水。羽毛绒经过水洗符合要求后（即最后一次漂洗所放出的水质，其透明度检验符合要求），即可进入离心机脱水。当

毛绒含水率达到 30% 左右，脱水过程即告完成。

③烘干。经过洗涤脱水的毛绒，仍含一定的水分，要通过烘干机进行烘干。当毛绒达到八成干时，可加喷除臭剂、整理剂等水液，以达到各类除臭、整理等目的。烘干的毛绒要达到不潮、不焦、不脆、柔软润滑、光泽好、蓬松度高的要求。

④冷却。毛绒烘干后，即开动冷却机进行冷却。冷却能使毛绒在水洗、烘干过程中所产生的残屑、飞丝及机器磨损的粉碎纤维，通过排气筛孔飞出，使毛绒质量更纯；可使毛绒的羽枝、羽丝全部舒展蓬松，散发蓄积的热蒸汽而吸入新鲜空气，从而消除异味；还可使毛绒恢复在恒温条件下自然状态所含的水分，一般自然含水率为 13% 以内，毛绒质量不变，蓬松率稳定。

⑤包装。当毛绒冷却完毕后，通过负压毛厢直接装入包装袋。包装要用消毒专用袋，专袋专用，以防外物污染混杂。每包毛绒的重量，根据不同规格的含量和不同的膨胀率来确定。包装时不宜过分挤压，以免影响绒毛蓬松率。

3. 填充羽绒（水洗羽毛绒）的质量要求　经过水洗、消毒、烘干、冷却处理后的填充用羽毛羽绒，要求达到去污、洗清油脂、消毒、烘干（不焦不脆）。羽丝蓬松、无灰、无臭味、柔软而富有弹性。

在水洗消毒过程中不允许混入帚枝、竹片、铁丝、麻线等杂物，处理好的填充羽毛羽绒，要使用专用袋。切忌消毒好的产品同原料或其他畜产品放在一个仓库内。

三、鸭羽绒质量要求

鸭羽绒质量要求按《羽绒羽毛》标准（GB/T 17685—2003）执行。

1. 白鸭毛的技术要求（表 11-10）。

表 11 - 10

代号	绒朵含量(%)	允许公差绒朵含量(%)	绒丝绒朵含量(%)≤	羽丝毛片含量(%)≤	长毛片(%)≤	陆禽毛(%)≤	杂质(%)≤	异色毛绒(%)≤	损伤毛(%)≤	水分含量(%)≤	硬毛片(%)≤
	<7	—0.50	10.00	10.00	5.00	4.00	3.50	2.00	5.00	15.00	5.00
C703	7～15	—1.00	10.00	10.00	5.00	3.00	3.50	2.00	5.00	15.00	5.00
	16～29	—1.00	10.00	10.00	5.00	2.00	3.50	2.00	5.00	15.00	5.00

2. 灰鸭毛的技术要求（表 11 - 11）。

表 11 - 11

代号	绒朵含量(%)	允许公差绒朵含量(%)	绒丝绒朵含量(%)≤	羽丝毛片含量(%)≤	长毛片(%)≤	陆禽毛(%)≤	杂质(%)≤	损伤毛(%)≤	水分含量(%)	硬毛片(%)≤
	<7	—0.50	10.00	10.00	5.00	4.00	3.50	5.00	15.00	5.00
C707	7～15	—1.00	10.00	10.00	5.00	3.00	3.50	5.00	15.00	5.00
	16～29	—1.00	10.00	10.00	5.00	2.00	3.50	5.00	15.00	5.00

3. 白鸭绒的技术要求（表 11 - 12）。

表 11 - 12

代号	绒朵含量(%)	允许公差绒朵含量(%)	绒丝绒朵含量(%)≤	羽丝毛片含量(%)≤	长毛片(%)≤	陆禽毛(%)≤	杂质(%)≤	异色毛绒(%)≤	损伤毛(%)≤	水分含量(%)≤	硬毛片(%)≤
	30～49	—1.50	10.00	10.00	5.00	1.50	3.00	1.50	5.00	15.00	1.00
C704	50～59	—2.00	10.00	10.00	3.00	1.00	3.00	1.00	4.00	15.00	1.00
	60～69	—2.00	10.00	10.00	3.00	1.00	3.00	1.00	2.00	15.00	1.00
	≥70	—2.00	10.00	10.00	0.50	0.80	3.00	0.80	2.00	15.00	1.00

4. 灰鸭绒的技术要求（表 11 - 13）。

表 11 - 13

代号	绒朵含量（%）	允许公差绒朵含量（%）	绒丝绒朵含量（%）≤	羽丝毛片含量（%）≤	长毛片（%）≤	陆禽毛（%）≤	杂质（%）≤	损伤毛（%）≤	水分含量（%）≤	硬毛片（%）≤
C708	30～49	—1.50	10.00	10.00	5.00	1.50	3.00	5.00	15.00	1.00
	50～59	—2.00	10.00	10.00	3.00	1.00	3.00	4.00	15.00	1.00
	60～69	—2.00	10.00	10.00	1.00	1.00	3.00	3.00	15.00	1.00
	≥70	—2.00	10.00	10.00	0.50	0.80	3.00	2.00	15.00	1.00

5. 微生物技术要求 嗜温性需氧菌$<10^4$CFU/克；粪便链球菌$<10^2$CFU/克；还原亚硫酸梭状芽孢杆菌$<10^2$CFU/克；20克中沙门氏菌不得检出。

附 录

一、动物性食品中兽药最高残留限量（摘录）

（中华人民共和国农业部公告第 235 号）

为加强兽药残留监控工作，保证动物性食品卫生安全，根据《兽药管理条例》规定，我部组织修订了《动物性食品中兽药最高残留限量》，现予发布，请各地遵照执行。自发布之日起，原发布的《动物性食品中兽药最高残留限量》（农牧发〔1999〕17号）同时废止。

附件：动物性食品中兽药最高残留限量

二〇〇二年十二月二十四日

附件：动物性食品中兽药最高残留限量注释

动物性食品中兽药最高残留限量由附 1、附 2、附 3、附 4组成。

1. 凡农业部批准使用的兽药，按质量标准、产品使用说明书规定用于食品动物，不需要制定最高残留限量的，见附 1。

2. 凡农业部批准使用的兽药，按质量标准、产品使用说明书规定用于食品动物，需要制定最高残留限量的，见附 2。

3. 凡农业部批准使用的兽药，按质量标准、产品使用说明书规定可以用于食品动物，但不得检出兽药残留的，见附 3。

4. 农业部明文规定禁止用于所有食品动物的兽药，见附 4。

附表 1　动物性食品允许使用，但不需要制定残留限量的药物

药物名称	动物种类	其他规定
氢氧化铝	所有食品动物	
氨丙啉	家禽	仅作口服用
阿托品	所有食品动物	
甜菜碱	所有食品动物	
碱式碳酸铋	所有食品动物	仅作口服用
碱式硝酸铋	所有食品动物	仅作口服用
硼酸及其盐	所有食品动物	
咖啡因	所有食品动物	
硼葡萄糖酸钙	所有食品动物	
碳酸钙	所有食品动物	
氯化钙	所有食品动物	
葡萄糖酸钙	所有食品动物	
磷酸钙	所有食品动物	
硫酸钙	所有食品动物	
泛酸钙	所有食品动物	
樟脑	所有食品动物	仅作外用
氯己定	所有食品动物	仅作外用
胆碱	所有食品动物	
肾上腺素	所有食品动物	
乙醇	所有食品动物	仅作赋型剂用
硫酸亚铁	所有食品动物	
叶酸	所有食品动物	
促卵泡激素（各种动物天然 FSH 及其化学合成类似物）	所有食品动物	
甲醛	所有食品动物	
戊二醛	所有食品动物	

（续）

药物名称	动物种类	其他规定
垂体促性腺激素释放激素	所有食品动物	
绒促性素	所有食品动物	
盐酸	所有食品动物	仅作赋型剂用
氢化可的松	所有食品动物	仅作外用
过氧化氢	所有食品动物	
碘和碘无机化合物包括：		
碘化钠和钾	所有食品动物	
碘酸钠和钾	所有食品动物	
碘附包括：		
聚乙烯吡咯烷酮碘	所有食品动物	
碘有机化合物：		
碘仿	所有食品动物	
右旋糖酐铁	所有食品动物	
氯胺酮	所有食品动物	
乳酸	所有食品动物	
促黄体激素（各种动物天然FSH及其化学合成类似物）	所有食品动物	
氯化镁	所有食品动物	
甘露醇	所有食品动物	
甲萘醌	所有食品动物	
新斯的明	所有食品动物	
缩宫素	所有食品动物	
胃蛋白酶	所有食品动物	
苯酚	所有食品动物	
聚乙二醇（分子量范围从200到10 000）	所有食品动物	

药物名称	动物种类	其他规定
吐温-80	所有食品动物	
普鲁卡因	所有食品动物	
水杨酸	除鱼外所有食品动物	仅作外用
氯化钠	所有食品动物	
焦亚硫酸钠	所有食品动物	
水杨酸钠	除鱼外所有食品动物	仅作外用
亚硒酸钠	所有食品动物	
硬脂酸钠	所有食品动物	
硫代硫酸钠	所有食品动物	
脱水山梨醇三油酸酯（司盘85）	所有食品动物	
愈创木酚磺酸钾	所有食品动物	
丁卡因	所有食品动物	仅作麻醉剂用
硫柳汞	所有食品动物	多剂量疫苗中作防腐剂使用，浓度最大不得超过 0.02%
硫喷妥钠	所有食品动物	仅作静脉注射用
维生素 A	所有食品动物	
维生素 B_1	所有食品动物	
维生素 B_{12}	所有食品动物	
维生素 B_2	所有食品动物	
维生素 B_6	所有食品动物	
维生素 D	所有食品动物	
维生素 E	所有食品动物	
氧化锌	所有食品动物	
硫酸锌	所有食品动物	

附表2 已批准的动物性食品中最高残留限量规定

药物名称	标志残留物	动物种类	靶组织	残留限量
双甲脒 ADI：0~3	Amitraz +2, 4 - DMA 的 总量	禽	肌肉 脂肪 副产品	10 10 50
阿莫西林	Amoxicillin	所有食品动物	肌肉 脂肪 肝 肾 奶	50 50 50 50 10
氨苄西林	Ampicillin	所有食品动物	肌肉 脂肪 肝 肾 奶	50 50 50 50 10
杆菌肽 ADI：0~3.9	Bacitracin	牛/猪/禽 禽	可食组织 蛋	500 500
苄星青霉素/普 鲁卡因青霉素 ADI： 0~30μg/人/天	Benzylpenicillin	所有食品动物	肌肉 脂肪 肝 肾	50 50 50 50
氯唑西林	Cloxacillin	所有食品动物	肌肉 脂肪 肝 肾 奶	300 300 300 300 30
环丙氨嗪 ADI：0~20	Cyromazine	禽	肌肉 脂肪 副产品	50 50 50
达氟沙星 ADI：0~20	Danofloxacin	家禽	肌肉 皮+脂 肝 肾	200 100 400 400
地克珠利 ADI：0~30	Diclazuril	禽	肌肉 脂肪 肝 肾	500 1 000 3 000 2 000

（续）

药物名称	标志残留物	动物种类	靶组织	残留限量
二氟沙星 ADI：0～10	Difloxacin	家禽	肌肉 皮十脂 肝 肾	300 400 1 900 600
多西环素 ADI：0～3	Doxycycline	禽 （产蛋鸡禁用）	肌肉 皮十脂 肝 肾	100 300 300 600
恩诺沙星 ADI：0～2	Enrofloxacin＋ Ciprofloxacin	禽 （产蛋期禁用）	肌肉 皮十脂 肝 肾	100 100 200 300
红霉素 Erythromycin ADI：0～5	Erythromycin	所有食品动物	肌肉 脂肪 肝 肾 蛋	200 200 200 200 150
乙氧酰胺苯甲酯 Ethopabate	Ethopabate	禽	肌肉 肝 肾	500 1 500 1 500
倍硫磷 Fenthion	Fenthion & metabolites	禽	肌肉 脂肪 副产品	100 100 100
氟苯尼考 ADI：0～3	Florfenicol-amine	家禽 （产蛋禁用）	肌肉 皮十脂 肝 肾	100 200 2 500 750
氟苯咪唑 ADI：0～12	Flubendazole ＋2 - amino 1H - benzimidazol - 5 - yl - (4 - fluorophenyl) methanone	禽	肌肉 肝 蛋	200 500 400
吉他霉素	Kitasamycin	禽	肌肉 肝 肾	200 200 200

（续）

药物名称	标志残留物	动物种类	靶组织	残留限量
左旋咪唑 ADI：0~6	Levamisole	禽	肌肉 脂肪 肝 肾	10 10 100 10
林可霉素 ADI：0~30	Lincomycin	禽	肌肉 脂肪 肝 肾	100 100 500 1 500
马拉硫磷	Malathion	禽	肌肉 脂肪 副产品	4 000 4 000 4 000
新霉素 ADI：0~60	Neomycin B	鸭	肌肉 脂肪 肝 肾	500 500 500 10 000
苯唑西林	Oxacillin	所有食品动物	肌肉 脂肪 肝 肾 奶	300 300 300 300 30
土霉素/金霉素/ 四环素 ADI：0~30	Parent drug，单个 或复合物	所有食品动物 禽	肌肉 肝 肾 蛋	100 300 600 200
磺胺类	Parent drug（总量）	所有食品动物	肌肉 脂肪 肝 肾	100 100 100 100
甲氧苄啶 ADI：0~4.2	Trimethoprim	禽	肌肉 皮十脂 肝 肾	50 50 50 50
维吉尼霉素 ADI：0~250	Virginiamycin	禽	肌肉 脂肪 肝 肾 皮	100 200 300 500 200

附表3　允许作治疗用，但不得在动物性食品中检出的药物

药物名称	标志残留物	动物种类	靶组织
氯丙嗪 Chlorpromazine	Chlorpromazine	所有食品动物	所有可食组织
地西泮（安定） Diazepam	Diazepam	所有食品动物	所有可食组织
地美硝唑 Dimetridazole	Dimetridazole	所有食品动物	所有可食组织
苯甲酸雌二醇 Estradiol Benzoate	Estradiol	所有食品动物	所有可食组织
潮霉素 B Hygromycin B	Hygromycin B	猪/鸡 鸡	可食组织 蛋
甲硝唑 Metronidazole	Metronidazole	所有食品动物	所有可食组织
苯丙酸诺龙 Nadrolone Phenylpropionate	Nadrolone	所有食品动物	所有可食组织
丙酸睾酮 Testosterone propinate	Testosterone	所有食品动物	所有可食组织
塞拉嗪 Xylzaine	Xylazine	产奶动物	奶

附表4　禁止使用的药物，在动物性食品中不得检出

药物名称	禁用动物种类	靶组织
氯霉素及其盐、酯（包括：琥珀氯霉素）	所有食品动物	所有可食组织
克伦特罗及其盐、酯	所有食品动物	所有可食组织
沙丁胺醇及其盐、酯	所有食品动物	所有可食组织
西马特罗及其盐、酯	所有食品动物	所有可食组织
氨苯砜	所有食品动物	所有可食组织
己烯雌酚及其盐、酯	所有食品动物	所有可食组织
呋喃它酮	所有食品动物	所有可食组织

（续）

药物名称	禁用动物种类	靶组织
呋喃唑酮	所有食品动物	所有可食组织
林丹	所有食品动物	所有可食组织
呋喃苯烯酸钠	所有食品动物	所有可食组织
安眠酮	所有食品动物	所有可食组织
洛硝达唑	所有食品动物	所有可食组织
玉米赤霉醇	所有食品动物	所有可食组织
去甲雄三烯醇酮	所有食品动物	所有可食组织
醋酸甲孕酮	所有食品动物	所有可食组织
硝基酚钠	所有食品动物	所有可食组织
硝呋烯腙	所有食品动物	所有可食组织
毒杀芬（氯化烯）	所有食品动物	所有可食组织
呋喃丹（克百威）	所有食品动物	所有可食组织
杀虫脒（克死螨）	所有食品动物	所有可食组织
双甲脒	水生食品动物	所有可食组织
酒石酸锑钾	所有食品动物	所有可食组织
锥虫砷胺	所有食品动物	所有可食组织
孔雀石绿	所有食品动物	所有可食组织
五氯酚酸钠	所有食品动物	所有可食组织
氯化亚汞（甘汞）	所有食品动物	所有可食组织
硝酸亚汞	所有食品动物	所有可食组织
醋酸汞	所有食品动物	所有可食组织
吡啶基醋酸汞	所有食品动物	所有可食组织
甲基睾丸酮	所有食品动物	所有可食组织
群勃龙	所有食品动物	所有可食组织

二、饲料药物添加剂使用规范

（农业部公告第 168 号）

为加强兽药的使用管理，进一步规范和指导饲料药物添加剂的合理使用，防止滥用饲料药物添加剂，根据《兽药管理条例》的规定，我部制定了《饲料药物添加剂使用规范》（以下简称《规范》），现就有关问题公告如下：

一、凡农业部批准的具有预防动物疾病、促进动物生长作用，可在饲料中长时间添加使用的饲料药物添加剂（品种收载于《规范》附录一中），其产品批准文号须用"药添字"。生产含有《规范》附一所列品种成分的饲料，必须在产品标签中标明所含兽药成分的名称、含量、适用范围、停药期规定及注意事项等。

二、凡农业部批准的用于防治动物疾病，并规定疗程，仅是通过混饲给药的饲料药物添加剂（包括预混剂或散剂，品种收载于《规范》附二中），其产品批准文号须用"兽药字"，各畜禽养殖场及养殖户须凭兽医处方购买、使用，所有商品饲料中不得添加《规范》附录二中所列的兽药成分。

三、除本《规范》收载品种及农业部今后批准允许添加到饲料中使用的饲料药物添加剂外，任何其他兽药产品一律不得添加到饲料中使用。

四、兽用原料药不得直接加入饲料中使用，必须制成预混剂后方可添加到饲料中。

五、各地兽药管理部门要对照本《规范》于 10 月底前完成本辖区饲料药物添加剂产品批准文号的清理整顿工作，印有原批准文号的产品标签、包装可使用至 2001 年 12 月底。

六、凡从事饲料药物添加剂生产、经营活动的，必须履行有关的兽药报批手续，并接受各级兽药管理部门的管理和质量监督，违者按照兽药管理法规进行处理。

七、本《规范》自 2001 年 7 月 3 日起执行。原我部《关于发布〈允许作饲料药物添加剂的兽药品种及使用规定〉的通知》（农牧发〔1997〕8 号）和《关于发布"饲料药物添加剂允许使用品种目录"的通知》（农牧发〔1994〕7 号）同时废止。

饲料药物添加剂附一

序号	名　称	序号	名　称
1	二硝托胺预混剂	17	氨苯胂酸预混剂
2	马杜霉素铵预混剂	18	洛克沙胂预混剂
3	尼卡巴嗪预混剂	19	莫能菌素钠预混剂
4	尼卡巴嗪、乙氧酰胺苯甲酯预混剂	20	杆菌肽锌预混剂
5	甲基盐霉素、尼卡巴嗪预混剂	21	黄霉素预混剂
6	甲基盐霉素预混剂	22	维吉尼亚霉素预混剂
7	拉沙诺西钠预混剂	23	喹乙醇预混剂
8	氢溴酸常山酮预混剂	24	那西肽预混剂
9	盐酸氯苯胍预混剂	25	阿美拉霉素预混剂
10	盐酸氨丙啉、乙氧酰胺苯甲酯预混剂	26	盐霉素钠预混剂
11	盐酸氨丙啉、乙氧酰胺苯甲酯、磺胺喹噁啉预混剂	27	硫酸粘杆菌素预混剂
12	氯羟吡啶预混剂	28	牛至油预混剂
13	海南霉素钠预混剂	29	杆菌肽锌、硫酸黏杆菌素预混剂
14	赛杜霉素钠预混剂	30	吉他霉素预混剂
15	地克珠利预混剂	31	土霉素钙预混剂
16	复方硝基酚钠预混剂	32	金霉素预混剂
		33	恩拉霉素预混剂

饲料药物添加剂附二

序号	名　称	序号	名　称
1	磺胺喹噁啉、二甲氧苄啶预混剂	15	盐酸林可霉素、硫酸大观霉素预混剂
2	越霉素 A 预混剂		
3	潮霉素 B 预混剂	16	硫酸新霉素预混剂
4	地美硝唑预混剂	17	磷酸替米考星预混剂
5	磷酸泰乐菌素预混剂	18	磷酸泰乐菌素、磺胺二甲嘧啶预混剂
6	硫酸安普霉素预混剂		
7	盐酸林可霉素预混剂	19	甲砜霉素散
8	赛地卡霉素预混剂	20	诺氟沙星、盐酸小檗碱预混剂
9	伊维菌素预混剂	21	维生素 C 磷酸酯镁、盐酸环丙沙星预混剂
10	呋喃苯烯酸钠粉		
11	延胡索酸泰妙菌素预混剂	22	盐酸环丙沙星、盐酸小檗碱预混剂
12	环丙氨嗪预混剂		
13	氟苯咪唑预混剂	23	喹酸散
14	复方磺胺嘧啶预混剂	24	磺胺氯吡嗪钠可溶性粉

三、禁止在饲料和动物饮用水中
使用的药物品种目录

（中华人民共和国农业部、卫生部、
国家药品监督管理局公告第 176 号）

一、肾上腺素受体激动剂

1. 盐酸克仑特罗（Clenbuterol Hydrochloride）：中华人民共和国药典（以下简称药典）2000 年二部 P605。β2-肾上腺素受体激动药。

2. 沙丁胺醇（Salbutamol）：药典 2000 年二部 P316。β2-肾上腺素受体激动药。

3. 硫酸沙丁胺醇（Salbutamol Sulfate）：药典 2000 年二部 P870。β2-肾上腺素受体激动药。

4. 莱克多巴胺（Ractopamine）：一种 β-兴奋剂，美国食品和药物管理局（FDA）已批准，中国未批准。

5. 盐酸多巴胺（Dopamine Hydrochloride）：药典 2000 年二部 P591。多巴胺受体激动药。

6. 西巴特罗（Cimaterol）：美国氰胺公司开发的产品，一种 β-兴奋剂，FDA 未批准。

7. 硫酸特布他林（Terbutaline Sulfate）：药典 2000 年二部 P890。β2-肾上腺受体激动药。

二、性激素

8. 己烯雌酚（Diethylstibestrol）：药典 2000 年二部 P42。雌激素类药。

9. 雌二醇（Estradiol）：药典 2000 年二部 P1005。雌激素类药。

10. 戊酸雌二醇（Estradiol Valcrate）：药典 2000 年二部 P124。雌激素类药。

11. 苯甲酸雌二醇（Estradiol Benzoate）：药典 2000 年二部 P369。雌激素类药。中华人民共和国兽药典（以下简称兽药典）2000 年版一部 P109。雌激素类药。用于发情不明显动物的催情及胎衣滞留、死胎的排除。

12. 氯烯雌醚（Chlorotrianisene）：药典 2000 年二部 P919。

13. 炔诺醇（Ethinylestradiol）：药典 2000 年二部 P422。

14. 炔诺醚（Quinestrol）：药典 2000 年二部 P424。

15. 醋酸氯地孕酮（Chlormadinone Acetate）：药典 2000 年二部 P1037。

16. 左炔诺孕酮（Levonorgestrel）：药典 2000 年二部 P107。

17. 炔诺酮（Norethisterone）：药典 2000 年二部 P420。

18. 绒毛膜促性腺激素（绒促性素）（Chorionic Gonadotro-

phin)：药典 2000 年二部 P534。促性腺激素药。兽药典 2000 年版一部 P146。激素类药。用于性功能障碍、习惯性流产及卵巢囊肿等。

19. 促卵泡生长激素（尿促性素主要含卵泡刺激 FSHT 和黄体生成素 LH）（Menotropins）：药典 2000 年二部 P321。促性腺激素类药。

三、蛋白同化激素

20. 碘化酪蛋白（Iodinated Casein）：蛋白同化激素类，为甲状腺素的前驱物质，具有类似甲状腺素的生理作用。

21. 苯丙酸诺龙及苯丙酸诺龙注射液（Nandrolone Phenyl-propionate）：药典 2000 年二部 P365。

四、精神药品

22. （盐酸）氯丙嗪（Chlorpromazine Hydrochloride）：药典 2000 年二部 P676。抗精神病药。兽药典 2000 年版一部 P177。镇静药。用于强化麻醉以及使动物安静等。

23. 盐酸异丙嗪（Promethazine Hydrochloride）：药典 2000 年二部 P602。抗组胺药。兽药典 2000 年版一部 P164。抗组胺药。用于变态反应性疾病，如荨麻疹、血清病等。

24. 安定（地西泮）（Diazepam）：药典 2000 年二部 P214。抗焦虑药、抗惊厥药。兽药典 2000 年版一部 P61。镇静药、抗惊厥药。

25. 苯巴比妥（Phenobarbital）：药典 2000 年二部 P362。镇静催眠药、抗惊厥药。兽药典 2000 年版一部 P103。巴比妥类药。缓解脑炎、破伤风、士的宁中毒所致的惊厥。

26. 苯巴比妥钠（Phenobarbital Sodium）：兽药典 2000 年版一部 P105。巴比妥类药。缓解脑炎、破伤风、士的宁中毒所致的惊厥。

27. 巴比妥（Barbital）：兽药典 2000 年版二部 P27。中枢抑制和增强解热镇痛。

28. 异戊巴比妥（Amobarbital）：药典2000年二部P252。催眠药、抗惊厥药。

29. 异戊巴比妥钠（Amobarbital Sodium）：兽药典2000年版一部P82。巴比妥类药。用于小动物的镇静、抗惊厥和麻醉。

30. 利血平（Reserpine）：药典2000年二部P304。抗高血压药。

31. 艾司唑仑（Estazolam）。

32. 甲丙氨脂（Meprobamate）。

33. 咪达唑仑（Midazolam）。

34. 硝西泮（Nitrazepam）。

35. 奥沙西泮（Oxazepam）。

36. 匹莫林（Pemoline）。

37. 三唑仑（Triazolam）。

38. 唑吡旦（Zolpidem）。

39. 其他国家管制的精神药品。

五、各种抗生素滤渣

40. 抗生素滤渣：该类物质是抗生素类产品生产过程中产生的工业三废，因含有微量抗生素成分，在饲料和饲养过程中使用后对动物有一定的促生长作用。但对养殖业的危害很大，一是容易引起耐药性，二是由于未做安全性试验，存在各种安全隐患。

四、食品动物禁用的兽药及其他化合物清单（摘录）

（中华人民共和国农业部公告第193号）

为保证动物源性食品的安全，维护人民身体健康，根据《兽药管理条例》的规定，我部制定了《食品动物禁用的兽药及其他化合物清单》（以下简称《禁用清单》），现公告如下：

一、《禁用清单》序号 1 至 18 所列品种的原料药及其单方、复方制剂产品停止生产，已在兽药国家标准、农业部专业标准及兽药地方标准中收载的品种，废止其质量标准，撤销其产品批准文号；已在我国注册登记的进口兽药，废止其进口兽药质量标准，注销其《进口兽药登记许可证》。

二、截止 2002 年 5 月 15 日，《禁用清单》序号 1 至 18 所列品种的原料药及其单方、复方制剂产品停止经营和使用。

三、《禁用清单》序号 19 至 21 所列品种的原料药及其单方、复方制剂产品不准以抗应激、提高饲料报酬、促进动物生长为目的在食品动物饲养过程中使用。

食品动物禁用的兽药及其他化合物清单

序号	兽药及其他化合物名称	禁止用途	禁用动物	出　　处
1	β-兴奋剂类：克仑特罗、沙丁胺醇、西马特罗及其盐、酯及制剂	所有用途	所有食品动物	农牧发 [2002] 1 号 农业部公告第 235 号 附录 4 农业部公告第 176 号 农业部公告第 560 号 农业部公告第 193 号
		兽药、饲料添加剂		
2	β-兴奋剂类：硫酸沙丁胺醇、莱克多巴胺、盐酸多巴胺、硫酸特布他林	饲料和动物饮用水	所有食品动物	农业部公告第 176 号
3	性激素类：己烯雌酚及其盐、酯及制剂	所有用途	所有食品动物	农牧发 [2002] 1 号 农业部公告第 235 号 附录 4 农业部公告第 176 号 NY 5071—2002 农业部公告第 193 号
4	甲基睾丸酮	所有用途	所有食品动物	农业部公告第 235 号 附录 4 NY 5071—2002
5	群勃龙	所有用途	所有食品动物	农业部公告第 235 号 附录 4

（续）

序号	兽药及其他化合物名称	禁止用途	禁用动物	出　　处
6	性激素类：雌二醇、戊酸雌二醇、氯稀雌醚、炔诺醇、炔诺醚、醋酸氯地孕酮、左炔诺孕酮、炔诺酮、绒毛膜促性腺激素（促绒性素）、促卵泡生长激素（尿促性素主要含卵泡刺激 FASH 和黄体生成素 LH）	饲料和动物饮用水	所有食品动物	农业部公告第 176 号 NY 5071—2002
7	苯甲酸雌二醇	允许作治疗用，但不得在动物性食品中检出	所有食品动物	农业部公告第 235 号 附录 3
		饲料和动物饮用水	所有食品动物	农业部公告第 176 号
8	具有雌激素样作用的物质：玉米赤霉醇、去甲雄三烯醇酮、醋酸甲孕酮及制剂	所有用途	所有食品动物	农牧发〔2002〕1 号 农业部公告第 235 号 附录 4 农业部公告第 193 号
	玉米赤霉醇	促生长		农办牧〔2001〕38 号附件三
9	蛋白同化激素：碘化酪蛋白 Iodinated Casein	饲料和动物饮用水	所有食品动物	农业部公告第 176 号
		促生长		农办牧〔2001〕38 号附件三
10	蛋白同化激素：苯丙酸诺龙及苯丙酸诺龙注射液	允许作治疗用，但不得在动物性食品中检出	所有食品动物	农业部公告第 235 号 附录 3
		饲料和动物饮用水	所有食品动物	农业部公告第 176 号
11	氯霉素及其盐、酯（包括：琥珀氯霉素）及制剂	所有用途	所有食品动物	农牧发〔2002〕1 号 农业部公告第 235 号 附录 4 NY 5071—2002 农业部公告第 193 号

（续）

序号	兽药及其他化合物名称	禁止用途	禁用动物	出　　处
12	氨苯砜 D 及制剂	所有用途	所有食品动物	农牧发〔2002〕1号 农业部公告第 235 号 附录 4 农业部公告第 193 号
13	喹噁啉类：卡巴氧及其盐、酯及制剂	所有用途	所有食品动物	农业部公告第 560 号
14	抗生素类：万古霉素及其盐、酯及制剂	所有用途	所有食品动物	农业部公告第 560 号
15	抗生素、合成抗菌药：头孢哌酮、头孢噻肟、头孢曲松（头孢三嗪）、头孢噻吩、头孢拉啶、头孢唑啉、头孢噻喘、罗红霉素、克拉霉素、阿奇霉素、磷霉素、硫酸奈替米星、氟罗沙星、司帕沙星、甲替沙星、克林霉素（氯林可霉素、氯洁霉素）、妥布霉素、胍哌甲基四环素、盐酸甲烯土霉素（美他环素）、两性霉素、利福霉素等及其盐、酯及单、复方制剂	所有用途	所有食品动物	农业部公告第 560 号
16	解热镇痛类：双嘧达莫（预防血栓栓塞性疾病）、聚肌胞、氟胞嘧啶、代森铵（农用杀虫菌剂）、磷酸伯氨喹、磷酸氯喹（抗疟药）、异噻唑啉酮（防腐杀菌）、盐酸地酚诺酯（解热镇痛）、盐酸溴己新（祛痰）、西咪替丁（抑制人胃酸分泌）、盐酸甲氧氯普胺、甲氧氯普胺（盐酸胃复安）、比沙可啶（泻药）、二羟丙茶碱（平喘药）、白细胞介素-2、别嘌醇、多抗甲素（α-甘露聚糖肽）等及其盐、酯及制剂	所有用途	所有食品动物	农业部公告第 560 号

（续）

序号	兽药及其他化合物名称	禁止用途	禁用动物	出　处
17	抗病毒药物：金刚烷胺、金刚乙胺、阿昔洛韦、吗啉（双）胍（病毒灵）、利巴韦林等及其盐、酯及单、复方制剂	所有用途	所有食品动物	农业部公告第 560 号
18	复方制剂：1. 注射用的抗生素与安乃近、氟喹诺酮类等化学合成药物的复方制剂；2. 镇静类药物与解热镇痛药等治疗药物组成的复方制剂	所有用途	所有食品动物	农业部公告第 560 号
19	硝基呋喃类：呋喃唑酮、呋喃它酮、呋喃苯烯酸钠、呋喃西林、呋喃妥因及制剂	所有用途	所有食品动物	农牧发〔2002〕1 号 农业部公告第 235 号 附录 4 NY 5071—2002 农业部公告第 560 号 农业部公告第 193 号
20	硝基呋喃类：呋喃西林、呋喃那丝	所有用途	水生食品动物	NY 5071—2002
21	硝基化合物：硝基酚钠、硝呋烯腙、替硝唑及制剂	所有用途	所有食品动物	农牧发〔2002〕1 号 农业部公告第 235 号 附录 4 农业部公告第 560 号 农业部公告第 193 号
22	催眠、镇静类：安眠酮及制剂	所有用途	所有食品动物	农牧发〔2002〕1 号 农业部公告第 235 号 附录 4 农业部公告第 193 号
23	精神药品：盐酸异丙嗪、苯巴比妥、苯巴比妥钠、巴比妥、异戊巴比妥、异戊巴比妥钠、利血平、艾司唑仑、甲丙氨脂、咪达唑仑、硝西泮、奥沙西泮、匹莫林、三唑仑、唑吡旦、其他国家管制的精神药品	饲料和动物饮用水	所有食品动物	农业部公告第 176 号

（续）

序号	兽药及其他化合物名称	禁止用途	禁用动物	出　　处
24 25	精神药品：盐酸氯丙嗪、安定（地西泮）	允许作治疗用，但不得在动物性食品中检出	所有食品动物	农业部公告第 235 号 附录 3
		饲料和动物饮用水	所有食品动物	农业部公告第 176 号
26	各种汞制剂：包括：氯化亚汞（甘汞）、硝酸亚汞、醋酸汞、吡啶基醋酸汞	杀虫剂	所有食品动物	农业部公告第 235 号 附录 4 农业部公告第 193 号
27	性激素类：甲基睾丸酮、苯丙酸诺龙、苯甲酸雌二醇及其盐、酯及制剂	促生长	所有食品动物	农牧发 [2002] 1 号 农业部公告第 193 号
28	丙酸睾酮	允许作治疗用，但不得在动物性食品中检出	所有食品动物	农业部公告第 235 号 附录 3
29	催眠、镇静类：氯丙嗪、地西泮（安定）及其盐、酯及制剂	促生长	所有食品动物	农牧发 [2002] 1 号 农业部公告第 193 号
30	硝基咪唑类：甲硝唑、地美硝唑及其盐、酯及制剂	促生长	所有食品动物	农牧发 [2002] 1 号 农业部公告第 193 号
		允许作治疗用，但不得在动物性食品中检出		农业部公告第 235 号 附录 3
31	洛硝达唑	所有用途	所有食品动物	农业部公告第 235 号 附录 4
32	各种抗生素滤渣	饲料和动物饮用水	所有食品动物	农业部公告第 176 号

五、兽药停药期规定（摘录）

（中华人民共和国农业部公告第 278 号）

为加强兽药使用管理，保证动物性产品质量安全，根据《兽药管理条例》规定，我部组织制订了兽药国家标准和专业标准中部分品种的停药期规定，并确定了部分不需制订停药期规定的品种，现予公告。

本公告自发布之日起执行。以前发布过的与本公告同品种兽药停药期不一致的，以本公告为准。

	兽药名称	标准来源
1	乙酰胺注射液	兽药典 2000 版
2	二甲硅油	兽药典 2000 版
3	二巯丙磺钠注射液	兽药典 2000 版
4	三氯异氰脲酸粉	部颁标准
5	大黄碳酸氢钠片	兽药规范 92 版
6	山梨醇注射液	兽药典 2000 版
7	马来酸麦角新碱注射液	兽药典 2000 版
8	马来酸氯苯那敏片	兽药典 2000 版
9	马来酸氯苯那敏注射液	兽药典 2000 版
10	双氢氯噻嗪片	兽药规范 78 版
11	月苄三甲氯铵溶液	部颁标准
12	止血敏注射液	兽药规范 78 版
13	水杨酸软膏	兽药规范 65 版
14	丙酸睾酮注射液	兽药典 2000 版
15	右旋糖酐铁钴液射液（铁钴针注射液）	兽药规范 78 版
16	右旋糖酐 40 氯化钠注射液	兽药典 2000 版

	兽药名称	标准来源
17	右旋糖酐 40 葡萄糖注射液	兽药典 2000 版
18	右旋糖酐 70 氯化钠注射液	兽药典 2000 版
19	叶酸片	兽药典 2000 版
20	四环素醋酸可的松眼膏	兽药规范 78 版
21	对乙酰氨基酚片	兽药典 2000 版
22	对乙酰氨基酚注射液	兽药典 2000 版
23	尼可刹米注射液	兽药典 2000 版
24	甘露醇注射液	兽药典 2000 版
25	甲基硫酸新斯的明注射液	兽药规范 65 版
26	亚硝酸钠注射液	兽药典 2000 版
27	安络血注射液	兽药规范 92 版
28	次硝酸铋（碱式硝酸铋）	兽药典 2000 版
29	次碳酸铋（碱式碳酸铋）	兽药典 2000 版
30	呋塞米片	兽药典 2000 版
31	呋塞米注射液	兽药典 2000 版
32	辛氨乙甘酸溶液	部颁标准
33	乳酸钠注射液	兽药典 2000 版
34	注射用异戊巴比妥钠	兽药典 2000 版
35	注射用血促性素	兽药规范 92 版
36	注射用抗血促性素血清	部颁标准
37	注射用垂体促黄体素	兽药规范 78 版
38	注射用促黄体素释放激素 A2	部颁标准
39	注射用促黄体素释放激素 A3	部颁标准
40	注射用绒促性素	兽药典 2000 版
41	注射用硫代硫酸钠	兽药规范 65 版
42	注射用解磷定	兽药规范 65 版

（续）

	兽药名称	标准来源
43	苯扎溴铵溶液	兽药典 2000 版
44	青蒿琥酯片	部颁标准
45	鱼石脂软膏	兽药规范 78 版
46	复方氯化钠注射液	兽药典 2000 版
47	复方氯胺酮注射液	部颁标准
48	复方磺胺噻唑软膏	兽药规范 78 版
49	复合维生素 B 注射液	兽药规范 78 版
50	宫炎清溶液	部颁标准
51	枸橼酸钠注射液	兽药规范 92 版
52	毒毛花苷 K 注射液	兽药典 2000 版
53	氢氯噻嗪片	兽药典 2000 版
54	洋地黄毒甙注射液	兽药规范 78 版
55	浓氯化钠注射液	兽药典 2000 版
56	重酒石酸去甲肾上腺素注射液	兽药典 2000 版
57	烟酰胺片	兽药典 2000 版
58	烟酰胺注射液	兽药典 2000 版
59	烟酸片	兽药典 2000 版
60	盐酸大观霉素、盐酸林可霉素可溶性粉	兽药典 2000 版
61	盐酸利多卡因注射液	兽药典 2000 版
62	盐酸肾上腺素注射液	兽药规范 78 版
63	盐酸甜菜碱预混剂	部颁标准
64	盐酸麻黄碱注射液	兽药规范 78 版
65	萘普生注射液	兽药典 2000 版
66	酚磺乙胺注射液	兽药典 2000 版
67	黄体酮注射液	兽药典 2000 版
68	氯化胆碱溶液	部颁标准

	兽药名称	标准来源
69	氯化钙注射液	兽药典 2000 版
70	氯化钙葡萄糖注射液	兽药典 2000 版
71	氯化氨甲酰甲胆碱注射液	兽药典 2000 版
72	氯化钾注射液	兽药典 2000 版
73	氯化琥珀胆碱注射液	兽药典 2000 版
74	氯甲酚溶液	部颁标准
75	硫代硫酸钠注射液	兽药典 2000 版
76	硫酸新霉素软膏	兽药规范 78 版
77	硫酸镁注射液	兽药典 2000 版
78	葡萄糖酸钙注射液	兽药典 2000 版
79	溴化钙注射液	兽药规范 78 版
80	碘化钾片	兽药典 2000 版
81	碱式碳酸铋片	兽药典 2000 版
82	碳酸氢钠片	兽药典 2000 版
83	碳酸氢钠注射液	兽药典 2000 版
84	醋酸泼尼松眼膏	兽药典 2000 版
85	醋酸氟轻松软膏	兽药典 2000 版
86	硼葡萄糖酸钙注射液	部颁标准
87	输血用枸橼酸钠注射液	兽药规范 78 版
88	硝酸士的宁注射液	兽药典 2000 版
89	醋酸可的松注射液	兽药典 2000 版
90	碘解磷定注射液	兽药典 2000 版
91	中药及中药成分制剂、维生素类、微量元素类、兽用消毒剂、生物制品类等五类产品（产品质量标准中有除外）	

参 考 文 献

陈奕春，陶争荣.2008.蛋鸭笼养与平养的比较［J］.农村养殖技术.24：13-14.

陈奕春.2007.缙云麻鸭蛋鸭笼养技术［J］.中国家禽.29（2）：34-35.

陈橙，戴红安，高长明，等.2010.肉鸭生物床养殖模式技术初探［J］.湖北畜牧兽医.（11）：16-19

陈国宏，王克华，王金玉，等.2004.中国禽类遗传资源［M］.上海：上海科学技术出版社.

陈国宏，王永坤.2011.科学养鸭与疾病防治［M］.北京：中国农业出版社.

陈亦春.养鸭应急技巧［M］.北京：中国农业出版社.

陈伟生.2005.畜禽资源调查技术手册［M］.北京：中国农业出版社.

杜文兴.2008.无公害鸭安全生产手册［M］.北京：中国农业出版社.

古汉明，王凤兰，黄子锋.2005.无公害稻鸭工作生产技术规程［J］.广东农业科学.2：80-81.

黄炎坤，韩占兵.2004.新编水禽生产手册［M］.北京：中原农民出版社.

侯水生，黄苇.2009.肉鸭技术100问［M］.北京：中国农业出版社.

姜加华.2006.无公害鸭标准化生产［M］.北京：中国农业出版社.

李国强，吕雪梅，李玉环.2007.肉鸭网上密集化旱养技术［J］.中国动物保健.5：90-91.

卢立志.2004.高效养鸭7日通［M］.北京：中国农业出版社.

卢立志，杜金平，邵华斌，等.2009.蛋鸭技术100问［M］.北京：中国农业出版社.

马艳辉.日本的稻鸭共育技术［J］.现代农业装备.73-74.

王强盛，甄若宏，杜永林，等.2007.无公害稻鸭共育生产技术操作规程［J］.江苏农业科学.1：12-15.

王克华，童海兵 . 2005. 工厂化养鸭新技术 [M]. 北京：中国农业出版社 .

王述柏 . 2008. 无公鹅鸭安全生产手册 [M]. 北京：中国农业出版社 .

徐琪 . 2008. 蛋鸭笼养技术 [J]. 养殖与饲料 . 11：4 - 5.

周仲儿 . 2008. 鸭标准化生产技术 [M]. 杭州：浙江科学技术出版社 .

图书在版编目（CIP）数据

蛋鸭安全生产技术指南／徐琪，焦库华主编 . —北京：中国农业出版社，2012.3
（农产品安全生产技术丛书）
ISBN 978-7-109-16613-4

Ⅰ.①蛋…　Ⅱ.①徐…②焦…　Ⅲ.①蛋鸭—饲养管理—指南　Ⅳ.①S834-62

中国版本图书馆 CIP 数据核字（2012）第 040916 号

中国农业出版社出版
（北京市朝阳区农展馆北路 2 号）
（邮政编码 100125）
责任编辑　何致莹　黄向阳

北京中兴印刷有限公司印刷　新华书店北京发行所发行
2012 年 5 月第 1 版　2012 年 5 月北京第 1 次印刷

开本：850mm×1168mm 1/32　印张：12.5
字数：310 千字　印数：1~5 000 册
定价：26.00 元
（凡本版图书出现印刷、装订错误，请向出版社发行部调换）